건축을 묻다

국립중앙도서관 출판시도서목록(CIP)

건축을 묻다 : 예술, 건축을 의심하고 건축, 예술을
의심하다 / 서현 지음. — 파주 : 효형출판, 2009
    p. ;   cm

참고문헌과 색인 수록
ISBN 978-89-5872-080-5 03540 : ₩15,000

건축[建築]

610-KDC4
720-DDC21   CIP2009002037

건축을 묻다

예술, 건축을 의심하고 건축, 예술을 의심하다

서현 지음

효형출판

머리말

첫 질문

　　기차는 헬싱키역을 떠났다. 2006년 겨울의 어느 새벽이었다. 세상은 끝없이 눈 덮인 벌판이었다. 자작나무, 참나무가 듬성듬성했다. 러시아 접경에 있는 핀란드의 도시 이마트라Imatra는 내 머릿속의 지도에서는 세상의 가장 구석에 있는 곳이었다. 마지막 건물이 거기 있었다. 나는 내 눈으로 확인하고 싶었다. 오래 전 만들어 둔, 내가 직접 확인하고 판단해야 할 건물들의 목록 중 마지막 건물.
　　눈처럼 하얀 건물에서 혼자 반나절을 보냈다. 돌아오는 기차에서 이르게 넘어가는 저녁 해를 보면서, 나는 내가 걸어 온 노정의 한 부분이 마무리됨을 느꼈다. 나는 적어도 건축에 관한 것이라면 직접 본 것만 이야기했고, 직접 책에서 읽은 내용을 이야기했다. 이마트라는 그런 여행의 어떤 마무리였다. 나에겐 답이 필요했다. 모범 답안이나 정답이 아닌, 나의 답.

내게 첫 질문이 던져진 건 오래전 일이다. 대학 시절 수강했던 미학 강의의 담당 교수께서 수업 시간에 물었다. 건축이 예술인가. 건축을 전공하지 않은 사람이 던지는 건축에 관한 질문에는 모두 대답할 수 있어야 한다고 미련하게도 나는 생각하고 있었다.

대학을 졸업하고 대학원에 입학하기 전 겨울, 나는 도서관에 틀어박혀 미술과 미학 책을 열심히 들췄다. 그리고 내가 문장을 만들 수 있는 수준의 답을 얻을 수 있었다. 곧 다른 질문들이 거기 매달린 채 모습을 드러냈다. 나는 꼬물꼬물 정리를 했다.

내게 생각의 틀은 있었으나 검증이 필요했다. 그 검증 도구는 시간이었다. 게으른 탓인지 공부를 제대로 하지 않은 탓인지 방향은 크게 변화하지 않았다. 다만 그 시간 동안 세상은 그물을 이루고 있는 것 같다는 느낌을 점점 더 많이 갖게 되었다. 그것은 여러 층으로 이루어진, 마치 입체 격자와 같은 그물일 것이다. 역사와 사회가 만든 그물에는 잡동사니들도 엉겨 붙어 있을 것이다. 그런 것들을 모두 털어 낸 후에 남는 그물의 뼈대를 찾아내고 싶었다.

1998년 나는 첫 책을 냈다. 《건축, 음악처럼 듣고 미술처럼 보다》가 출간되던 날, 책을 내 주신 효형출판 식구들과 출판사 옆 건물 지하 술집에서 생맥주 파티를 했다. 그 자리에서 한 약속을 기억한다. 다음 책은 십 년 후에 내겠다. 그동안의 정리를 그때 정도면 마무리하겠다는 생각이었다. 이 책이 바로 그 책이다. 나는 내가 마음속으로 약속한 것을 지금 이루는 중이다.

그 사이에 나는 선생이 되었다. 건물도 만들고 이런저런 매체에 글도 쓰고 가르치기도 했다. 그러던 중 연구년을 얻어 미국 버클리 대학에 머물면서 내 생각의 집중적 검증 기회를 얻게 되었다. 건물도 글도 깨끗이 접어 놓았다. 도서관에 책은 많았다. 세상에는 할 말 다 못하고 죽은 귀신이 저리도 많은데, 나는 무슨 미련이 남아서 저기 한 권을 또 보태려는 걸까 하는 의구심도 있었다. 그러나 나는 내 이야기가 필요한 사람이 언젠가 어딘가에는 있으리라는 믿음으로 원고를 마무리해 나갔다.

이 책은 건축에 대한 진지한 관심을 이미 가진 독자를 상정하고 있다. 그래서 별로 친절하지 않다. 이 책에서 친절한 설명보다 더 중요한 것은 정확한 설명이기 때문이다. 나도 문장에 줄줄이 매달린 주석을 싫어한다. 질주를 원하는 독자라면 주석은 완전히 무시해도 좋을 것이다. 돌 밑을 캐보고 싶은 독자만 주석을 챙겨 읽으면 될 것이다.

나는 건축학자가 아니다. 그냥 내가 생각하고 있는 것을 확인하기 위해 이 책 저 책을 들췄을 따름이다. 따라서 이 책의 내용은 들쭉날쭉 두서없고 굳이 학술적인 깊이를 따져 묻는다면 딱히 대답할 것이 없다.

나는 언제나 한국의 현대라는 공간과 시간의 틀을 잊지 않는다. 그러나 우리가 오늘 겪는 건축은 일본과 미국을 거쳐 전해진 유럽의 전통에 뿌리를 두고 있다. 그래서 이 책의 이야기는 지금 한국 건축의 시발점인 유럽의 이야기가 대부분을 차지하게 되었다.

이 책 《건축을 묻다》를 쓰는 데 있었던 단 하나의 원칙은 직접 확인한다는 것이었다. 나는 내 눈으로 건물을 보기 원했던 만큼 원래 발언자의 이야기를 듣기 원했다. 주로 참고한 서적은 대개 영어 번역본일 수밖에 없지만, 중요한 개념은 반드시 원래 단어를 찾았다. 선생이 없는 공부여서 내 생각과 공부의 어디에 무슨 문제가 있는지 아직 잘 모른다. 내게 선생은 이제 이 글을 읽을 독자가 될 것이다. 지적이 옳다면, 생각도 책도 고쳐 나갈 것이다. 잘못은 나의 것이고 옳음은 독자의 것이다.

도서관이 없었다면 이 책은 한낱 감상문으로 끝났을 것이다. 내게 한가한 시간도 그만큼 중요했다. 그리고 많은 분의 도움이 필요했다. 버클리에 머물면서 이 책을 마무리할 기회를 주신 게일런Galen Cranz 선생님과 차은아 박사께 우선 감사의 뜻을 전한다. 아울러 계속 힘께 공부하면시 권면勸勉과 충고를 해 준 성기철 박사, 우농선 교수께도 감사를 전한다. 정병설 선생님과 정기철 박사의 도움으로 이 책의 몇 가지 중요한 한문 표기 번역어가 일본을 거쳐 한국으로 오는 과정을 확인할 수 있었다. 특히 일본 역사 자료 해석을 확인해 주신 토미이 마사노리富井正憲 선생님께도 감사한다. 사진에 게으른 저자를 위해 소중한 사진의 사용을 허락해 주신 이강업 선생님께도 감사드린다.

몇 분은 원고를 통독하며 조언을 해 주셨다. 건축에 관한 지대한 관심으로 기꺼이 시간을 내서 초고를 읽고 조언해 주신 김흥종 선생님, 주미사 선생님께도 감사의 말씀을 전한다. 마무리 단계에서 두서없는 원고에 대해 우려와 격려를 함께 전해 주신 함재학 교수, 이영범 교수와 송승호 선생께도 감사한다.

이 책은 다시 효형출판의 도움을 얻어 출간하게 되었다. 저자와 출판사의 관계를 넘어서는 관계로 격려해 주신 송영만 사장님과 효형출판 식구들의 도움이 없었으면 이 책의 오늘은 장담할 수 없었을 것이다. 감사드린다.

내게 필요했던 것은 이 작업을 위해 시간과 장소를 비우는 일이었다. 기꺼이 그 빈터를 허락해 준 희선과 진이에게도 감사를 전한다. 오랜 기간 한 가지 주제에 집착하는 데는 나름대로 끈기도 필요했다. 내게 인내심과 끈기가 있다면 그것은 부모님에게 물려받은 것이다. 이 책이 가치를 갖는다면 그 몫은 모두 이제 인생의 노을을 함께 바라보고 계시는 부모님의 것이다.

2009년 여름

서현

차례

머리말 5

건축, 의미를 묻다
무엇인가 18

예술, 건축을 의심하다
서예와 떡썰기 22 | 경찰서장과 포스터 25 | 게임과 테두리 28
미술계와 건축계 32 | 질문의 시제 37

쟁이, 신분을 구하다
파라고네 42 | 쟁이와 교양 45 | 비트루비우스의 발견 51
건축의 이론서들 55 | 쟁이 혹은 창조자 60 | 새로운 체계 63
예술의 갈래와 건축 68 | 예술과 언저리 72

건축가, 학벌을 얻다
니체와 칸트 76 | 헤겔과 쇼펜하우어 79 | 아카데미 84
건축 아카데미 89 | 아카데미의 갈등과 변화 93
바우하우스 97

예술, 용도를 버리다
내재와 파생 104 | 모나리자와 아이다 109
파르테논의 용도 114 | 건물과 용도 118
용도와 생산양식 128 | 건물의 생산양식 132 | 새와 건물 137

건축, 기능을 빌리다
용도의 변화 142 | 기능의 등장 147 | 기능주의 152
자연의 상실과 회복 159 | 기능적 건축 163
도시의 이상과 공상 166 | 건축가의 도시 171

기술, 건축과 갈등하다
예술과 기술 180 | 테크네와 로고스 182
엔지니어링의 등장 187 | 학교와 직능단체 191
신철기 시대 197

공간, 건축을 구원하다

방과 공간 204 | 방의 진화 206 | 진화의 완성 210
공간의 전파 214 | 공간의 정체 219 | 다양한 공간 225
건축적 공간 231 | 건축적 공간의 가치 234

건축가, 존재를 드러내다

건축가 240 | 아키텍톤 243 | 변방의 텍톤 250
라틴어 건축가 254 | 건물 짓는 건축가 261

건축, 가치를 찾아내다

만들다와 짓다 266 | 건물과 구조물 269
건물과 건축 273 | 건축의 조립 277

의미, 건축으로 번역되다

아이디어 282 | 디자인과 스타일링 287 | 구조와 체계 292

건축, 사회를 발견하다

건축과 사회 296 | 도시 297 | 길 300
도서관 302 | 학교 304 | 은행 307 | 시장 310
아파트 312 | 부엌 315

건축, 다시 의미를 묻다

다시 의미를 묻다 320

참고문헌 323
찾아보기 335

일러두기

1. 원어는 한자, 로마자 순으로 밝혀 두었다.
2. 인물의 생몰년과 그리스어의 로마자 표기는 괄호 안에 적었다.
3. 건축물과 글·그림·신문은 〈 〉로, 책은 《 》로 구분했다.

건축,
의미를 묻다

무엇인가

> 삶이 그대를 속일지라도
> 슬퍼하거나 노여워하지 마라.
> 슬픈 날을 참고 견디면
> 즐거운 날이 오고야 말리니.

그런 때가 있었다. 텔레비전은 흑백으로 세계를 보여주던 때였다. 학생들은 여름에는 흰 옷, 겨울에는 검은 옷을 입었다. 이발소에 가면 여름철 교복보다도 더 흰 옷을 입은 이발사가 기다리고 있었다.

푸시킨Aleksandr Sergeyevich Pushkin(1799~1837)은 이발소의 국민시인이었다. 시의 배경 그림에서는 붉은 노을 속에 물레방아가 돌고 추수가 한창이었다. 음악도 있었다. 이발사 등 뒤에서는 업보만큼 무거운 건전지에 짓눌린 라디오가 하염없이 가요를 풀어냈다. 인생은 나그네 길, 어디서 왔다가 어디로 흘러가나. 팍팍한 생활을 다스려 주는 시, 그림, 가요의 주제는 다르지 않았다. 모두 한 가지 질문에 대한 대답이었다.

인생은 무엇인가.

이 질문은 텔레비전의 화면이 무지갯빛으로 바뀐 시대에도 여전히 유효하다. 오늘도 이발소 앞 포장마차에서 목구멍에 밀어 넣는 소주 안주를 비집고 올라오고 있을 질문이 바로 이것이다. 깊은 밤 어느 종교인의 절절한 성찰과 기도 제목일 수도 있다. 넋두리에서 간구懇求에 이르는 이 다양한 모습을 꿰뚫는 공통점은 하나다. 무겁다. 이 무게는 '인생'이 아니고 '무엇인가'에 실려 있다. 주어 자리에 어떤 단어를 집어

넣어도 이 의문문은 견디기 어렵게 무거워진다. 인간은 무엇인가. 법은 무엇인가. 과학은 무엇인가. 혹은 축구는 무엇인가.

말세론만큼이나 좌절스럽되 지루하게 반복되는 이 질문은 현재 진행형이다. 답은 여전히 오리무중이다. 백과사전을 찾아보아서는 알 수 없다. 이것은 정의가 아니라 존재를 묻는 것이기 때문이다. 존재의 의미는 무엇인가, 존재의 가치는 무엇인가. 이 질문은 결국 인생이, 법이, 과학이 무엇인지 묻는 것이 아니다. 그 질문에 대답하려는 바로 너는 누구냐고 묻고 있는 것이다.

건축은 무엇인가.

건축가들도 미련을 버리지 못하고 질문에 매달린다. 건축가에게 이 질문이 중요한 이유는 사전에 쓸 문장이 부족해서가 아니다. 구체적인 현실에서 필요한, 그리하여 흔들리지 않는 가치관이 필요하기 때문이다. 결국 그 대답은 우리의 건축이 건축가에게 무슨 의미가 있는지, 건축가가 건축을 통해 이루려는 것이 무엇인지 알려주기 때문이다.

이 책은 그 대답이다. 대답을 위해 이 책에서 선택한 방법은 연관 개념들과의 관계성 파악이다. 예술, 기술, 기능, 공간, 사회, 역사, 도시. 이들은 모두 건축과 그물처럼 연관을 맺고 있다. 그 그물들이 언제부터 왜 형성되기 시작하여 어떻게 연결되어 있고 어디에 그물코가 맺혀 있는지를 이 책에서 찾아내려고 한다. 이를 통해서 결국 이 버거운 질문에 대답하고자 한다. '알 수 없다'는 겸손하되 상투적인 대답이 아니라 '바로 이것'이라는 대답이다.

그것은 사전 속의 문장과 다를 수밖에 없다. 중요한 것은 그 문장이 어떤 역사의 노정을 거쳐 이루어진 것인지, 그 결과 얻게 된 가치는 도대체 무엇인지를 찾아내는 것이다. 첫 번째 그물코를 꿰는 작업은 은근히 건축가들의 자존심을 건드리는 바로 그 질문에서 시작한다.

건축은 예술인가.

예술,
건축을 의심하다

건축은 예술인가.
이 질문에 답하기 위해서는 먼저 예술이 무엇인가를 물어야 한다.
미학자들의 답변은 당연히 다양하다.
예술은 정의할 수 없고 하위 개념들 사이의
가족 유사성을 지니고 있을 따름이다,
예술은 예술계가 인정하는 것이다,
예술은 이전의 예술과 연관성을 통해 파악할 수 있다는 등.
결국 질문은, 예술에는 어떤 것들이 포함되어 있느냐는 것이다.
건축이 예술이냐는 질문은
특정한 건물이 예술적 가치를 갖고 있는가를 묻는 것이 아니고
건축이 예술의 범주에 포함되는지를 묻는 것이기 때문이다.
답은 철학이 아닌 예술 제도를 통해 얻을 수밖에 없다.
건축이 예술인가라는 질문은
건축이 예술의 범주에 포함되었는가라는 과거형의 질문이며
그 대답은 역사를 통해 이루어져야 한다.

서예와 떡 썰기

불을 끈 어머니는 떡을 썰었다.

이 문장은 이미 사건을 모두 설명한다. 불을 켰을 때 어머니의 떡은 가지런했다. 그러나 석봉의 글씨는 제대로 쓰인 것이 없었다. 결국 석봉은 다시 출가하여 예정된 십년공부를 마쳤다. 그리고 과거에 급제하여 행복하게 잘 살았다더라.

석봉은 그날 밤 마음속으로 감탄했을 것이다. 그 감탄사를 요즘 말로 옮기면 이렇게 될 것이다. 예술이다! 이 감탄문에서 등장하는 예술은 무엇인가. 떡 썰기는 예술인가. 어머니는 예술가였나.

예술은 환상이다. 신기루다. 예술이 가르치는 바는 '자본은 천박하고, 경쟁은 속물스럽다'는 것이다. 예술가도 다르지 않다. 예술가는 물질과 야욕에서 벗어난 고상한 존재다. 속세의 단어인 '직업'으로 표현하면 불경스러워지는 그런 존재다.

그러나 예술가는 포장이다. 그 포장에는 이슬만 먹고살며 예술혼을 불태우는 모습이 그려져 있다. 포장을 벗겨 보자. 예술가는 생활인이다. 아트 페어에서 몇 점의 그림이 팔렸는지, 연주회가 길어지면 수당과 택시비가 얼마나 될지를 걱정하는 직업인이다. 오늘의 매출과 일당을 정산하는 분식점 아저씨와 크게 다르지 않다. 차이라면 떡볶이를 만드는 대신 그림을 그린다는 것 정도다. 그러나 '예술'이라는 단어는 현실을 감춘다. 그 배경에는 막연한 동경이 깔려 있다. 예술은 아스라하게 우아한 그 무엇이다.

건축은 예술인가.

이 질문은 이미 부정적인 답변을 준비하고 있다. 그래서 질문이 아니라 그 안에 벌써 들어 있는 답변 때문에 건축가들은 불편해 한다. 주위를 둘러보자. 저 많고도 잡다한 건물들을 고상한 예술의 바구니에 담을 수 있을까. 질문은 구체적이기도 하다. 저렇게 매일 매일 사용하는 건물이 예술 작품일 수 있다는 말이냐. 건축은 기술이 아니냐. 건축은 공학이 아니더냐.

답하기 위해 먼저 해야 할 일이 있다. 질문에 대해 질문하는 것이다. 세상에는 자신이 뭘 묻고 있는지 모르는 답답한 질문들이 우글거린다. 현명한 답변은 명료한 질문을 먼저 요구한다. 건축은 예술인가라는 질문은 도대체 뭘 묻고 있는 건가. 우리에게 던져진 질문에 대해 먼저 물어야 할 내용은 바로 예술 자체에 관한 것이다.

그렇다면 예술은 무엇인가.

석봉에게 돌아가자. 어머니의 예술적인 떡을 들고 미술관에 가서 전시를 부탁해 보자. 재래시장 좌판에나 가 보라는 대답이 돌아올 것이다. 이유는 간단하다. 떡 썰기는 예술이 아니므로. 여기서 석봉의 감탄은 떡 썰기가 예술로 분류된다는 뜻이 아님을 알 수 있다. 이것은 범주가 아니라 가치를 표현하는 감탄문이었다 어머니가 보여 준 실력에 대한 평가였다.

예술품으로 대접 받기 위해서는 두 가지 조건을 만족시켜야 한다. 첫째는 그 작업이 예술의 범주에 들어가 있을 것, 둘째는 그 작업의 결과물이 예술적 가치를 지녔다고 평가 받을 것이다. 범주적 조건과 평가적 조건을 만족시키는 교집합을 우리는 예술 작품이라고 한다.

이 조건을 석봉의 일화에 대입해 보자. 떡 썰기는 예술이 아니다. 어머니가 썬 떡이 아무리 감탄스러워도 예술 작품이 되지 못하는 이유는 떡 썰기가 범주의 조건을 만족시키지 못하기 때문이다. 범주적 조건으로 보면 서예는 예술이다. 평가적 조건으로 보면, 문제의 밤에 석봉이 글씨를 쓴 종이는 휴지 조각이다. 미술관에 전시될 수 있는 것은 십년공부를 마친 석봉이 쓴 글씨다. 이것이 예술품이다.

건축의 이야기로 돌아오자. 건축이 예술이냐는 질문은 우리 앞의 저 건물이 예술적 경지에 이르렀느냐는 평가의 물음이 아니다. 건축이 서예와 떡 썰기의 두 부류 중 어느 쪽에 가까운가를 묻는 것이다. 평가가 아닌 범주에 대한 질문이다. '건축이 예술인가' 라는 질문은 그래서 이렇게 바뀌어야 한다.

건축은 예술의 범주에 포함되는가.

우리는 답하기 위해 다시 물었다. 예술은 무엇인가, 하고. 그렇다면 이 질문도 바뀌어야 한다.

예술의 범주에는 어떤 것들이 포함되는가.

이것은 예술의 분류와 경계에 관한 질문이다. 서예가 테두리의 안에 있고 떡 썰기는 밖에 있다면 그 안에는 서예 말고 어떤 것들이 들어 있는가. 그 테두리는 누가 그었는가. 그리고 언제 그어 놓았는가. 건축은 과연 그 안에 있는가, 아니면 밖에 있는가. 찾아보자.

경찰서장과 포스터

1985년이었다. 한국 미술사에서 대단히 중요하게 여겨져야 마땅하나 지금은 완전히 묻혀 버린 사건이 서울 복판에서 발생했다. 사건이 묻힌 이유는 이런 일들이 당시 여기저기서 너무 많이 발생했기 때문이다. 사건의 전모를 알아보기 위해 묵은 일간지들을 들춰 보자.

> 종로경찰서 측은 '이들 작품은 미술이라기보다, 선동적 목적의 포스터나 다름없어 두세 차례 철거를 지시했으나 이행치 않아 강제 철거한 것'이라면서 '작품 성향을 분석해 문제가 드러나면 화가를 입건 수사할 방침'이라고 말했다.[1]

경찰들이 갑자기 미술관에 들어와 작품을 압수하고 전시장 셔터를 내려 버린 것이다. 사건은 며칠 더 이어진다. 신문을 좀 더 읽어보자.

> 경찰 관계자는 '이들의 진술을 토대로 압수된 그림을 분석 조사한 결과 국가보안법 등을 적용할 만한 혐의점은 드러나지 않았고, 다만 사실을 왜곡 또는 과장 표현한 데 그친 것으로 판단돼 그림에 대한 수사는 즉심 회부로 끝내도록 했다'고 말했다.[2]

이 사건이 중요하고도 신기한 이유는 판단의 주체 때문이다. 전시장에 걸려 있는 것들이 예술 작품인가 아닌가의 판단을 경찰서장이 내려

---

[1] 〈조선일보〉, 1985년 7월 21일.

[2] 〈동아일보〉, 1985년 7월 24일.

주고 있다. '포스터'의 철거와 압수가 있던 바로 그날, 당시의 문화공보부 장관 역시 '이런 것은 예술이되 저런 것은 대북 동조 망동'이라는 뚜렷한 가치관을 표명했다. 이 자리에 모인 120여 명의 '예술인'도 장관의 의견에 찬동하는 결의문을 채택했다.

그러나 밟혀서 꿈틀한 '포스터' 제작자 및 이에 동조하는 망동의 무리는 며칠 뒤 장관의 예술관을 묻는 공개 질의서를 보냈다. 마침 이날은 덕수궁 석조전에서 로댕 조각전이 개막된 날이었다. 장관은 이 자리에서 바로 이런 것이 훌륭한 미술품이라는 치사를 남겼다고 신문은 보도하고 있다.[3]

세상이 제대로 되어 있었다면 이것은 미술사에 남을 사건이었다. 공무원이 이처럼 뚜렷한 예술관을 가진 문화 국가의 예는 고금을 털어 흔치 않았다. 더구나 그 가치관을 행정 권한을 통해 기꺼이 표명해 준 사례는 아예 없다고는 할 수 없어도 그리 흔한 것도 아니었다.

한국에서 이런 사건이 발생하기 훨씬 전인 1917년 미국 뉴욕에서도 작은 소동이 있었던 모양이다. 새로 결성된 독립 예술가 협회Society of Independent Artists의 전시회 사건이었다. 리처드 머트Mr. Richard Mutt라는 작가가 우편으로 보낸 작품의 전시가 거부된 것이다. 이유는 우편 접수 불가의 규정이 있어서가 아니었다. 이 물건을 놓

일간지에 보도된 경찰서장의 예술관.

---

[3] 〈조선일보〉, 1985년 7월 25일.

고 벌어진 소동을 미국의 신문은 어떻게 보도했는지 보자.

> 개막 직전까지 계속된 논쟁 끝에 머트의 옹호자들은 근소한 차이로 다수결에서 밀렸다. (……) 다수의 편에 선 이들은 '이 〈샘Fountain〉이라는 제목의 물건이 제자리에만 있으면 아주 유용한 물건이 될 것이다. 하지만 전시회를 위한 것은 아니다. 이것은 어떤 잣대로도 예술 작품이라고 볼 수 없다' 고 입장을 밝혔다.[4]

이 전시회에 규정된 유일한 참가 조건은 연회비 5달러와 입회비 1달러였다. 사전 검열도 시상도 없다는 원칙을 표방한 전시였다. 출품자의 사인만 되어 있는 소변기를 놓고 논쟁을 벌인 사람들은 바로 이 협회 이사들이었다. 사인의 주인공인 머트는 전시 위원장인 마르셀 뒤샹Marcel Duchamp(1887~1968)이 내건 가명이었다. 이 회의에는 당연히 위원장도 참석했다. 그리고는 머트의 작품이 전시 거부당하자 위원장직을 사퇴해 버렸다.[5]

이 사건이 한국의 예와 다른 점은 훨씬 오래전의 일임에도 아직 잊혀지지 않고 있다는 사실이다. 게다가 이 퇴출된 소변기는 20세기 최고의 미술품, 혹은 그중의 하나로 지목되고 있다. 그렇다고 보면 공무원뿐만 아니라 미술인들의 판단도 신뢰할 만하다고 보기는 어렵다. 1985년 장관을 따라 성명서를 채택했던 한국의 그 예술인들처럼. 그렇다면,

---

[4] *New York Herald*, 1917년 4월 14일.

[5] 이 사건의 전모에 관해서는 William A. Camfield, "Marcel Duchamp's Fountain: Its History and Aesthetics in the Context of 1917", ed. Rudolf Kuenzli and Francis M. Naumann, *Marcel Duchamp: Artist of the Century*, 1989, pp.64~94. 참조.

예술, 건축을 의심하다

예술은 무엇인가.

답을 듣기 위해 경찰서장을 찾아가야 하는 시대는 분명 아니다. 미술 위원회를 조직하고 소집할 일도 아니다. 철학자를 찾아가야 한다. 이 질문은 철학적인 답을 요구하기 때문이다. 그런 철학을 일컫는 이름이 미학이다. 이번에는 미학자들의 의견을 들어보자. 그것이 범주에 관한 것이든, 평가에 관한 것이든.

게임과 테두리

고전적인 예술 논의의 초점은 예술이 아니고 예술 작품에 있었다. 그 정의들은 별로 새삼스럽지도 않았다. 아름다움을 만드는 것이다, 감수성의 표현이다, 혹은 감동을 주는 것이다 등. 예술 작품은 특정한 규칙을 갖고 특정한 과정을 거쳐 만들어진다는 주장도 있었다. 예술적 경험aesthetic experience을 안겨 주는 것이라는 내용도 있었다.

아름다움, 감정, 표현 등과 같은 단어로 이루어진 정의들은 논의를 허락하지 않았다. 동의 아니면 부정, 믿지 못하면 떠나라는 이분법을 바탕으로 하고 있었다. 결론이라고 정리하기에는 의견도 너무 많았다. 게다가 우리에게 필요한 답은 이렇게 주관적이고 감상적인 내용이 아니다. 좀 더 정확한, 좀 더 동의할 만한, 좀 더 분석적인 접근이 필요하다.

분석철학의 등장 덕분에 돌파구가 마련되었다. 철학의 무게 중심이 존재를 따지는 데서 언어를 분석하는 데로 옮아갔다. 분석철학의 시작점은 비트겐슈타인Ludwig Wittgenstein(1889~1951)이다. 이제는 고전 중의 고전이 된 그의 간판 개념이 바로 가족 유사성Familienähnlichkeit이다. 철수와 영희는 얼굴이 비슷하고 영희와 명수는 성격이 비슷하다. 하지만 철수와 명수로 건너뛰면 별 비슷한 점을 찾기 어렵다. 따라서 이들을 두루 묶어 낼 공통분모는 찾을 수 없고, 단어 그대로 이들 사이에는 가족 유사성만 존재하게 된다.

그는 게임Spiele을 예로 든다. 우리가 게임이라고 부르는 것들에는 보드 게임, 카드 게임, 볼 게임, 격투기 따위가 있다. 그는 이 게임들을 통괄하는 일관된 정의가 성립 가능한지 묻는다. 우리가 게임을 규명할 수 없는 이유는 무지해서가 아니고 개념에 경계가 없기 때문이다. 이들을 규정하는 테두리는 당연히 모호하다. 모호한 테두리는 테두리가 아니고 한 곳이라도 트여 있는 경계는 닫혀 있는 것이 아니라고 그는 단언한다. 테두리와 경계가 없거나 희미하거나 흐리거나 열려 있는데 이들을 규정하려고 하는 것은 무의미해진다. 그러나 정확히 경계를 규정할 수 없다고 해서 단어의 의미를 알 수 없다는 것도 아니다. 그래서 그는 단어의 정의를 묻지 말고 그 단어가 어떻게 사용되고 있는지를 들여다보라고 한다.

비트겐슈타인은 게임 이외에도 수Zahl, 색Farbe, 잎Blatt 등을 제시해 나간다. 그의 논의가 막강한 이유는 이런 단어 예시를 통해서 생각의 퇴로를 차곡차곡 차단하기 때문이다. 누군가 자신이 게임을 일목요연하게 규정하는 일관된 원칙을 발견했다고 우긴다 쳐 보자. 비트겐슈타인은 규정, 일관, 원칙, 발견이라는 단어를 도마 위에 줄줄이 올려놓을 것이다. 이 게임의 개념을 통한 논리 게임은 비트겐슈타인에게 절대적으로 유리하다.

　이 새로운 철학을 예술에 들이대면서, 예술을 재단하려고 한 미학자가 바로 모리스 바이츠Morris Weitz(1916~1981)다. 바이츠는 비트겐슈타인의 도마 위에 예술이라는 단어를 하나 더 얹어 놓는다. 게임이 그렇듯 예술의 공통적 본질을 찾으려는 노력은 모두 헛되다는 것이다.[6] '예술이라는 집합에서도 구성원들을 일괄적으로 규정하는 필요하고도 충분한 개념은 찾을 수 없다'는 그의 주장을 확인해 보자.

　소설은 정의할 수 있는 닫힌 개념인가. 소설을 썼다는 문장을 생각해 보자. 소설가가 출판을 위해 원고를 완성했다는 것일 수도 있다. 한편 누군가가 있지도 않은 사실을 제멋대로 구성해서 유포했다는 의미일 수도 있다. 소설 출판과 허위 사실 유포의 경계는 모호하다. 있을 법한 사건을 쓴 글이 소설fiction이다. 정상적인 사고로는 일어난다고 믿기 어려운 사건을 서술한 것은 판타지fantasy다. 소설과 판타지의 경계도 모호하다. 소설가는 역사적 사실을 이리저리 더하고 빼서 소설을 쓰기도 한다.[7] 이때 소설과 다큐멘터리의 경계도 모호하다. 역사적 사실과 작

---

[6] 바이츠의 논의는 Morris Weitz, "The Role of Theory in Aesthetics", *Journal of Aesthetics and Art Criticism*, Vol.15, No.1, Sep. 1956, pp.27~35. 참조.
　바이츠의 논문은 보드 게임, 카드 게임, 볼 게임, 올림픽 게임으로 비트겐슈타인의 영어 번역본을 직접 인용한다. 그러나 비트겐슈타인의 독일어 원문(Ludwig Wittgenstein, *Philosophische Untersuchungen*)은 "Brettspiele, Kartenspiele, Ballspiele, Kampfspiele, u.s.w."다. 'Kampfspiele'을 올림픽 게임으로 번역하는 것은 부자연스럽다. 올림픽 게임은 'Olympischen Spiele'다. 번역으로는 차라리 격투기가 낫다.
　Ludwig Wittgenstein, trans. G. E. M. Anscombe, *Philosophische Untersuchungen*, 1968, p.31.

[7] 이런 일이 하도 많다 보니 '팩션faction'이라는 단어도 생겼다.

가적 상상력의 경계도 모호하다. 소설, 전설, 설화, 신화, 역사의 경계도 모조리 모호하다. 소설은 열린 개념이다.

하위개념subconcept인 소설이 열린 개념이라면, 그 상위개념generic concept인 예술은 당연히 열려 있을 수밖에 없다. 바이츠는 따라서 예술의 정의도 불가능하며 하위개념들 사이에는 가족 유사성만 존재할 따름이라고 결론을 내린다.

건축이 예술이냐고 바이츠에게 묻는다고 치자. 그는 되물을 것이다. 예술이라는 단어가 건축을 포함한 상태로 사용되고 있느냐고. 건축이 예술에 포함되어 있다면, 건축이 음악이나 미술과 가족 유사성이 있을 거라고 대답하고 그는 물러설 것이다. 그의 조언은 가족 유사성을 한번 찾아보라는 정도다. 바이츠에게 갔던 질문은 허무히 되돌아온다. 건축은 예술인가.

바이츠는 하나 마나 한 이야기를 들고 남의 논리에 무임승차한 것 같아 보인다. 그러나 중요한 의미가 있다. 이제 예술에 관해 논의가 가능해졌다는 점이다. 입씨름이 가능해졌다. 정의定義를 묻지 말고 사용을 보라는 조언에 맞춰 '예술이 무엇인가' 라는 질문은 이렇게 바뀌었다.

예술이라는 단어는 누구에 의해 어떻게 사용되고 있는가.

저 지겹도록 무거운 '무엇인가'에 비하면 '누구'와 '어떻게'는 대답해 볼 만하다.

미술계와 건축계

'우리'가 '어떻게' 예술이라는 단어를 사용하고 있느냐 하는 문제, 즉 예술이 규정되는 상황에 주목한 사람이 아서 단토Arthur C. Danto(1924~)다.[8] 단토의 의견에 따르면, 예술계artworld가 예술이라고 인정하면 예술이다. 이 예술계라는 개념은 모호하면서도 중요하다. 골치 아픈 그의 이야기를 쉽게 풀어 보자.

화가가 사과를 그렸다. 고전적인 회화의 성취는 사과를 얼마나 실물처럼 느끼게 묘사하느냐에 달려 있었다. 훌륭한 화가는 한입 베 물고 싶을 정도의 사과를 그렸고 그런 그림의 가치는 높았다. 그러나 요즘 먹고 싶을 정도로 탐스런 사과를 그리겠다는 화가는 별로 없다. 그린다 해도 괴상하게 그려 놓아서 옆에서 일러주지 않으면 그게 뭔지도 알기 어렵다. 때로는 아예 사과를 전시장에 갖다 놓기도 한다. 변기도, 침대도 갖다 놓는데, 사과 정도는 문제가 되지도 않는다.

이 사과가 과일전 행상 바구니에 있을 때와 다른 것은, 앞에 문구가 하나 놓여 있다는 점이다. 원산지 표시나 할인 가격표가 아니다. 작품에 손대지 마시오. 이 사과는 먹음 직해도 먹으면 안 된다. 침대에 누워서 낮잠을 청해도 안 된다. 변기 앞에서 고의춤을 풀어 헤쳐도 안 된다. 이것들은 상품이 아니고 예술 작품이기 때문이다.

미술관의 사과를 보고 먹어도 되느냐고 물으면 눈총을 받는다. 그 눈

---

[8] 단토의 논의는 Arthur C. Danto, "The Artworld", *The Journal of Philosophy*, Vol.61, No.19, Oct. 1964, pp.571~584. 참조.

총을 문장으로 번역하면 이렇다. 이런 무식한. 미술계를 구성하는 '누구'는 미술에 대한 지식과 경험을 갖춘 사람들이다. '손대지 말라'는 문구가 굳이 없어도 손을 대지 않을 사람들이다. 미술관에 들여놓은 침대나 변기를 미술 작품으로 알아보는 데는 미술 이론, 미술사에 대한 기본 지식이 필요하다. 이를 갖춘 이들이

이 사진에서 중요한 것은 변기 자체가 아니고 왼쪽에 보이는 사인이다.

바로 미술계를 구성한다. 이것은 전시회, 미술관, 화가, 비평가로 이루어진 체계다.

뒤샹이 한 일은 변기에 사인을 해서 미술관에 전시를 하겠다고 나선 것이다. 좀 더 정확히 이야기하면 우체국에서 소포로 부친 행위다. 뒤샹의 변기는 전시회 퇴출 후 당연히 사라졌다. 그러다가 소변기 퇴출 사건의 의미가 예술계에 음미되면서 새로운 변기가 그 자리를 대체했다.[9] 이 새로운 변기도 예술 작품이다. 뒤샹이 사인을 했기 때문이다. 미술가에게 붓은 그림 그리는 것이 아니고 사인을 하는 도구로서의 의미가 훨씬 커졌다. 배달된 것이 변기든, 자전거 바퀴든, 침대든, 그리고 그것들이 원본이든 복제품이든 중요하지 않다. 미술계 구성원이 그것을 선택했다는 사실이 중요하다. 예술은 대상이 아닌 주체의 문제로 바뀌었다.

뒤샹이 아닌 건축가가 소변기를 들고 미술관에 나타났다고 가정해

---

[9] 뒤샹은 이후 열다섯 개의 변기에 사인을 해서 이곳저곳의 미술관에 들여놓았다. 물론 모두 본명이 아닌 'R. Mutt'라는 이름으로 사인했다.

보자. 건축가는 문전 박대를 받을 것이다. 그것은 미술계와 건축계가 별도로 존재하기 때문이다. 뒤샹은 이미 변기 사건 이전부터 미술계에서 지명도가 있는 구성원이었다. 그러나 건축가는 미술계가 아니라 건축계의 구성원이다.

건축가들도 전시회를 한다. 건물의 사진, 도면, 모형 같은 것들을 내건다. 이번에는 건축 전시회에 뒤샹이 변기를 들고 왔다고 쳐 보자. 화장실은 건물에서 필수 불가결한 장소다. 그리고 변기는 화장실을 화장실로 만들어 주는 핵심 요소다. 그럼에도 뒤샹은 위생도기 회사 영업 사원 취급을 당할 것이다. 그가 퇴짜를 맞는 이유는 건축계의 구성원이 아니기 때문이다. 중요한 것은 들려 온 대상이 아니고 그것을 들고 온 주체다. 건축 전시회와 건축가라는 체계다. 이것을 일컫는 이름이 건축계다.

정리를 해 보자. 모방을 통해 미술품의 가치를 규정하던 가치관이 19세기에 접어들면서 바뀌었다. 논의의 중심은 표현으로 옮겨갔다. 그려진 사과가 얼마나 사과의 모습을 '감동적'으로 표현하고 있느냐는 것이다. 실제 사과와 얼마나 비슷한가는 별로 중요하지 않았다. 비슷한 것을 구하려면 사진사를 부르는 편이 더 손쉬웠다. 20세기 들어서 이제 논의의 주제는 누가, 어떤 근거로 사과를 보고 예술로 규정하느냐는 것으로 바뀌었다. 미학자들은 예술 작품 자체가 아니라 작품을 둘러싸고 있는 제도와 상황에 관심을 갖게 되었다.

이번에는 상상력이 좀 더 풍부한 화가를 생각해 보자. 이번 화가는 사과가 아닌 유니콘unicorn을 그렸다. 그것이 유니콘인 것은 유니콘처럼 그려졌기 때문이다. 문제는 사과와 달리 유니콘은 실재實在하지 않는 데 있다. 그렇다면 그림 속 동물이 유니콘인지 아닌지는 어떻게 알 수 있나. 유니콘은 무엇이고 어떻게 생겼나. 유니콘은 두 문장의 교집합으로 정의 혹은 표현할 수 있다.

말이다. 이마에 뿔이 하나 달렸다.

17세기 초반 프레스코fresco 기법으로 그려진 유니콘. 동서양을 막론하고 등장하는 이 상상의 동물이 유니콘인 이유는 뿔이 하나 달린 말이기 때문이다.

화가는 이마에 뿔이 하나 달린 말을 그려 놓았을 것이다. 다리가 셋인지 꼬리가 둘인지는 중요하지 않다. 그러나 송아지가 아닌 말이고 엉덩이 말고 머리에 뿔이 났다는 점이 중요하다. 그것도 여러 개가 아니고 단 하나. 그래서 그 동물은 유니콘이다.

단토의 아이디어를 이어받은 사람이 조지 디키George Dickie(1926~)다. 디키의 제안은 유니콘을 규정하는 방식과 같다. 그의 두 문장도 간단하다.

인공물이다. 예술계가 인정해야 한다.[10]

디키가 제안하는 인공물은 특별한 목적을 갖고 만든 것에 제한되지

---

[10] George Dickie, *Art and the Aesthetic*, 1974, p.34.
   디키는 이후에 예술 작품을 넘어서 예술계를 포함하는 모든 단어 즉, 예술가artist, 예술 작품work of art, 대중public, 예술계artworld, 예술 체계artworld system에 대한 정의를 내린다. George Dickie, *The Art Circle*, 1984, pp.80~82.
   예술 작품의 조건적 개념에 '인공물'을 포함시킨 것은 당연히 디키가 처음이 아니고 저자도 이를 뚜렷이 한다. 이미 헤겔도 자신의 강의에서 예술 작품이 되기 위한 조건으로 인공물일 것, 인간의 감각으로 감상하기 위해 만들어진 것, 그리고 그 자체가 목적물일 것이라는 세 가지 조건을 정리하고 있다. G. W. F. Hegel, trans. T. M. Knox, *Aesthetics: Lectures on Fine Arts*, 1975, p.25.

않는다. 물에 떠다니던 나무토막driftwood, 물감, 대리석 등도 얼마든지 여기 포함된다. 변기가 포함되는 것은 당연하다. 두 번째 조건은 단토의 개념을 이은 것이다. 예술 작품은 기존에 정립된 예술계artworld, framework에서 점유하는 위치에 의해 결정된다. 이미 이야기된 대로 예술계는 예술과 예술가에 대한 지식을 갖춘 사람들로 구성된다. 예술 작품은 공공의 방식으로 이 예술계에 제시될 의도를 가져야 한다는 것이다.

디키는 예술이 '문화적 어휘'라는 점에 주목한다. 예술은 문화적으로 이 단어가 필요한 사람들이 만든 것이다. 따라서 필요한 사람들의 존재를 빼놓고는 설명할 수가 없다. 디키의 판단에 의하면, 예술이 성립하는 데 두 종류의 사람이 필요하다. 나무토막이든 변기든 혹은 그림이든 그걸 미술관에 전시하는 사람. 그리고 그걸 보고 예술 작품이라고 판단해 줄 사람. 이들을 각각 제안자와 수용자라고 구분해 보자. 예술가와 비평가라고 해도 좋다.

디키는 이들에게 요구되는 조건을 지적한다. 우선 예술가는 두 가지 조건을 만족시켜야 한다. 자신의 작업이 예술계에서 어떤 의미가 있는지를 자각하고 있어야 하고, 작품을 만드는 데 필요한 예술적 기교를 갖고 있어야 한다. 머리와 손이 필요한 것이다. 한편 비평가는 제시된 작품이 어떤 의미를 가졌는지를 파악할 수 있어야 하고, 작품을 감상할 만한 능력과 감수성을 갖추어야 한다. 머리와 눈이 필요한 것이다.

그러나 아쉽게도 예술과 예술계가 서로 순환하는 단토와 디키의 접근 역시 우리의 질문에 만족스러운 대답을 제공하지 않는다. 이들에게 예술계는 미술계, 음악계와 같은 구체적인 집단을 지칭하는 것이지 이를 모두 포괄하는 상위개념이 아니기 때문이다. 건축이 예술인가를 규정할 포괄적 개념의 예술계는 존재하지 않는다. 예술계가 존재하지 않으므로 질문은 여전히 허공에 떠 있다.

건축은 예술의 범주에 포함되는가.

질문의 시제

미학자들의 골칫거리는 예술가들이 끊임없이 변화한다는 점이다. 이들은 항상 새로운 것을 미술관에 들여놓음으로써 기존의 사고를 무력화시킨다. 요즘은 썩은 물고기, 토막 낸 송아지도 전시장에 들여다 놓는 세상이다. 붓으로 대변되던 회화의 세계는 이미 아스라해졌다.

마지막으로 한 사람의 이야기를 더 들어보자. 제럴드 레빈슨Jerrold Levinson(1948~)은 역사적 접근 방식을 선택한다.[11] A, B, C의 기호로 건조하게 설명하는 그의 이야기를 좀 더 알기 쉽게 해설하면 이렇다.

예술가가 새로 선보인 작품, 토막 낸 송아지 시체는 이전에 전시되었던 송아지 박제와 비슷하다. 칼만 더 사용했을 뿐이다. 박제 송아지는 또 이전에 전시되었던 극사실주의 송아지 조각과 유사성이 있다. 겉으로 보아서는 이전에 어떤 것이 생명체였고 어떤 것이 합성수지였는지 분간하기 어렵다. 이 송아지 조각은 또 그 이전에 전시된 극사실주

---

[11] 레빈슨의 논의는 Jerrold Levinson, "Defining Art Historically", *British Journal of Aesthetics*, Vol.19, No.3, 1979, pp.232~250. 참조.

의 송아지 그림과 크게 다르지 않다. 그 송아지 그림은 그전까지 그려진 수많은 송아지 그림의 한 종류다. 처음의 송아지 그림은 예술 작품이었고 그래서 결국 토막 낸 송아지도 예술 작품이 되었다.

레빈슨의 논리는 이렇게 줄줄이 꾸러미를 꿰어 예술을 규정할 수 있다. 그의 논의는 탄력적이라는 장점을 갖고 있다. 예술 작품이 줄줄이 고리를 걸고 있으니, 아무리 새로운 것이 나와도 그 고리만 걸 수 있으면 된다. 레빈슨에게 우리의 질문을 던져 보자. 건축은 예술인가. 건축은 예술의 범주에 포함되는가. 그는 자신의 논의가 작품에 관한 것이라고 발을 뺄 것이다. 굳이 필요하다면 건축이 이전에 예술이었는지 고리를 찾아보라고 대답할 것이다.

이제 미학자들의 논의를 마무리하자. 그들의 관심은 특정한 결과물이 예술 작품인가에 맞춰져 있지, 어떤 분야가 예술이냐는 데 있지 않다. 범주라기보다 평가에 관한 것이다. 지금 미학자들의 문헌을 샅샅이 들여다보는 것은 의미 있는 작업이 아니다. 이들을 말끔하게 정리하는 것이 가능해 보이지도 않는다.

오리가 날아가면 조류학자는 관찰한다. 그러나 오리는 조류학자가 표현한 방식대로만 날아가 주지 않는다. 바뀌어야 할 것은 조류학자의 이론이다. 미학자들의 예술론은 예술가들을 따라가며 이들을 묶어 낼 뿐 예술가의 앞에 서서 제시하지 않는다. 철학으로서 예술론의 시제는 과거형이다.

지금까지의 이야기를 모두 묶어 보면, 뚜렷한 점이 하나 부각된다. 예술을 정의하려는 노력은 미래를 예측하는 것이 아니고 과거를 규명하는 것이다. 그래서 건축이 예술이냐는 질문에 답하기 위해서는 질문의 시제를 바꿔야 한다. 질문은 과거형이 되어야 한다.

건축은 예술의 범주에 포함되었는가.[12]

건축이 예술인지 알기 위해서 우리에게 필요한 것은 철학이 아니었다. 역사였다. 읽어야 할 것은 철학 책이 아니고 역사책이었다. 이제 역사로서의 예술을 알기 위해 미술사 책을 펴 보자. 물론 음악사 책을 펴도 된다. 하지만 소리가 들리지 않는 음악사 책보다는 그림과 사진이 보이는 미술사 책이 더 이해하기 쉽다. '예술'이라는 단어는 필요한 사람들이 만든 것이라면, 그 '사람'들이 누구였고 도대체 왜 필요했을까.

미술사 책은 〈라스코의 동굴벽화〉, 〈빌렌도르프의 비너스〉, 〈시모트라케의 니케〉 등으로 불리는 미술품 사진으로 시작한다. 주목할 점은 라스코, 빌렌도르프, 시모트라케가 작품을 만든 사람 이름이 아니라 그것이 발견된 지역 이름이라는 것이다. 만든 사람들의 이름은 고대 그리스 시대에 잠시 알려졌으나 곧 사라졌다. 소위 중세가 다 지나가도록 이런 걸 만든 이들의 이름은 알려지지 않았고 알려질 필요도 없었다.

개인의 이름은 르네상스 시기에 들어서면서 다시 본격적으로 등장했다. 브라만테Donato Bramante(1444~1514), 레오나르도 다빈치Leonardo da Vinci(1452~1519), 미켈란젤로Michelangelo(1475~1564), 라파엘로Raffaello Sanzio(1483~1520)와 같은 화려한 미술가들의 이름이 등장했다. 토마스 탈리스Thomas Tallis(1505~1585), 팔레스트리나Giovanni Pierluigi da

---

[12] 좀 더 정확히 영어식으로 표현하면 현재 완료형이 되어야 할 것이다. 건축은 예술의 범주에 포함되어 왔는가.

〈시모트라케의 니케〉와 〈빌렌도르프의 비너스〉.

Palestrina(1525경~1594), 몬테베르디Claudio Monteverdi(1567~1643)와 같은 작곡가의 이름이 등장하는 시기도 바로 이때다. 환쟁이, 풍각쟁이들의 이름이 나오는 쟁이 실명제의 시대가 도래한 것이다.

르네상스는 예술사를 그 이전과 이후로 나누어도 좋을 만큼 중요한 시대다. 유럽에서는 르네상스 시대의 작품이 없다면 박물관이라고 부르기도 쑥스러워질 만큼 이 시대의 가치는 중요하다. 예술의 개념과 가치를 규정하는 중요한 단서들이 제공된 시기기도 하다. 밋밋한 미술 책을 덮고 작품 원본이 있는 박물관으로 가자.

쟁이,
신분을 구하다

르네상스 시대 이전의 화가, 조각가, 건축가는
환쟁이, 조각쟁이, 건축쟁이들이었다.
이들의 작업은 숙련을 요구하는 손기술에 의한 것이었다.
이 쟁이들이 사회적으로 제대로 대접 받는 데 필요한 것은
이들의 작업이 학문으로 인정받는 것이었다.
훈련이 아니라 학습에 의해 전승되어야 했다.
그리고 이를 위해서는 이론서가 존재해야 했다.
르네상스는 고대 로마 시대 비트루비우스의 이론서가
다시 발견된 시대였다. 알베르티가 이를 기반으로
새로운 이론서를 쓴 것도 르네상스 시대였다.
화가, 조각가, 건축가가 디자인이라는 지적 작업을 공통분모로
한다는 내용의 책이 서술된 때 역시 르네상스 시대였다.
이들을 포함한 예술이라는 범주가 설정된 것은 18세기 프랑스였다.

파라고네

"지금 여기가 어딘가요?"

세계적 지명도를 자랑하는 박물관들은 과연 크고도 넓다. 그래서 여름철이면 박물관 안에서 길 잃은 관람객들이 안내 데스크에서 이 질문을 쏟아 낸다. 반면, 여느 박물관에서 빈도 1위를 차지하는 이 질문이 밀려나 있는 곳이 있다. 루브르 박물관의 질문 1위는 바로 이것이다.

"모나리자는 어디 있나요?"[1]

〈모나리자〉는 무엇인가. 물감이 얇고도 정교하게 입혀진 포플러 목판. 르네상스 시대 피렌체 지방에 살았던 젊은 부인의 모습을 기록한 시각 자료. 루브르 박물관 회화 소장품 번호 779의 그림. 그러나 〈모나리자〉의 가치는 이런 서술을 훨씬 뛰어넘는다. 모나리자는 문화적 순례 여행의 목적지 명칭이고, 확립된 미술관 체제의 아이콘이고, 미소의 한 종류를 일컫는 보통명사다.

이 위상은 인류 역사상 전무후무한 것이다. 화가의 위상도 다르지 않다. 모든 인류가 어둠 속에서 잠들어 있을 때 혼자서 새벽으로 걸어 나왔다는 그. 바로 빈치 태생의 레오나르도다. 그래서 그를 표현하는 단어는 '르네상스적 인간'이다. 스케치를 빼고 나면 그가 완성한 그림은 겨우 열 점이 조금 넘는 정도다. 작품 수가 정확하지 않은 이유는 '완성'이라는 단어도 열린 개념답게 모호하기도 하려니와 화가 자체에

---

[1] Donald Sassoon, *Becoming Mona Lisa*, 2001, p.9.

도 문제가 있었기 때문이다. 그는 시작한 작업을 마무리하기 전에 곧 다른 작업으로 옮겨가곤 했다. 그래서 제자들이 완성한 것으로 알려진 그림들도 있다. 학생으로 치면 주의가 산만하다고 지적을 받을 사안이다. 그러나 그는 일단 옮겨간 작업에서는 무서울 정도로 집중력을 발휘하는 인간이었다고 후대의 목격담은 전한다.

그의 이력서를 살펴보자. 르네상스적 인간이라는 호칭에 걸맞게 직업란이 복잡하다. 화가, 조각가, 과학자, 수학자, 공학자, 발명가, 해부학자, 건축가, 음악가, 저술가. 한국의 국회의원 선거 입후보자도 따라가기 어려운 이 이력에서 주목할 부분이 있다. 저술가라는 이력이 들어가 있다는 점이다. 그는 수많은 관찰과 발명을 기록한 스케치북만 남긴 것이 아니었다. 원고도 남겼다. 이것은 후대에 《파라고네Paragone》라는 이름으로 묶여 출간되었다.[2] 이 천재는 도대체 무슨 이야기를 하고 싶었을까.

> 회화는 시보다 위대하다. 왜냐하면 시는 인간이 임의로 고안해서 사용하는 언어를 도구로 삼는 반면, 회화는 자연의 작업을 표현하고 있기 때문이다.
>
> 회화는 음악보다 위대하다. 왜냐하면 이들이 공통으로 조화로운 비례를 다루고 있기는 하나, 음악이 순간적인 반면, 회화의 비례는 훨씬 더 오래 음미될 수 있는 것이기 때문이다.

---

[2] 메모 정도디 보니 원본에는 책 제목이 없다. 원본이 소장된 비디칸 도서관에서는 그것이 우르비노 공작 가문Dukes of Urbino의 도서관 소장 도서에서 온 문서이므로 'Urbinas 1270'으로 지칭되었고, 1651년 프랑스어로 번역되면서 《파라고네》라는 제목이 붙여졌다. 이 제목은 보통명사다. 시각 예술을 비교하는 논쟁서를 일반적으로 부르는 이름이다. 따라서 이 특정한 책의 제목으로는 '레오나르도의 파라고네'가 좀 더 정확할 것이다.
  Leonardo da Vinci, trans. Irma A. Richter, *Paragone: A Comparison of the Arts*, 1949, pp.1, 2.

> 회화는 조각보다 위대하다. 왜냐하면 조각은 육체적인 작업인 반면, 회화는 정신적인 노력을 수반하기 때문이다.[3]

레오나르도는 지금 시, 음악, 조각을 차례로 제물로 삼으면서 회화가 위대하다고 주장한다. 회화가 시, 음악, 조각보다 위대한지 공평하게 판단하기 위해서는 시인, 음악가, 조각가의 반대 의견도 들어 봐야 할 것이다. 스스로 화가가 아닌 조각가라고 생각했던 미켈란젤로가 바로 그런 의견을 낼 사람이었다.

미켈란젤로는 레오나르도의 글에 불쾌해 했다. 그에게도 회화보다 조각이 위대하다고 주장하는 근거가 있었다. 조각이 회화보다 자연에 더 밀접하다는 점 때문이었다. 달이 태양빛을 받아서 밝아지는 것처럼 조각은 회화를 밝혀 주는 등불이라는 것이 그의 생각이었다.[4]

이것은 자존심과 집착이었다. 문제는 배경이다. 이들의 기氣 싸움은 르네상스 시대 미술, 미술가들의 사회적 지위를 역설적으로 설명해 준다. 이 위대한 천재들도 당시에는 우아한 화가, 조각가가 아니라 우울한 환쟁이고 조각쟁이였다. 옆에는 같은 처지의 풍각쟁이들이 있었다. 그리고 그 옆에 건축쟁이들이 서 있었다. 이것은 개인의 문제가 아니었다. 직업 자체의 문제였다.

이들은 사회적 인정을 기대했다. 환쟁이가 아닌 화가, 풍각쟁이가 아닌 음악가가 되고자 했던 것이다. 그러기 위해서는 그 작업이 잡스런

---

[3] Claire J. Farago, *Leonardo Da Vinci's Paragone*, 1992, p.94.

[4] 만만치 않은 성격의 소유자로 유명했던 미켈란젤로는 굳이 그 성격을 숨기면서 살지도 않았다. 그는 자신의 조수도 레오나르도보다는 글을 잘 쓸 것이라는 주장을 잊지 않았다. Leonardo da Vinci, 앞의 책, p.91.

손재주가 아니라는 점이 인
정되어야 했다. 갖춰야 하는
것은 기술이 아니라 지식이
었다. 훈련이 아닌 교육에 의
해 전승되어야 했다.

지식이 기술과 다른 점은
손재주가 아니라 두뇌 활동
이라는 것이다. 지식이 논리

레오나르도 다빈치와 미켈란젤로. 그 이름이 알려졌다는 사실만큼 중요한
것은 이들의 모습이 그림의 대상이었다는 사실이다. 이들의 개인적 존재가
의미를 갖기 시작했음을 증명하기 때문이다.

적 체계를 갖추면 이론이 된다. 이 이론의 체계가 사회적 동의를 얻으
면 학문이 된다. 이 이론과 학문을 가르치는 곳이 교육기관, 즉 아카데
미다. 아카데미에서 가르치는 과목이 되기 위해서는 문자로 전승되는
이론이 필요했다. 그 이론은 서적의 형식으로 가시화되어야 했다. 물론
그 서적의 저자는 권위를 갖고 있어야 했다. 그 권위의 뿌리는 고대 그
리스 철학에 있었다.

쟁이와 교양

고대 그리스의 철학자들이 쟁이들과 그들의 작업에 대해 뭐라고 했
는지 들춰 보자. 거기 혹시 건축이 들어 있을지도 모를 일이다. 처음 등
장하는 사람은 피타고라스Pythagoras(기원전 580경~기원전 500경)다. 피타
고라스의 공로는 음악에 수학적 조화, 즉 리듬과 하모니가 숨어 있음을

발견했다는 점이다. 이것은 음악의 가치다. 피타고라스의 음악은 노래하고 악기를 연주하는 능력을 이야기하는 것이 아니었다. 작곡도 아니었다. 소리가 우리의 귀에 얼마나 조화롭게 들리는가를 논의하는 학문, 말하자면 화성학和聲學을 지칭하는 것이었다. 풍각쟁이들의 깽깽이 연주와는 다른 의미였다.

이번에는 서양 철학이 모두 그의 주석에 불과하다는 바로 그 플라톤Plátōn(기원전 428경~기원전 348경)을 읽어보자. 플라톤이 생각하는 사회 조직이 일목요연하게 정리된 글이 《국가론Politeía》[5]이다.

가장 먼저 가치를 인정받은 분야는 역시 음악이다. 플라톤은 군인[6]들에게 필수 불가결한 교육 과목으로 정신을 위한 음악과 신체를 위한 체육을 지목한다.[7] 물론 이 군인은 개병제의 그냥 병졸들이 아니다. 신성한 병역을 수행할 수 있는 자유로운 시민들이다. 그러나 여기서 음악 $μουσικη$(Musike)은 피타고라스의 화성학과 의미가 다르다. 뮤즈Muse가 관장하는 모든 행위를 지칭하되 가사가 있는 것이다. 말하자면 서사시에 가깝다. 《국가론》 전체에서 가장 칭송 받는 사람도 바로 서사시인 호메로스Homeros다. 플라톤은 시나 음악 자체가 아니라 이 가사를 통해 어떻게 진실을 교육시키는가 하는 데 관심이 있었다. 플라톤은 우리가 생각하는 노래나 연주에 관해서 전혀 관심이 없었다.

---

[5] 라틴어로 번역되면서 《공화국Res Publica》이 되었지만, 원제의 뜻은 '정치 제도'쯤 될 것이다.

[6] 이 단어 $φυλαξ$(phulax)는 단순히 군인이라기보다 보호자의 의미를 갖고 있다. 도시, 혹은 체제를 지키는 사람으로 볼 수 있다.

[7] 플라톤의 음악 교육에 관한 입장은 《국가론》 전반에 걸쳐 거론된다. 가장 집중적으로 정리된 부분은 Republic, 2.376.이다.

회화에 관한 플라톤의 입장은 뚜렷하고 명료하다. 모방이라는 것이다. 의자는 무엇인가. 의자에는 그 존재를 설명하는 추상적인 이데아 $ιδέα$ (Idea)가 있다. 이데아를 모방해서 의자 제조공이 만든 것이 실물 의자다. 그리고 이를 다시 모방한 허상이 그림이다. 따라서 그림 그리는 작업이 사회적으로 의미 있는 일일 수 없다. 플라톤은 음악을 천문학, 수학과 같은 교양으로 인정한다. 그러나 회화는 그렇지 않음도 뚜렷이 강조한다.[8]

그렇다면 건축은? 플라톤은 아무런 관심이 없다. 《국가론》은 그가 이상적으로 생각한 도시 $καλλίπολις$(Kallipolis)[9]를 설명한 글이다. 그의 도시는 네 사람이 모인 데서 시작한다. 식량을 제공하는 자, 옷을 만드는 자, 신발을 만드는 자, 그리고 집 짓는 자. 플라톤에게 집을 짓는 것은 신발 만들거나 의자 만드는 것 이상의 관심사가 아니었다.[10] 도시가 커지면서 시장도 생긴다. 상인과 군인도 필요해진다. 그러나 건축에 대한 더 이상의 평가는 없다.

다른 저술들에서도 플라톤은 건축에 대한 가치 평가를 하지 않는다. 그저 집 짓는 일이 존재한다는 정도의 서술이 있을 따름이다. 음악과 건축을 비교한 예는 있다. 정밀도가 필요 없는 음악에 비해 정확성을 요하는 일로는 집 짓는 작업이 있다는 정도의 비교다.[11] 그러나 이마저도 수학적 엄밀함을 강조하기 위해 건축의 상대적 비非엄밀함을 거론한

---

[8] Plato, *Theaetetus*, 145a.
[9] Plato, *Republic*, Ⅶ.527c.
[10] Plato, *Republic*, Ⅱ.369d.
[11] Plato, *Philebus*, 56c~e.

것이었으니 그나마 별로 긍정적인 가치 평가는 아니었다.

시에 음악과 맞먹는 사회적 지위를 확보해 준 사람이 아리스토텔레스Aristoteles(기원전 384~기원전 322)다. 《시학詩學, Poetica》이 바로 그 근거였다. 그러나 아리스토텔레스에게 푸시킨 같은 사람은 논의의 대상이 아니었다. 이 책은 현대의 의미에서 정확히 말하면 시가 아니라 극작의 이론서다. 어떻게 하면 제대로 된 극을 지을 수 있는가에 대해 체계적인 논리를 세운 책이다. 그래서 이 책 제목을 내용에 맞춰 다시 붙이면, '비극작법悲劇作法'이 되어야 한다.[12]

작가는 운율이 아니라 줄거리를 만드는 이라고 아리스토텔레스는 지적하고 있다. 이 책이 《시학》이 되기 위한 근거는 고대 그리스 시대의 비극이 서사시였다는 주장 정도가 될 것이다. 여기서도 칭송되는 호메로스는 서사 시인이다. 그러나 이 책의 내용이 요즘 개념의 시작법詩作法이라고 하기는 어렵다.

이 책은 르네상스 시기에 라틴어, 이탈리아어로 번역되면서 《시학》

---

[12] 아리스토텔레스의 책들은 제목이 없었다. 제목은 항상 맨 앞 문장에서 따와 붙였다. 이 책의 제목을 제공한 첫 문장은 "만드는 방법에 관하여… [περὶ ποιητικης…(peri poietikes…)]"다. 희극을 설명하려는 뒷부분은 소실되었고 우리에게 남아 있는 것은 시가 아니라 비극을 어떻게 쓰느냐는 것이다. 그 소실의 순간을 상상해 살려낸 것이 움베르토 에코의 소설 《장미의 이름》이다. 여기서 '포이에티케스ποιητικης(poietikes)'는 만드는 과정, 만드는 방법, 만들기 등의 의미를 갖고 있다. 이 단어는 그리스어 사전에서 하이데거까지 모두 그 의미를 명확히 하고 있다. 이 제목의 논란에 관해서는 George Walley, ed. John Baxter and Patrick Atherton, *Aristotle's Poetics*, 1997, p.44. 참조.
'포이에시스ποίησιο(poiesis)'의 의미에 관한 예는 Plato, *Symposium*, 205c. 참조. 이 단어의 의미는 "부재를 존재로 전환시키는 것"이지 시라고 하기는 어렵다. 아리스토텔레스의 이후 문장에서도 '포이에시스'를 '시poem'로 해석하면 문장이 좀 엉뚱해진다. 마찬가지로 '포이에테스ποιητας(poietes)'는 '시인'이 아니라 '만드는 자'다. 시로 번역된 부분을 극작법 정도로 읽으면 문맥 이해가 훨씬 쉬워진다.

이 되었다. 그리고 시에는 고전적 권위가 있음을 증명하는 중요한 자료가 되었다. 14~15세기까지 시라고 하면 라틴어로 글을 쓰고 고대 희비극의 서사시를 번역하는 능력을 지칭하는 것이었다.[13] 시는 인문학적 지식으로 간주되었다. 이 문헌적 근거를 통해 시는 시민들이 교육받아야 할 교양으로 확실하게 인정받았다.

아리스토텔레스는 음악과 그림에 대해서도 언급했다. 사람이 기본적으로 공부해야 할 소양으로 글 읽고 쓰기, 체육, 음악을 지목했다.[14] 글쓰기는 실용적인 가치가 있으므로, 체육은 건강을 위해서 익혀야 한다. 그리고 음악은 썩 내키는 분야는 아니지만, 여가를 위해 알아 둬서 나쁘지 않은 것이었다. 아리스토텔레스는 그림은 모든 사람이 배워야 할 것은 아니고 어떤 사람들에게는 필요한 것이라고 단서를 달았다. 그 어떤 사람들에 대한 더 이상의 해설은 없었다. 그는 그림을 위한 체계적 이론을 세우지는 않았다. 건축에 대해서는 그나마 무관심했다.

중세 대학의 교과목은 고대 그리스 철학자들이 정립한 가치관에 의해 결정되었다. 그 과목들은 조화에 관련된 수학, 기하학, 음악, 천문학의 4학문quadrivium과, 논리와 관련된 문법, 수사학, 논리학의 3학문trivium으로 구성되었다.[15] 작곡, 노래, 연주는 여전히 음악에 해당되지 않았다.

이들 일곱 과목을 묶어서 지칭하는 이름이 교양liberal arts[16]이었다. 자

---

[13] Paul Oskar Kristeller, *Renaissance Thought II: The Modern System of the Arts*, 1965, p.178.

[14] Aristotle, *Politics*, VIII. 1337b.
　여기서 '그라피코스γραφικός(graphikos)'를 그림drawing으로 번역한 경우도 있으나, 고대 그리스어 사전의 용법이나 문맥을 감안하면 글씨를 보기 좋게 쓰는 능력으로 보아야 할 것이다.

유로운 시민이 공부해야 할 이 체제는 절대적이었다. 그 바탕에 논리로 무장하고 조화로움을 내세운 그리스 철학자들이 존재했다. 중세의 신학자들에게 공부의 대상은 신이었지만, 방법은 고대 그리스 철학이었다.

쟁이들은 교양이라는 이름의 철옹성 외부의 별 볼일 없는 존재들이었다. 교양이 되는 데 필요한 것은 고전의 권위였고 여기 힘입은 이론적 바탕이었다. 이전에 회화가 이 교양liberalium에 포함되었다고 주장한 사람도 있기는 했다. 바로 로마 시대의 플리니우스Gaius Plinius Secundus(23~79)였다.[17] 그러나 그는 환쟁이들을 위한 예술론까지 만들어 주지는 않았다.

르네상스의 쟁이들은 고전이 쌓은 벽 앞에 서게 되었다. 벽에는 자신들이 들어갈 문이 없었다. 이들은 자신을 스스로 구원해야 했다. 고대 철학을 연구해서 이론적 바탕을 찾든지, 스스로 이론과 원칙을 만들어서 내놓아야 했다. 설득이 되지 않는다면 우기기라도 해야 했다. 저술가로서 레오나르도가 보여 준 모습이 바로 이런 것이었다.

---

[15] 시민들이 공부해야 할 과목으로 이들을 정리한 첫 인물은 플라톤이다. 그러나 이 4학문 교육 체계를 만들어 놓은 것은 스콜라철학의 첫 인물로 꼽히는 부에티우스Ancius Manlius Severius Boethius(480경~524경)라고 인정된다. Boethius, trans. Michael Masi, *De Institutione Arithmetica*, 1983. p.71. 이에 비해 3학문은 중세 후기의 산물이다.

[16] 이 교양은 헬레니즘 시대에서 로마 시대로 이어져 온 전통을 갖고 있다. 키케로Cicero가 이들을 지칭해서 쓴 라틴어 단어는 'artes liberales'였다. Cicero, *De Oratore*, 3.127. 오늘날 대학 졸업장의 '인문학 학사Bachelor of Art'라는 이름은 여기서 나왔다. 심지어 뉴턴 Isaac Newton(1642~1727)의 학위명도 인문학 학사다.

[17] Pliny, trans. H. Rackham, *Natural History*, 1984, Book XXXV, p.77.
그는 자연의 물질에서 추출한 안료를 설명하다 말고 그리스 시대의 화가, 조각가, 도예가들을 설명한다. 여기서 실명으로 거론된 예술가가 300명에 이른다. 이 시대 이후 쟁이들의 이름은 르네상스 시대까지 묻혀 있었다.

비트루비우스의 발견

그렇다면 중세 유럽에 건축의 이론서는 존재했을까. 이론서까지는 아니더라도 문자를 통한 기술의 전승은 존재했을까. 결론을 말하면, 아니다. 건축쟁이들이 글을 몰라서였을 수도 있다. 그러나 더 중요한 이유는 중세의 성당을 만든 건축쟁이들이 길드guild에 속해 있었기 때문이다. 그들은 자신들이 건물을 만드는 방법을 철저히 대외비로 하고 있었다.[18] 자신들의 생존을 위협하는 가장 위험한 일은 그 방법을 문자로 남기는 것이었다. 기록의 다음 단계는 바로 유출이었다. 그래서 오늘 우리가 고려청자의 제작 방법을 모르듯이 중세 유럽 성당의 건립 방식도 상당 부분을 추측에 의존해 해설하고 있다.

중세의 건축쟁이들은 사회적 신분보다 안정적 생존을 선택했다. 이들은 문자가 아니라 그림을 통해서 건물을 만들어 나간 조직이었다. 자와 컴퍼스로 상징되는 것이 바로 이들의 모습이었다. 이런 생존 방식에 대한 도전이 시작된 곳은 이탈리아였다. 그 도전은 문자를 통한 것이었다.

1414년 스위스의 생갈St. Gall 수도원에서 건축 역사에 길이 남을 발견이 이루어졌다. 피렌체의 인문학자 브라치올리니Poggio Bracciolini(1380~1459)가 수도원 도서관을 뒤져서 발견한 책 중에 로마 시대의 건축 책 완결본이 한 권 끼어 있었다. 기원전 30~20년경에 비트루비우스Marcus Vitruvius Pollio(기원전 80경~기원전 15경)가 쓴 책으로 제목은 《열 권의 건

---

[18] 중세 건축 길드의 문자 기피에 관해서는 Joseph Rykwert, "On the Oral Transmission of Architectural Theory," *Tomado de AAVV: Les traités d'Architecture de la Renaissance*, 1988. 참조.

축서De Architectura Libri Decem》[19]였다.

비트루비우스는 완전히 잊혀진 이름은 아니었다. 이전까지 파편적으로 필사되어 전승되던 책의 전체 몸통이 그제야 드러난 것이다. 르네상스는 고대 그리스, 로마의 권위가 절대적이던 시대였다. 고대 그리스 철학자의 권위는 아니어도, 로마 시대에 서술된 이론서의 발굴은 건축쟁이의 사회적 지위 형성에 막강한 후원자의 등장을 의미했다.

이 건축서는 황제 아우구스투스에게 헌정된 책이다. 헌정 받는 이의 세속적 권력은 책의 지적 권위와 관계가 있었다. 이 책은 완결된 형식을 지니고 권력의 승인을 얻은 저서였다. 비트루비우스는 건축에서 단 하나의 지적 절대 권력이 되었다. 이후 오백 년간 유럽의 건축 이론은 바로 이 비트루비우스의 테두리 안에 있었다. 동양에서 논어, 맹자에 주석을 다는 것이 공부였던 것처럼 건축가들의 공부는 비트루비우스에 그림을 그리고 주석을 다는 것이었다.

그러나 비트루비우스는 아리스토텔

파리의 〈샤르트르 성당〉. 이런 성당을 지은 건축쟁이들은 훈련을 통해서 후계자를 키웠고 단결을 통해서 생존을 유지했다.

---

[19] 우리에게는 《비트루비우스의 건축십서建築十書》로 알려져 있다.

레스가 아니었다. 비트루비우스는 아리스토텔레스가 수사학이나 극작을 구원한 정도의 치밀한 논리를 갖추지는 못했다. 게다가 그는 우리가 로마를 여행할 때 감탄하게 되는 건물들이 아직 지어지기 전, 즉 카이사르의 시대가 막 끝났을 때의 인물이다.[20] 그의 관심은 오직 그리스였다. 우리가 로마 시대 건축의 가장 중요한 업적으로 생각하는 아치arch나 볼트vault에 대해서도 아무 관심이 없었다. 더구나 이 책은 우리가 사용하는 개념의 건축, 즉 건물 짓는 일에만 국한된 서술을 하지도 않는다. 그럼에도 책의 대부분이 건물 짓는 일에 할애되었다는 것은 틀림없다. 그리고 10이라는 숫자가 과시하듯 건축 전반에 관한 내용을 망라한 첫 번째 책인 사실도 틀림없다. 비트루비우스는 스스로, 이전 필자들의 글은 낱알같이 떠돌던 것이었고 자신이 처음 전체적인 구조를 가진 서적으로 정리했다고 증언하고 있다.[21]

비트루비우스의 책은 건축이 얼마나 방대하고 우아하며 위대한 작업인가를 보여주기에 충분했다. 책은 건축가가 갖춰야 할 소양에서 시작한다. 여기에는 글 쓰고 그림 그리는 능력 외에 기하학, 광학, 수학, 역사, 철학, 물리학, 음악, 의학, 법학, 천문학 등이 포함된다. 온갖 지식이 총망라되어 있다.

이유는 이렇다. 기하학은 그림을 그리는 데 필요한 컴퍼스와 자를 사용하기 위해서, 광학은 건물에 창을 낼 때 빛의 성질을 알아야 하므로, 수

---

[20] 권력 독점과 이를 위한 정치 엘리트 사이의 내분을 사회적 쇠락으로 본다면, 카이사르와 아우구스투스 이후는 로마의 쇠락기임에 틀림없다. 그러나 건물은 독점한 권력을 과시하는 가장 일반적인 도구였고, 이후의 공공건물은 그 권력의 밀도만큼이나 화려하고 웅장했다.

[21] Vitruvius, *Ten Books on Architecture*, Book IV, preface, 1.

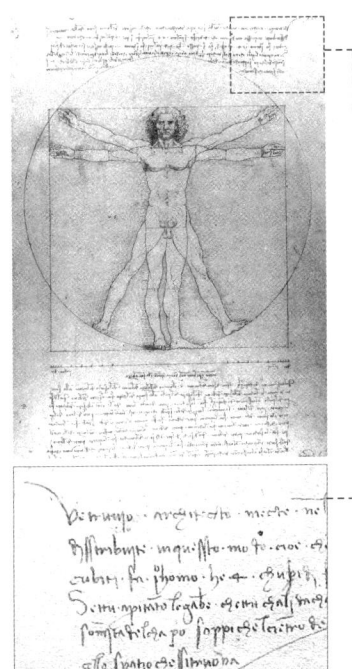

레오나르도 다빈치가 그린 비트루비우스적 인간. 거울로 반사해 보듯 글씨를 뒤집어서 쓴 화가의 이 스케치북을 다시 뒤집어 자세히 보면 바로 그 이름으로 시작함을 알 수 있다. "비트루비우스에 의하면…".

학은 적정한 공사비를 산정하기 위해서, 역사는 시대에 맞지 않는 인물 장식을 집어넣지 않기 위해서, 철학은 거만하지 않기 위해서, 물리학은 물의 흐름과 같은 성질을 다루기 위해서, 음악은 수학적 비례를 알기 위해서, 의학은 공기의 흐름과 기후를 알기 위해서, 법학은 건축과 관련된 분쟁 때문에, 천문학은 건물을 배치하는 데 필요한 방위를 확인하기 위해서 알아야 한다는 것이 비트루비우스의 설명이다. 이것들이 모두 필요했다. 건축가가 되기 위해서.

그가 지목한 과목들은 교양 있는 시민들이 공부할 것들이었지, 쟁이들에게 필요한 것이 아니었다. 비트루비우스는 요구되는 능력과 함께 인정될 사회적 지위를 이야기하고 있었다. 그는 고대 그리스의 가치에 근거를 두고 있었다. 그가 그리스 건물에서 끌어오는 외형적 틀은 도리아Doria, 이오니아Ionia, 코린트Corinth 식으로 분류되는 양식order이었다. 중요한 것은 이들이 정확한 자연수의 비례를 갖고 있다는 주장이었다. 자연은 지고의 가치고 좌우대칭의 인체가 그중에서 가장 중요한 척도였다. 건축이 대칭의 형태를 갖고 자연수의 비례 체계로 구성되어 있다는 것은 그만큼 건축이 자연의 조화로움을 모방하고 있으며 지적인 작업이라는 뚜렷한 근거였다.[22]

비트루비우스를 인용한 것으로 오히려 원본보다 더 유명한 것이 레오나르도 다빈치의 인체 비례도, 즉 〈비트루비우스적 인간Vitruvian Man〉

이다. 화가는 배경의 노트에서 인체의 각 부분을 정수 비례로 설명해 나가면서 그 근거에 비트루비우스가 있음을 지적한다.[23] 비트루비우스의 가치는 건축을 넘어서는 것이었다.

비트루비우스의 책은 건축이 이론을 바탕으로 하는 작업이라는 증명이었다. 건축은 공방에서 전승되는 재주가 아니라 공부해야 할 대상이라는 증거였다. 건축이 기술이 아니고 과학적·수학적 논리를 갖는 지식임을 보여 주는 문자의 업적들이 르네상스 시대에 계속 등장했다.

건축의 이론서들

회화는 여전히 모방의 모방, 허무한 손재주였다. 그런 회화의 이론서를 쓴 사람은 또 다른 르네상스적 인간 알베르티Leon Battista Alberti(1404~1472)였다. 그가 레오나르도와 다른 점은 건축가, 법률가, 극작가, 철학자에 앞서 맨 앞에 저자라는 직함이 나선다는 것이다. 그리고 대학 졸업장을 갖고 있었다.

1435년 완성된 알베르티의 《회화론De Pictura》은 라틴어로 쓰인 책이

---

[22] 아리스토텔레스가 규정한 아름다움의 요소는 정돈 τάξις(taxis), 조화 συμμετρία(simmetria) 그리고 명료함 ὡρισμένον(orismenon)이었다. Aristotle, *Metatphysics*, 1078a. 아름다움의 가치가 대상에 내재된 것으로 판단하는 객관적 가치관은 18세기에 이르러 주관적 아름다움의 개념이 등장하기 전까지 흔들리지 않았다.

[23] Leonardo da Vinci, trans. Edward MacCurdy, *The Notebooks of Leonardo da Vinci*, pp.225~226.

었다.²⁴ 라틴어는 환쟁이들의 언어가 아니었다. 17세기 후반까지 유럽에서 라틴어는 학문의 유일한 공용 언어였고 진지한 학자가 지닌 능력의 표현이었다.²⁵

우피치 미술관에 소장된 알베르티 상. 그는 쟁이가 아니라 인문학자였고 그래서 스케치 수준의 자화상이 아니라 이런 조각상으로 남을 수 있었다.

알베르티의 무기는 학벌, 라틴어 구사 능력과 함께 풍부한 고전 시대의 지식이었다. 그는 키케로Marcus Tullius Cicero(기원전 106~기원전 43), 플리니우스, 플루타크Lucius Mestrius Plutarchus(46경~120경), 투키디데스Thucydides(기원전 460경~기원전 395) 등을 인용해 나간다. 소크라테스, 플라톤의 등장은 말할 것도 없다. 문자의 공부가 일천한 쟁이들이 거론하기 힘든 이름들이었다. 알베르티는 회화가 고전적 지식 세계의 한 부분임을 천명하고 있었다.

알베르티의 《회화론》이 갖는 가장 중요한 업적은 회화를 기하학과 연결했다는 점이다. 투시도법을 이론적으로 정리한 것이다. 알베르티는 단 한 장의 그림도 책에 넣지 않았다. 오로지 서술만으로 투시도법의 원리를 설명해 냈다.

투시도법을 발견하고 그려낸 사람은 알베르티가 아

---

²⁴ 이 책은 뒤에 저자 본인에 의해 다시 투스카니어로 번역되었다. 이탈리아라는 나라가 없던 시대니 이탈리아어는 아니고, 이탈리아어의 투스카니 방언 정도로 표현할 수 있을 것이다.

²⁵ Daniel J. Boorstin, *The Discoverers*, 1983, pp.386~393.
   레오나르도 다빈치의 《파라고네》는 라틴어가 아닌 이탈리아어로 쓰였다. 레오나르도는 중년을 넘어 라틴어를 독학했고 그런 만큼 라틴어 콤플렉스가 있었다. 뉴턴도 데카르트도 논문은 영어, 프랑스어가 아닌 라틴어로 썼다.

니라 〈피렌체 대성당〉의 돔을 완성한 브루넬레스키Filippo Brunelleschi(1377~1446)였다. 1413년에 그가 이뤄 낸 결과물은 그림으로 이루어진 패널이었다. 그러나 투시도 이론은 알베르티의 업적이고, 결과물은 문자로 이루어진 책이었다.

알베르티는 이어 《회화론》과는 비교가 안 될 정도로 방대한 책을 완성했다. 그 책의 이름이 《건축서De Re Aedificatoria》였다. 비트루비우스와 같이 열 권으로, 비트루비우스와 같이 라틴어로 서술한 이 책은 말 그대로 야심작이었다.[26] 무엇보다 비트루비우스보다 균형 잡힌 서술 체계를 지니고 있었다. 이 책은 확고한 지식 체계로서의 건축을 집대성한 역작이다. 이제 건축은 누가 보아도 지적이고 체계적인 학문이었다. 건축술이 아닌 건축학의 기초가 놓인 것이다.

저술을 시작할 때만 해도 알베르티는 건축가가 아니었다. 저자가 자임한 직업은 화가였다. 그는 《회화론》에서 자신이 수학자가 아닌 화가로서 이 책을 쓴다고 서술한다.[27] 그리고 계속 화가로서의 일인칭 서술 시점을 유지한다. 주어는 '우리 화가들'이다.

알베르티는 아직 건물을 만들어 본 경험이 없는 상태에서 《건축서》를 쓰기 시작했다. 《건축서》에서 주어는 '내가 건축가라고 부르는 그들'

---

[26] 그래서 우리에게 번역된 제목은 《알베르티의 건축십서建築十書》다.

[27] Leon Battista Alberti, trans. John R. Spencer, *On Painting*, 1956, p.43.
그러면서도 그의 서술은 점, 선, 면, 각과 같은 기하학적 개념의 정리에서 시작한다. 세 개의 장으로 구성된 책은 기하학에서 출발해서 투시도법으로 정리된다.

[28] Leon Battista Alberti, trans. Joseph Rykwert, Neil Leach and Robert Tavernor, *On the Art of Building in Ten Books*, preface.

[28]이다. 알베르티가 책을 쓰는 데 걸린 시간은 십 년이었다. 강산만 변한 게 아니라 저자도 변할 시간이었다. 과연 알베르티의 상황은 바뀌고 그에 대한 평가도 달라졌다. 그는 《건축서》을 완성할 때쯤 되어서는 건축설계 의뢰를 받기 시작했다. 피렌체의 〈루첼라이 궁Palazzo Rucellai〉, 〈산타 마리아 노벨라 교회Basilica of Santa Maria Novella〉 등은 건축사 책에 등장하는 그의 대표작이다. 화가로서 알베르티의 업적은 별로 알려지지 않았다. 결국 그의 이력서에서 단 하나의 직업을 골라낸다면 건축가가 될 것이다.

이 책은 인쇄를 통해 유포된 역사상 첫 번째 건축 이론서다.[29] 그 영광의 자리가 갖는 의미는 중요하다. 알베르티는 엘리트 대중을 독자로 상정했다. 이 책은 고급 건축 교양서였다. 그런 만큼 인쇄본이 될 가치와 필요가 있었다.

알베르티 다음으로 건축 이론서를 출간한 사람은 세를리오Sebastiano Serlio(1475~1554)였다.[30] 이전의 이론서와 비교하면, 세를리오의 《건축총론Tutte l'opere d'architettura》은 훨씬 더 건축 책다웠다. 그림이 들어 있었기 때문이다. 이것은 평면, 입면, 단면 같은 건축도면이 축척대로 그려

최초의 인쇄본 건축 이론서인 알베르티의 《건축서》(1485).

---

29 알베르티의 책은 1485년 피렌체에서, 비트루비우스의 책은 1486년 로마에서 인쇄되었다. Alina A. Payne, *The Architectural Treatise in the Italian Renaissance*, 1999, p.70.
  필사를 통해 유통된 책은 더 있을 수 있다. 더구나 지역을 유럽에서 세계로 넓히면, 이 책이 두 번째 이론서라고 단언할 수도 없다. 중국 《주례周禮》의 '고공기考工記'는 비트루비우스보다도 먼저 쓰인 것으로 추정되는, 동아시아의 전통 건축·도시를 규정하는 중요한 이론서다. 그러나 인쇄는 유럽이 빠르다.

30 세를리오 이전에 필사를 통해 건축서를 쓴 사람은 프란체스코 마르티니Francesco di Giorgia Martini가 있다. Alina A. Payne, 같은 책, p.89.

진 첫 번째 책이었다. 그리고 라틴어로 쓰이지 않은 첫 건축 책이기도 했다. 상정한 독자가 달랐다는 뜻이다.

이 책도 기하학을 강조하는 것은 다르지 않다. 다섯 권의 책 체계에서 제1권은 점, 선, 면의 정의로 시작한

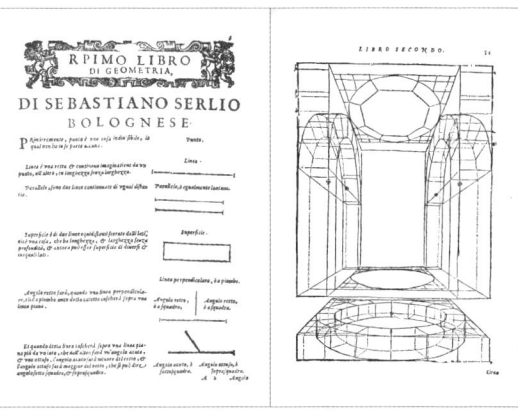

점, 선, 면으로 시작하는 세를리오의 《건축총론》의 첫 부분과 투시도법이 예시된 부분. 책에 그림이 포함되었다는 사실은 대단히 중요하다. 그림은 쟁이들의 영역이었기 때문이다.

다.[31] 이런 추상적인 개념은 구체적인 건물 설계로 사례들과 함께 발전해 나간다. 투시도법이 우아하고 박력 있는 그림을 통해 해설된 것도 당연했다. 세를리오의 책은 이론서라기보다는 건축 실무 해설서에 가까웠다.

정리하자면 이렇다. 비트루비우스의 이론서는 황제를 위한 것이었다. 알베르티의 이론서는 고급 지식인을 위한 것이었다.[32] 세를리오의 이론서는 건축쟁이 혹은 건축가를 위한 것이었다. 자와 컴퍼스만 들고 있던 건축쟁이들이 세를리오를 통해 이론서를 얻게 되었다.

언어와 서술 방식의 차이에도 불구하고 이들 건축 이론서들은 세워진 건물들을 근거로 한다는 공통점을 갖고 있다. 비트루비우스는 그리스를, 알베르티는 로마를 근거로 책을 서술했다. 세를리오는 이 건물들

---

[31] 후대에 다섯 권으로 묶인 책 중에서 가장 먼저 출간된 것은 제4권이었다. 그러나 전체 구성으로 보면 후대의 종합 출간이 체계적이다.

[32] 책은 교황에게 헌정되었다.

을 실측한 도면을 책에 실어 넣었다.[33] 이제 건축에서 기술 훈련이 아닌 이론교육이 가능해졌다.[34]

쟁이 혹은 창조자

르네상스 시대가 마감되는 시점, 즉 유럽의 문화적 주도권이 이탈리아를 떠나려고 하는 시점에 이 시기를 규정하는 중요한 저술이 하나 등장했다. 저자의 이름은 조르지오 바사리Giorgio Vasari(1511~1574)였다. 바사리는 미켈란젤로의 피렌체 공방 출신이었다. 그는 화가면서 건축가이기를 원했다. 그러나 스스로는 보지 못하는 문제를 지적해야 좋은 선생이다. 미켈란젤로의 조언은 건축에 매진하라는 것이었다. 이탈리아 최고의 박물관이며 보티첼리Sandro Botticelli(1445~1510)의 〈비너스의 탄생〉을 간판으로 내세우는 〈우피치 궁Palazzo degli Uffizi〉이 바로 바사리가 설계한 건물이다.

그러나 바사리의 업적으로 무엇보다도 중요한 것은 책이었다. 제목은 《가장 위대한 화가, 조각가, 건축가들의 일생Le Vite delle più eccellenti pittori, scultori, ed architettori》이었다. 우리의 역사책에는 땜쟁이, 무두쟁이,

---

[33] 비트루비우스의 책에도 11장의 도판이 포함되어 있었다고 전한다. 그러나 이들은 필사 과정에서 모두 소실되었다. Vitruvius, Ingrid D. Rowland, ed., *Ten Books on Architecture*, 2003, p.1.

[34] Arnold Hauser, trans. Stanley Godman, *The Social History of Art*, 1951, pp.335~336.

갓쟁이 들의 이름이 전하지 않는다. 아무리 르네상스라 한들 당시 환쟁이, 조각쟁이 그리고 건축쟁이 들의 일생에 관한 자료가 변변히 남아 있을 리 없었다. 소위 이렇다 할 선행 연구도 없는 상황이었다. 이런 배경에서 그는 당대를 풍미했던 화가, 조각가, 건축가의 인생을 파헤쳤다. 그리고 생생하고 방대한 다큐멘터리를 풀어냈다. 오늘날 우리가 르네상스 예술가라고 미술사 책에서 접하는 이들의 모습이 모두 여기서 그려진 것이다.

저자의 문체는 르네상스 시대다운 만연체지만 대체로 평상심을 잃지 않는 담담한 서술을 유지한다. 각 인물 꼭지 서문의 문장은 좀 더 길다. 그러다가 브루넬레스키, 라파엘로, 레오나르도, 미켈란젤로에 이르면, 주체할 수 없는 감격의 칭송을 쏟아 낸다. 스승이었던 미켈란젤로의 서문을 읽어 보자.

> 이미 저 유명한 조토Giotto di bondone(1267~1337)와 그 추종자들에 의해 서광이 비친 이후에, 자애로운 우주의 조화로움이 허용하신 근면하면서도 놀라운 정신은 이 세상에 자신의 존재를 천재를 통해 증명하려고 하였다. 그러나 많은 이들은 지혜라는 이름과 기술이라는 손재주로 저 자비로우신 천상의 지배자께서 마련해 놓은 자연의 숭고함을 모방하려는 헛된 실수를 계속해 왔다. 지배자께서는 피조물들이 헛되이 공부하고 노력하는 모습에 눈길을 두시고는, 점점 더 빛이 아닌 그 그림자로 향하는 모습을 가엾게 여겨 모든 작업과 직업

바사리의 자화상. 그는 자신의 모습을 그리기는 했으나 위인전에 자신을 넣지는 않았다.

에서 디자인의 완벽함을 통해 그 수고로움을 거두어 줄 위대하되 고독한 정신을 보내 주기로 결정하셨다. 그것은 제대로 된 스케치, 음영 표현, 선 구분 등의 그림을 통해 회화를 구원하는 것이고, 정확한 판단력으로 조각을 구원함이며, 쾌적하고 안전하며 즐거움을 넘어 꽉 짜인 비례와 풍부한 장식을 통해 건축을 구원하는 것이기도 했다.[35]

이 화려한 인용 부분 전체가 원문에서는 한 문장이다. 이렇게 혼미할 정도의 찬미를 통해 바사리가 그려 낸 이들은 도대체 누구인가. 창조주는 불완전한 대지에서 완전한 첫 인간을 만들었다. 바사리가 보기에 불완전한 모델에서 완전함을 이뤄 나가는 이 위인들의 모습은 기존의 쟁이들과는 전혀 다른 종류의 인간형이었다. 바사리가 선택한 단어는 그래서 '쟁이artista, artigiano'가 아니라 '창조자artefice'였다.[36] 이런 칭송으로 표현할 가치가 있는 인간은 이전까지 존재하지 않았다.

이 책의 첫 번째 가치는 쟁이들이 위인전의 대상이 되었다는 것이다. 그리고 바사리의 책이 갖는 역사적 가치가 하나 더 있다. 회화, 조각, 건축을 한 가지 틀로 묶어 낸 것이다. 바사리가 파악한 이들의 공통적 배경은 '디제뇨Il Disegno'였다. 이 정리는 중요한 성취였다. 물론 바사리는 이들을 묶어 '예술'과 같은 한 단어로 표현할 생각은 못했다. 만일 그랬다면 이 책의 제목은 '위대한 예술가들의 일생' 정도로 훨씬 간단해졌을 것이다.

---

[35] Giorgio Vasari, trans. Gaston Du C. de Vere, *Lives of the Most Eminent Painters, Sculptors & Architects*, 1912, p.414.

[36] 이 단어들의 차이에 관해서는 James V. Mirollo, *Mannerism and Renaissance Poetry*, p.5. 참조. 이전 고대 그리스 철학자들에게는 인간이 뭔가를 창조한다는 개념이 없었다.

바사리가 규정하는 디제뇨, 즉 디자인은 단순한 모방이 아니었다. 자연의 가장 아름다운 부분을 눈으로 보고 마음속으로 새겨 내서 손을 통해 평면에 옮겨 내는 작업이었다.[37] 플라톤의 이데아는 외부에 존재하는 독립적인 것이었다. 그러나 바사리가 보기에 창조자들의 아이디어는 이들 창조자의 머릿속에, 마음속에 존재했다. 그리고 이 아이디어를 구현하는 구체적인 방법이 디자인이었다. 회화, 조각, 건축은 한 배를 타고 움직이기 시작했다.

자신의 작업을 교양에 포함시키기 위한 쟁이의 노력은 꾸준히 진행되었다. 고전의 철옹성 내부로 진입하려는 노력이었다.

새로운 체계

건축은 예술의 범주에 포함되었는가.

우리의 질문은 이것이었다. 우리가 알고자 하는 것은 건축이 예술로 분류되었는가 하는 점이다. 분류가 새롭고 중요한 작업으로 부각된 것은 17세기에 들어서였다. 갈래를 새로 잡아야 할 정도로 지식이 폭발적으로 늘어나고 유통되기 시작했기 때문이다. 이 분류 작업이 본격화된 곳은 문화의 새로운 중심지 프랑스였다.

---

[37] 머리로 그리는 작업과 손으로 그리는 작업이 분화한 것은 18세기 프랑스에서였다. 손으로 그리는 작업을 지칭하는 단어는 데생dessin이었다.

프랑스인이 그들의 방식으로 지식을 분류하기 위해서 선행해야 할 일이 있었다. 고전 시대의 철학자들이 만들어 놓은 절대 권력적 지식 체계를 뛰어넘는 것이었다. 뛰어넘기 어려우면 무너뜨려야 했다. 그러나 다행히 그 지식 권력은 이미 무너져 있었다. 그 거대한 구조체를 무너뜨린 주인공 가운데 첫손에 꼽히는 사람은 청년 시절 화가를 꿈꾸던 이탈리아인이었다.

사십 대 중반의 나이로 파두아 대학University of Padua 수학 교수였던 이 사람은 1608년 신기한 광학 도구가 네덜란드에서 발명되었다는 소식을 듣는다. 그는 자신의 광학 지식을 과시하듯 바로 다음 해에 렌즈 두 개를 조합해서 성능이 훨씬 더 뛰어난 망원경을 만들었다.[38] 배율 20배의 이 발명품을 엉뚱하게 밤하늘에 들이대고, 거기 보이는 모양을 관찰해 그림으로 그리고, 이를 묶어 출판까지 한 그의 이름은 갈릴레오 갈릴레이 Galileo Galilei(1564~1642)였다. 그는 달 표면이 울퉁불퉁하고, 목성은 신기하게도 그 주위를 도는 위성이 네 개나 딸려 있다는 사실을 발견했다. 그의 글을 읽어 보자.

위대한 철학사들의 집단은 달을 포함한 천체들이 부드럽고 매끈하며 완벽한 공 모양이라고 믿어왔다. 그런데 반대로 달은 울퉁불퉁 거칠고 곰보 자국으로 빼곡하다. 마치 우리 지구의 표면이 여기저기 산맥과 계곡으로 이루어진 것과 다를 바가 하나도 없다.[39]

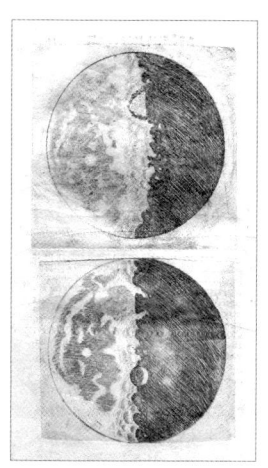

갈릴레이가 그려서 출판한 달 표면 모습.

---

[38] 원래 명칭은 '첩보경spyglass'이었으나, 1611년 '망원경telescope'이라는 이름을 얻었다.

여기서 거론한 위대한 철학자 집단의 우두머리는 아리스토텔레스다. 고전적 천체관은 우아했다. 신비로운 질서 체계였다. 이들 천체는 지구를 중심으로 완벽한 원운동을 하고 있었다. 이 질서 속에서 따로 움직이는 것은 태양, 달, 화성, 수성, 목성, 금성, 토성의 일곱 개다. 성서에서 드러난 창조의 일정을 증명하는 신비였다. 지구에서 가까운 순서로 인식된 이 목록은 로마 시대에 요일 이름으로 굳어진 후, 아직까지 남아 있을 정도로 절대 권위를 갖고 있었다.

2000년 가까이 방대한 서적으로 버텨 오던 이 세계는 겨우 스물여덟 쪽의 원고에 의해 허물어졌다.[40] 지구가 세상의 중심이 아니라는 코페르니쿠스 Nicolaus Copernicus(1473~1543)의 가설은 반세기 만에 사실로 입증되었다. 도구는 실험과 관찰이었다.

무게가 다른 물체는 다른 속도로 떨어진다는 것도 아리스토텔레스의 이야기였다. 그러나 〈피사의 사탑〉에 올라가서 이 주장을 뒤엎는 실험을 했다는 전설의 주인공도 갈릴레이였다. 그는 아리스토텔레스의 저격수였다. 이제 천체는 위대한 철학자, 신학자 들이 명상으로 감지하는 초월의 세계가 아니고 망원경만 있으면 아무나 들여다볼 수 있는 일상의 세계로 내려왔다.

이런 사건과 발견들은 절대 무오류의 권위로 군림하던 고대 철학의 족쇄가 풀렸음을 의미했다. 지구도 우주의 중심이 아닌데, 이들이 지식의 중심으로 남아 있을 아무런 이유도 없다. 코페르니쿠스, 갈릴레

---

[39] Galileo Galilei, trans. Albert Van Helden, *Sidereus Nuncius*, 1989, p.40.
[40] 갈릴레이의 원고 초간본은 오른쪽 면에만 쪽수를 매겼으므로 요즘 기준으로는 쉰여섯 쪽이다.

이, 케플러Johannes Kepler(1571~1630), 뉴턴Issac Newton(1642~1727)으로 이어지는 거인들은 고대 그리스, 로마가 쌓아 올린 철학을 무너뜨렸다. 그리고 이들을 바탕으로 중세의 신학에서 해방된 과학을 새로 쌓았다.

회화, 조각, 건축은 이제 천문학, 수학, 기하학의 굴레에서 벗어났다. 그러나 이들은 여전히 교양과 동떨어진 분야였다. 축적된 지식이 아니라 천재적인, 폭발적인 혹은 전복적인 재능이 필요했다. 새로운 체계가 필요했다. 결국 남은 문제는 이들을 어떻게 따로 묶어서 분류·정리하느냐였다.

새로운 세계의 지식. 이 방대한 양을 모아 새로운 체계로 쌓은 두 번째 바벨탑, 돌이 아니라 문자로 쌓은 그 전대미문前代未聞의 구조물은 무엇이었을까. 그것은 《백과전서Encyclopédie》였다.

《백과전서》 출간은 벤처 사업이었다. '당대의 지식을 새로운 방식으로 총정리한다' 는 무모한 야심이 담겨 있었다. 사업 시작 당시, 사업가이자 편집장은 무모함이 자연스럽게 느껴지는 젊은 나이의 디드로Denis Diderot(1713~1784)와 달랑베르Jean le Rond d'Alembert(1717~1783)였다.

아무도 부인할 수 없는 객관적 사실만 앙상하게 추려 서술하는 우리의 백과사전과 달리 최고의 권위자가 자신의 이름을 걸고 하고 싶은 이야기를 모두 풀어 놓는 것이 서양식 백과사전의 전통이다. 이것이 마련된 계기가 바로 이 책, 《백과전서, 혹은 학문과 기예의 합리적인 사전 Encyclopédie, ou Dictionnaire Raisonné des Sciences, des Arts et des Métiers, par une Société de Gens de Lettres》이었다.

이 방대한 사업의 진행이 순조로웠다면 오히려 이상했을 것이다. 《백과전서》의 저자에는 몽테스키외Charles-Louis de Secondat, baron de La Brède et de Montesquieu(1689~1755), 볼테르Voltaire(1694~1778), 루소Jean-Jacques Rousseau(1712~1778) 같은 참으로 불순하고 도발적인 인물들이 끼어 있었다. 이들의 글은 집권하고 있는 전제군주 왕실, 기득권을 확보하고 있는 종교 단체, 그리고 정치적 마찰이 부담스러운 발행인의 검열을 피하기 쉽지 않았다. 알파벳 순서로 출간된 책의 첫 권이 출간된 것은 1751년이었다. 그러나 결국 도판집을 포함하여 스물여덟 권이 완간된 시기는 무려 20년이 지난 1772년이다.

《백과전서》는 새로운 방식으로 지식을 분류했다. 당연히 예술의 분류·정리도 포함되었다. 《백과전서》의 예술 분류는 선행 업적에 근거한 것이었다. 바사리가 디자인이라는 공통분모로 묶은 이 분야들을 오늘 우리가 사용하는 의미의 예술fine arts 체계로 정리한 사람이 샤를 바퇴 Charles Batteux(1713~1780)다. 그가 생각한 이들 작업의 공통된 축은 디제뇨가 아니고 자연의 모방이었다. 모방이되 아름다운 모방이었다. 1746년에 발표한 그의 논문 제목은 〈한 가지 주제로 축약한 아름다운 예술들 Les beaux arts réduits à un même principle〉이었다. 그는 음악, 시, 회화, 조각, 무용으로 이루어진 보자르beaux arts, 즉 아름다운 예술의 개념을 제시했다.

문제는 건축이었다. 바퇴가 보기에 건축은 아름다운 것이고 따라서 예술에 포함될 만했다. 그러나 어떤 면으로도 자연을 모방하는 것은 아니었다. 바퇴는 타협책을 마련했다. 아름다움과

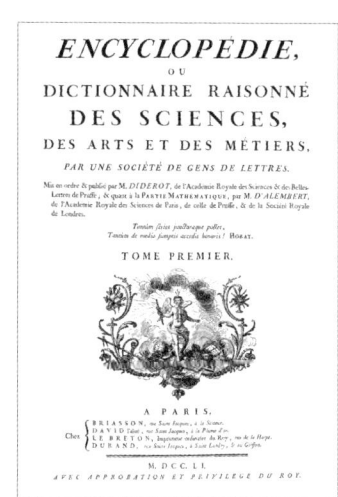

《백과전서》의 표지.

모방의 교집합이 아닌 아름다움과 유용성의 교집합을 따로 만들었다. 그리고 여기 집어넣은 것이 건축과 수사학이다. 그는 이제 일곱 가지로 이루어진 예술fine arts 체계를 완성했다. 일곱 개 학문으로 구성된 교양 liberal arts과 보기 좋은 대비가 되었다.

예술의 갈래와 건축

건축은 《백과전서》의 새로운 체계에서는 어디쯤 자리를 배정받았을까. 본서의 발간 전에 디드로가 쓴 《출간편람Prospectus》에서도 건축은 등장한다. 인간의 지식을 역사Historie, 철학Philosophie, 창작Poesie의 틀로 나눈 저자는 건축을 어디에 포함시킬지에 관해서는 자신이 없었다. 건축은 여기저기에 골고루 다리를 걸치고 있었다. 굳이 따지자면 철학에 무게중심이 쏠려 있는 정도였다. 건축은 디드로가 보기에 갈래를 잡기가 좀 어려운 주제였음이 틀림없었다.

실제 발간된 《백과전서》에서는 좀 달랐다. 달랑베르가 쓴 《개괄서문 Discours préliminaire》의 기본 체계는 《출간편람》을 기초로 하고 있었다. 여기서 필자는 디드로를 따라 지식 분류에서 역사, 철학, 창작의 체계를 유지한다. 그러나 달랑베르는 건축에 관해 좀 더 단호했다. 건축을 음악, 회화, 조각, 판화engraving와 함께 창작에 포함시켜 버린 것이다. 디드로의 구분을 발전시킨 '인문 지식표Systéme figuré des connoissances humaines'에는 이 분류가 명쾌하게 그려져 있다.[41]

여기서 어휘 선택의 문제가 등장한다. 《백과전서》의 원제에서 보이는 것처럼 기예arts는 실천을 담보한 지식을 지칭하는 것이다. 디드로가 집필한 본문의 '예술art'에서도 이런 포괄적인 개념으로 설명된다. 이것은 사고 중심의 지식인 학문sciences과 대칭되는 개념이다. 분류표의 하위 구분에서 사용할 단어가 궁색해진 달랑베르는 창작poesie을 차용한다. 자신이 포함시킨 것들이 모두 상상력과 연관된 것들이어서 창작이라고 표현될 수 있다고 해설했다.

이들은 모두 자연을 모방한다는 공통점을 갖고 있었다. 여기까지는 바퇴의 입장과 같았다. 그러나 달랑베르는 건축에 관해서 예외 규정을 만들기보다 논리를 개발했다. 그가 찾아낸 것은 대칭이었다. 건축가는 불완전하기는 하지만 대칭을 통해서 자연을 모방한다고 설명한다.

예술의 정리는 《백과전서》의 본문에서도 등장한다. 디드로는 '아름다움beau' 항목을 집필하면서 우선 과거의 논의들을 나열해서 정리한 뒤 자신이 생각하는 아름다움을 밝힌다. 바로 이 과거 논의의 가장 앞서에 바퇴의 예술

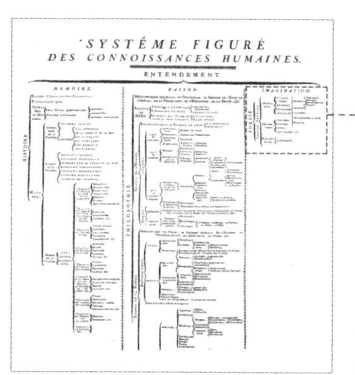

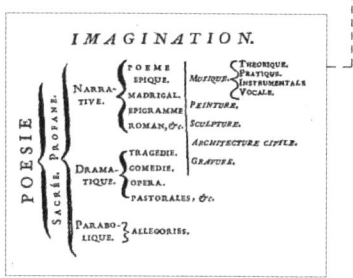

《백과전서》의 '인문지식표'와 예술 부분 상세.
'Architecture Civile'이 여기 포함되어 있다.

---

41 여기서 건축은 'architecture civile'로 표기되어 있다. 교회 건축이 아닌 나머지 일반 건축을 의미한다.

구분이 인용되었다. 가장 설득력이 떨어지는 논의라는 첨언과 함께.

《백과전서》에서 건축에 관련된 항목을 주로 저술한 사람은 당시 프랑스 건축의 최고 권위자였던 자크프랑수아 블롱델Jacques-François Blondel(1705~1774)이었다.[42] 그는 예술과 건축의 분류에 심각한 관심이 있는 사람은 아니었다. 하지만, 혹은 그래서 그도 바퇴의 예술 개념을 이어받았다. 건축, 회화, 조각, 그리고 조경을 예술에 포함시켰다.

《백과전서》는 방대한 작업에 의한 권위와 대중성에 힘입어 유럽 전역으로 계속 확대 번역 출간되었다.[43] 폭발적이라는 표현이 적절했다. 그리고 세상을 바꾸었다. 고대 그리스 체계를 대체하는 새로운 지식 체계가 구축된 것이다.

이 시기에 독일에서는 다른 중요한 작업이 이루어졌다. 바움가르텐 Alexander Gottlieb Baumgarten(1714~1762)이 미학Aesthetica[44]이라는 단어를 만들어 내고 예술을 철학의 한 영역으로 정립시킨 것이다. 당시 예술의 한복판에 있는 개념과 가치는 '아름다움das Schön'이었다. 그가 규정한 미학은 아름다움을 체계적으로 정리해서 학문의 단계에서 논의하는 철학이었다. 이제 예술이 무엇인가라는 질문과 대답은 철학을 배경으로 이루어지게 되었다.

---

[42] 연차적으로 알파벳순으로 출간된 사전에서 블롱델은 A부터 시작하여 F 중간까지의 건축 관련 항목 모두와 그 이후의 일부를 집필했다.
    프랑스 건축사에는 또 다른 블롱델이 있는데, 초대 건축 아카데미의 관장이었던 블롱델 Nicolas-François Blondel(1617~1686)이다. 둘은 할아버지와 손자 관계다

[43] 출간 뒤 30년간 유럽 전역에서 서로 다른 언어로 무려 아홉 종류의 판본이 출판되었다. 그 목록은 John Lough, *The Encyclopédie*, 1971, p.35.

[44] 바움가르텐은 그리스어의 '인식 $αἴσθησις$ (aisthesis)'에서 이 단어를 만들었다.

이 새로운 성과는 스위스 제네바에서 출간된 《백과전서》의 〈보완편 Supplémente〉에 반영되었다. '예술beaux-arts'이라는 항목과 함께 '미학 esthetique'의 항목이 독립하여 들어가게 된 것이다. 그리고 이 예술의 항목에 다시 한 번, 그리고 훨씬 더 명료한 논조로 건축이 포함되었다.[45]

쟁이들의 사회적 구원 프로젝트는 이렇게 완성의 단계에 이르렀다. 정리하면 이렇다.[46] 17세기에 고대 철학자들의 권위가 붕괴되면서 쟁이들은 논리로 무장한 수학과 기하학의 굴레에서 벗어날 수 있었다. 그리고 18세기 초반에는 새로운 분류 체계가 인정을 받으면서 예술의 개념이 확립되었다. 바로 교양의 일곱 과목과 대비되는 개념으로서 예술의 일곱 과목 체제가 수립된 것이다. 18세기 후반에 들어서면서 예술은 여기에 철학의 체계를 등에 업기에 이르렀다. 건축은 항상 여기 포함되었다.

이후 19세기부터는 백가쟁명百家爭鳴 예술론의 시대였다. 질풍노도의 낭만기 이후 수많은 이가 아름다움, 감수성, 표현 등의 단어를 동원하여 예술을 이야기하기에 이르렀다. 19세기 후반에 쓴 《예술론》에서 톨스토이Lev Nikolayevich Tolstoy(1828~1910)는 예술과 아름다움에 관해 주장을 내세운 사람들을 나열한다. 바움가르텐을 필두로 하여 서너 줄씩 언급되며 등장한 인물들은 무려 쉰 명에 이른다.[47] 이들의 다양한 주장은 20세기 중반, 논의가 가능한 예술철학의 등장에 이르러서야 한풀 꺾

---

[45] 〈보완편〉은 1776년과 1777년에 걸쳐 다섯 권으로 출간되었다. 〈보완편〉에서 건축 부분을 포함한 예술 부분 필자는 독일어권 스위스인 요한 게오르그 줄처Johan Georg Sulzer(1720~1779)였다. 《백과전서》의 글은 그의 독일어를 번역한 것이다.

[46] 이 시대별 정리는 Paul Oskar Kristeller, 앞의 책, pp.224~227. 참조.

[47] Count Lyof N. Tolstoï, trans. Aylmer Maude, *What is Art?*, 1899, pp.16~32

인다. 바로 가족 유사성이라는 개념이 예술에 등장한 지점이었다.

예술과 언저리

이제야 우리는 답을 얻게 되었다. 건축이 예술인가라는 첫 질문에 대한 답은 이렇다.

건축은 예술의 범주에 포함되어 왔다.

질문자가 예술이 무엇인가를 정리하여 새롭게 내밀어 설득을 얻지 못하는 한 이 현재 완료형의 문장은 유일한 답변이 될 것이다. 이야기를 마무리하기 전에 짚고 넘어갈 부분이 있다. 다시 석봉에게 돌아가자. 건축이 예술이되 떡 썰기가 예술이 아니라면 서예는 예술인가. 바사리의 전기, 《백과전서》, 철학자들의 논의 어디에도 서예는 들어 있지 않다.

문제가 생기는 이유는 예술 개념이 유럽의 소산이기 때문이다. 유럽 문화에서 글을 쓰는 것은 그냥 의사를 전달하고 기록하면 되는 것이지 글씨 자체가 무슨 도나 예술의 경지에 이를 리가 없었다. 글 쓰는 것이 도의 수준으로 가치를 평가받는 것은 중국, 이슬람 문화권 정도의 특징이다. 16세기의 석봉도 자신의 작업이 나중에 예술이라는 이상한 이름으로 분류되어 박물관에 전시되리라고는 꿈에도 생각지 못했을 것이다.

이처럼 문화적 배경이 다른 상황에서 판단을 위해 필요한 것은 역사가 아니라 제도다. 서예가 예술인가 하는 질문도 제도를 통해 답변할 수 있다. 그 제도는 박물관이다. 한국의 박물관은 서양의 예와 마찬가지로 왕실 수장고의 연장으로 설립되었다. 한국 최초의 박물관은 조선 왕실의 소장품을 기반으로 1908년 설립된 〈이왕가 박물관李王家博物館〉이었다. 왕실에서 많은 서화書畵를 소장하고 있었으므로 당연히 이들은 박물관 소장품이 되었다. 다만 왕실에서 전혀 가치를 두지 않았던 도자기, 불상과 같은 것들은 일본인이 추가했다. 오늘날 한국의 박물관은 조선 시대 왕실과 일제강점기 일본인의 미적 취향이 합쳐져서 만들어진 것이다.

대한민국의 법률은 박물관 중에서도 미술관을 정의하면서 글씨와 그림을 맨 앞에 놓고 있다. 글씨는 심지어 그림보다도 앞선다.

> '미술관'이란 문화·예술의 발전과 일반 공중의 문화향유 증진에 이바지하기 위하여 박물관 중에서 특히 서화·조각·공예·건축·사진 등 미술에 관한 자료를 수집·관리·보존·조사·연구·전시·교육하는 시설을 말한다.[48]

서예書藝는 그 이름이 이야기하는 것처럼 예술에 포함되어 있다. 좀 더 정확히 표현하면 '예술'에 포함되기보다 '동아시아의 예술'에 포함된다. 서예는 대한민국 미술대전의 한 분야이기도 하다. 공부를 마치고 과거에 급제한 석봉은 당시는 승문원承文院의 '사자관寫字官'이라는 공

---

[48] 박물관 및 미술관 진흥법 제2조(정의) 2항.

무원이었다. 이를테면 왕실 서기였다. 그러나 지금 그를 규정할 수 있는 새로운 단어는 예술가다.

예술은 쟁이들의 사회적인 구원 프로젝트였다. 그 작업은 교양과 대비되는 개념으로서의 예술이 성립되면서 완성되었다. 그러나 쟁이들에게는 자신의 작업이, 직업이 예술이라는 이름으로 백과사전과 철학 책에서 분류되는 것 자체가 중요하지 않았다. 제도가 필요했다. 자신들의 작업이 훈련이 아닌 교육으로 전승될 수 있고, 그 교육의 대상은 설움 많은 또 다른 쟁이 후보들이 아니라 자유로운 시민, 교양인이라는 사실을 증명할 제도가 필요했다. 그 제도는 아카데미였다. 건축쟁이들도 다르지 않았다. 그러나 유독 건축쟁이들은 새로운 철학자들의 의심에 찬 질문에 대답을 해야 했다.

건축가,
학벌을 얻다

18~19세기 독일의 철학자들은 미학을 철학의 한 부분으로 정립시켰다.
그러나 이들은 대체로 건축에 대해 유보적인 입장을 갖고 있었다.
건축이 물리적인 재료를 다루어 결국 물리적인 결과물 상태로 남아 있고
그 결과물이 무언가로 사용된다는 점이 공통적인 문제점이었다.
이들이 지목하는 건축의 문제는 르네상스 시대 건축 이론서들이 지적한
건축의 가장 중요한 가치의 한 부분들이었다.
건축은 아카데미를 통해 예술이라는 사회적 신분을 얻었고
또 이를 통해 물질과 용도의 질문에서 벗어날 수 있었다.
왕실은 이 아카데미에 절대적이고 고전적인 미적 가치관을 강요했다.
그래서 보자르 전통은 지을 의도도, 지을 필요도 없이
회화에 가까운 도면을 양산하는 건축가 교육기관으로 자리 잡았다.
20세기 초반의 바우하우스는 고전적 가치관에서 벗어나
예술가가 아닌 장인으로 돌아가야 한다는 원칙으로 설립된 새로운 아카데미였다.
이것은 건축가들이 사회적 신분을 획득하기 위해 벗어났던 시대의
가치로 되돌아갈 수도 있는 상황을 의미했고, 여기서 벗어날 길은
새로운 이론이었다. 물질과 용도의 틀에서 벗어난 건축 이론이었다.

니체와 칸트

"이제 우리는 더 이상 요즘 건축을 이해할 수 없다."[1]

니체Friedrich Wilhelm Nietzsche(1844~1900)였다. 그러나 니체는 단지 그들 중의 한 명이었다. 사회적 지위를 확보하기 위해 바쁘던 건축쟁이들의 심기를 불편하게 하는 철학자들이 있었다. 철학자들이 보기에는 오히려 건축쟁이들이 자신들의 심기와 논리를 불편하게 했을 것이다. 니체는 건축이 그리스 시대부터 기독교 건물로 이어져 온 상징체계를 이제 모두 잃어버렸다고 개탄한다. 그래서 요즘 건물들은 얼굴만 예쁘고 얼빠진 여자 같다고 한다. 니체의 무대접, 푸대접은 사실 건축에만 국한되지는 않는다. 니체에게 대접을 받으려면 베토벤 정도는 되어야 했다.

건축에 대해 심기가 불편한 것은 독일 철학자로서는 새삼스러운 일이 아니었다. 질문과 의심은 유서가 깊었다. 철학이라는 덩굴을 거슬러 따라가면 고대의 뿌리는 플라톤으로, 근대의 뿌리는 칸트Immanuel Kant(1724~1804)로 뻗어 있다. 전반적으로 예술과 관련하여 건축에 대한 입장은 칸트부터 유보적이었다.

칸트는 아름다움을 학문의 대상으로 만들려는 바움가르텐의 의도에 대해서 부정적이다. 칸트에게 아름다움은 연구의 대상이 아니고 감상의 대상이다.[2] 그러나 칸트는 바움가르텐이 만든 미학이라는 단어 자체

---

[1] Friedrich Wilhelm Nietzsche, trans. R. J. Hollingdale, *Human, All Too Human*, 1986, p.101.

는 받아들인다.³ 그리고 예술의 분류에서도 기본적인 이견은 없었다. 그는 예술을 세 가지 영역으로 세분한다. 시와 웅변으로 이루어진 언어 예술, 조각·건축·회화·조경으로 이루어진 시각 조형예술, 그리고 음악과 색채 장식으로 이루어진 감각 예술.⁴

'숭고함Erhabene'은 아름다움과 구분되는 예술의 가치고, '용도Nützlichkeit'로부터 자유로운 상태에서만 그 대상이 예술 작품이 될 수 있다는 것이 칸트 미학의 요체다. 그러나 누가 보아도 건물은 용도에서 자유롭지 않다. 칸트는 '독립적인 아름다움freie Schönheit'이 참된 예술적 판단의 대상이라고 정리한다. 꽃이나 새, 조개껍데기 같은 자연물, 혹은 가사, 주제가 없는 음악이 이런 아름다움을 보여 준다. 그러나 용도를 갖고 있는 상태에서 만들어지거나 음미되는 아름다움은 '의존적 아름다움anhängend Schönheit'이다.⁵ 우리가 이들의 아름다움을 음미하는 배경은 순수할 수 없다. 이들 모두 특정한 목적이 있음을 우리가 알고 있기 때문이다. '목적 없는 합목적성Zweckmässigkeit ohne Zweck'이라는

---

2 Immanuel Kant, trans. Werner S. Pluhar, *Critique of Judgement*, 1987, §44, 304. 예술이 다시 이성적 판단의 대상이 되는 것은 이후 헤겔에 의해서다.

3 칸트는 《순수 이성 비판》과 《판단력 비판》에서 좀 다른 개념으로 이 단어 'Äesthetik'을 사용한다. 우리가 관심을 두고 있는 예술철학과 관계된 개념은 《판단력 비판》에 실려 있다. 《판단력 비판》은 글의 내용상 '미학'이라는 단어를 제목으로 써도 무방했을 것이다.

4 같은 책, §51, 321-325.

5 같은 책, §16. 5.236. 칸트는 굳이 각각 'pulchritudo vaga', 'pulchritudo adhaerens'라는 라틴어 단어를 덧붙여서 설명한다.
 칸트가 지목한 주제가 없는 음악이 무엇인지는 뚜렷하지 않다. 표제음악은 훨씬 뒤에 등장한 것이므로 이와 대비된 절대음악을 지칭한 바도 아니고, 소나타sonata 형식이나 론도rondo 형식을 이야기할 때의 주제를 칸트가 지칭하고 있다고 보기도 어렵다.

원칙에 비춰 보면 건물은 목적, 즉 용도에 함몰되어 있는 대표적인 것이다.[6]

어떤 인공 제작물이 용도와 목적 없이 만들어진다는 것은 고대 그리스 철학자들이 보기에는 아름답지도, 옳지도 않은 일이었다. 그러나 칸트는 이를 송두리째 뒤집어엎었다. 그리고 이를 바탕으로 건축의 위치를 규정했다.

> 조각의 가장 중요한 목표는 미적인 아이디어를 표현하는 것이다. (…) 집 짓는 기술Baukunst의 필수적인 요소는 결과물이 특정한 용도에 사용된다는 것이다.[7]
> 회화에서, 조각에서, 그리고 모든 시각예술에서, 즉 말하자면 집 짓는 기술Baukunst과 원예를 포함해서라도 이들이 모두 예술로 평가된다면 이들에서 가장 필요한 것은 디자인Zeichnung이다.[8]

칸트는 기존의 예술 분류에 따라 집 짓는 기술을 예술에 포함시키기는 했다. 그러나 그 변방에 어정쩡한 상태로 던져 놓았다. 칸트의 미학은 건축쟁이를 가구 제조공과 같은 수준에 놓고 설명한다. 건축쟁이의 자존심을 깔끔하게 무너뜨린 것이다.

좋은 규칙과 정리는 예외 조항이 없다. 단서도 없다. 그래서 우아하고 명료하다. 그러나 칸트가 보기에 집 짓는 기술은 우아한 정리를 방

---

[6] 'Zweck'은 과녁의 중심을 일컫는 말로, 직역하면 목적 정도가 될 것이고 용도보다는 넓은 의미를 갖는다. 그러나 용도가 여기에 포함되는 것은 뚜렷하다.

[7] 같은 책, 322.

[8] 같은 책, 225.

해하는 성가신 존재였을 것이다. 칸트는 이 집 짓는 기술 때문에 예술 분류에서 예외 조항을 만들어야 했다.

헤겔과 쇼펜하우어

헤겔Georg Wilhelm Friedrich Hegel(1770~1831)은 바움가르텐과 바퇴의 인용에서 자신의 예술론을 시작한다.[9] 그도 예술이 시, 음악, 회화, 조각, 건축으로 이루어진다는 데 동의한다. 그러나 그에게 이 순서는 바로 예술의 위계였다.[10]

헤겔에게 중요한 가치의 잣대는 정신이냐 물질이냐는 것이었다. 시는 소리를 조직하여 단어를 심어 음성을 만든 후 이를 공간에 투사하는 예술이다. 가장 높은 단계 즉 낭만적 단계의 예술Die romantische Kunstform이다. 조각과 회화는 고전적 예술Die klassische Kunstform이다. 건축은 상징적 단계의 예술Die symbolische Kunstform이다. 무질서한 자연을 조작해야 하므로 가장 낮은 단계에 있는 것이다. 헤겔이 보는 건축의 문제는 인간의 마음, 혹은 아이디어가 그대로 체화된 결과물이 아니라는 점이었다. 건물은 인간의 마음이 투영되었다고 해도 끝까지 물질로 남아 있는 것

---

[9] G. W. F. Hegel, trans. T. M. Knox, *Aesthetics: Lectures on Fine Arts*, 1975, p.1, 16.
[10] 헤겔의 건축관에 대해서는 같은 책, pp.613~700. 혹은 G. W. F. Hegel, trans. Henry Paolucci, *Hegel: on the Arts*, 1979, pp.68~83. 참조.

이었다.

헤겔은 유독 건축을 다시 낭만적 건축Die romantische Architektur, 고전적 건축Die klassische Architektur 그리고 상징적 건축Die symbolische Architektur으로 나누어 설명하며 관심을 보인다.[11] 헤겔의 건축 구분은 자신이 규정한 바에 따라 현실적 문제를 극복하고 아이디어를 구현한 성취에 따른 분류지, 연대기적 발전 단계는 아니다. 그가 본 건축의 정점, 즉 낭만적 건축의 예는 고딕건축이었다.

헤겔은 종교와 철학이 예술보다 위에 있다고 믿는 사람이었다. 여기 비춰 보면, 기독교의 정신이 구현된 고딕 양식이 건축의 최고 완성이라는 믿음도 이해할 만하다. 벽과 기둥이 혼용된 그리스·로마 건축에 비해 이 기독교 건축은 벽체를 통해 내부 공간의 가치를 부각시키고 있다는 것이 그의 근거다.

헤겔은 미학 강의 상당 부분을 괴테에게서 인용한다. 괴테는 이탈리아에 가서 르네상스 건물들을 실제로 보고 온 사람이었다. 하지만 헤겔은 막상 건축으로 와서는

독일의 〈쾰른 성당〉. 헤겔이 건축에서 최고의 가치를 부여한 것이 바로 이런 고딕 성당이다.

---

11 현대 독일어에서 'Baukunst'는 'Architektur'와 함께 그냥 건축이라는 의미로 사용된다. 그러나 칸트는 두 단어를 구분한다.

고딕 이후의 건물에 대해서는 관심도 없었고, 언급도 하지 않는다. 그의 건축관은 편향적이었다.

쇼펜하우어Arthur Schopenhauer(1788~1860)도 건축에 대해 관심이 많았다. 그러나 유보적인 입장 역시 크게 다르지 않았다. 오히려 그는 좀 더 조목조목 건축의 수준을 낮춰 놓는다. 쇼펜하우어 역시 건축이 예술이라는 의견에는 동의한다. 그러나 그가 보기에 건축은 자연계의 가장 낮은 단계인 중력, 견고함, 접합과 같은 성질에 기대 이루어지는 작업이다. 순수한 형태, 비례, 대칭 등의 기하학적 가치와는 거리가 멀다.

사흘 굶은 사람은 그림 속 사과의 아름다움을 제대로 음미할 수가 없다. 과일은 식품이라는 사실에서 자유로워야 음미가 가능하고 예술가의 입장에서는 예술의 목표도 달성될 수 있다. 그러나 건물은 순수한 미적 목적만 갖고 지어지지 않는다. 사용해야 하는 대상으로서 건물은 먹는 대상으로서의 사과와 마찬가지로 객관화해 보기가 쉽지 않은 것이다. 그의 판단으로는 건물은 심지어 덩치까지 커서 그림과 달리 미적으로 음미하기도 쉽지 않다.

쇼펜하우어는 그래서 친절히 대안도 마련해 주었다. 건축이 자연의 형상을 모방하지도 않으므로 자연의 정신을 통해 작업해야 한다는 것이다. 쇼펜하우어는 하중荷重과 지지支持의 명료한 표현이 건축적 아름다움의 출발점이라고 단정한다.

예를 들면, 경사 지붕은 하중도 지지도 아니고, 반으로 나뉘어 서로 기대고 있을 따름이다. 그래서 경사 지붕의 건물은 아름답지 않다. 뒤틀린 기둥, 각 기둥은 지지 방식을 명확히 보여 주지 못한다. 그래서 원통형 기둥보다 아름답지 않다.[12] 하중과 지지에 대한 관찰은 헤겔이 제시하는 건축관에서도 드러나는 부분이다. 차이라면 쇼펜하우어가 훨씬 더 단호하다는 것이다.

쇼펜하우어의 건축관에서 주목할 점은 빛을 건축 요소에 포함시켜 언급하고 있다는 사실이다. 건축을 완전히 물질적 존재로만 인식하지는 않는 것이다. 그러나 그의 빛은 건물을 비추는 배경으로서 빛이다. 현대의 건축가들이 그림자와 항상 연관시켜서 생각하는 빛과는 다소 차이가 있다.[13]

이처럼 철학자들이 내건 유보 조항의 근거는 건축이 지닌 물질적·현실적 속성에 집중되었다. 건축이 물리적인 재료를 다뤄야 하고, 이들을 기술적으로 꿰맞추어 그 결과물을 무언가로 사용해야 한다는 것이었다.

철학자들의 푸대접은 건축가의 입장에서는 곤혹스러운 것이었다. 이들은 유럽 최고의 지성이었다. 건축의 위기였다. 사실은 건축가의 위기였다. 구원 프로젝트를 주도한 건축가들은 따로 떨어져 나갈 수도 있었다. 어쩌면 쟁이로 다시 돌아갈 수도 있는 상황이었다.

---

[12] 쇼펜하우어의 건축관에 대해서는 다음 부분 참조.
Arthur Schopenhauer, trans. R.B. Haldane and J. Kemp, *World as Will and Idea*, 1886, §XXXV, pp.182~190.
Arthur Schopenhauer, trans. E. F. J. Payne, *World as Will and Presentation*, 1958, Vol. I, §40, pp.206~209., §43, pp.214~217.

[13] 건축가로서 빛과 그림자를 건축 재료의 수준으로 인식한 사람으로는 아마 불레Étienne-Louis Boullée(1728~1799)가 첫손에 꼽혀야 할 것이다. 그는 예술가로서의 건축가는 빛과 그림자의 창조자이며 건물의 형태는 빛의 효과가 극대화되는 방식으로 조직되어야 한다고 굳게 믿고 있었다. 그리고 실제로 그의 설계 작품들에는 이런 의도가 확연하게 드러나 있다. 불레의 빛과 그림자에 대한 논의는 Emil Kaufmann, "Three Revolutionary Architects, Boullée, Ledoux, and Lequeu", *Philadelphia: The American Philosophical Society*, Vol.42, Part 3, 1952, p.472. 참조.

문제가 되는 것은 화살이 쏟아지는 과녁의 한복판에 건축을 구원한 이론서들이 서 있기 때문이다. 비트루비우스는 건축의 원칙으로 세 가지를 제시했다. 적당한 재료를 사용해서 튼튼하게 만들고(firmitas), 방이 사용하기 편하게 배치되어야 하고(utilitas), 우아하고 아름다운 비례를 가져야 한다(venustas)는 것이었다.[14] 그의 원칙은 알베르티에게도 전승되었다. 알베르티는 비슷하고도 좀 다른 세 가지 단어, 적합함utilitas, 즐거움voluptas 그리고 위엄dignitas을 제시했다.[15]

세상이 바뀌었다. 건축의 전통적인 가치였던 재료와 용도가 철학자들의 공격 대상으로 변해 있었다. 상황이 곤란한 것은 이것들이 여전히 건축의 가치였기 때문이다. 변한 것은 철학자들이었다. 새로운 철학자들은 정신적이되 쓸모가 없어야 예술적 가치가 있다고 진단하고 있었다.

그전에 변한 것은 사회였다. 예술을 위한 예술. 용도가 없는 것이 지니는 존재의 가치. 이런 주장은 예술이라는 사회적 잉여를 부담할 수 있을 만큼 생산력이 충분해졌다는 방증이기도 했다. 아리스토텔레스 시대에는 학문ἐπιστήμη(episteme)만이 그 잉여의 가치였다. 그러나 이제 예술은 그 잉여 부분으로 움직여 나갔다. 예술은 이제 더는 생존에 필요한 것이 아니었다. 생존의 가치를 더해 주는 것이었다. 그러나 용도

---

[14] Vitruvius, I, Ch.3.

[15] Leon Battista Alberti, trans. Joseph Rykwert, Neil Leach and Robert Tavernor, *On the Art of Building in Ten Books*, 1998, preface, ix.
　비트루비우스와 알베르티는 용도라는 점에서 같은 단어 'utilitas'를 사용하지만 지칭하는 내용은 좀 다르다. 알베르티의 의미가 조금 더 폭넓고 추상적인 부분을 포괄한다. 이들이 아름다움을 지칭하며 사용한 단어도 다르다. 아름다움을 남성적 위엄dignitas과 여성적 우아함 venustas으로 구분한 사람은 키케로였다. Cicero, *De Officiis*, I36,130.

가 없는 건물은 좀처럼 상상하기 어려웠다. 건축은 잉여로 간주될 수 없었다. 생산에 필요한 자본의 규모가 너무 컸다.

　이것은 건축가들의 사회적 지위의 문제였고, 건축의 사회적 가치의 문제였다. 누구도 이름 없고 의미 없는 존재가 되고 싶지는 않았다. 대안이 필요했고, 그 대안은 새로운 이론이어야 했다. 새로운 개념과 가치가 필요했다. 구원은 철학자들에게서 올 수 없었다. 건축가들 스스로의 변론과 방어가 요구되었다. 이를 위해서는 비트루비우스의 권위를 밟고 넘어서야 했다. 아리스토텔레스의 권위가 순식간에 무너진 것에 비하면 비트루비우스의 권위는 아주 서서히 무너졌다. 그 과정에는 제도로서의 아카데미가 중요한 역할을 했다.

아카데미

"기하학을 모르는 자는 들어올 수 없다."

　플라톤의 아카데미에 붙어 있다는 전설의 문구가 바로 이것이다. '아카데미아academia'는 동네 이름이다. 플라톤이 제자들을 모아 놓고 가르치던 아테네 북서쪽 동네를 지칭하던 단어였다. 그 아카데미를 그린 화가를 찾아보자.

　천재의 전설은 단명短命이다. 이를 증명하겠다는 듯 꼭 37년을 살고는 생일에 세상을 떠난 화가가 있다. 살아 있을 때 이미 전설이었던 그

라파엘로의 〈아테네 학당〉. 오른쪽 구석에 얼굴이 비치는 화가의 모습은 따로 그린 자화상 속의 모습 그대로다.

의 이름은 라파엘로였다. 그가 남긴 가장 대표적인 그림이 바로 저 〈아테네 학당La scuola di Atene〉이다. 이 벽화는 대단히 서술적이다. 그림이 우리에게 이야기를 건네려고 한다는 것이다. 화가가 하려는 이야기를 들어 보자.

화면의 한복판에서 걸어 나오는 두 사람은 널리 알려진 바와 같이 플라톤과 아리스토텔레스다. 고대 철학자들이 배경에 즐비한 이 아카데미에서 주목할 점은 바로 라파엘로 자신도 화면에 들어 있다는 것이다. 근엄하고 원숙한 모습의 철학자들과 달리 앳된 얼굴로 구석에 서 있는 화가는 자화상 속의 모습 그대로다.[16] 라파엘로는 이 그림에서 기록자면서 피사체였다. 그는 아카데미의 일원이었다. 아카데미에 입성하려고 하는 것은 라파엘로 개인이 아니었다. 환쟁이들이었다. 그리고 회화 자체였다. 라파엘로는 이 그림에서 정확한 투시도법을 자랑하고 있다. 바로 회화가 교양의 뿌리인 기하학에 근거하고 있음을 과시하는 확연한 증거였다.

물론 아카데미가 그런 웅장한 건물을 가졌다는 근거는 없다. 라파엘로가 그린 건물은 그리스가 아니고 로마 시대 이후의 양식이다. 비트루비우스가 건축가에게 역사 공부가 중요하다고 강조한 이유가 여기서 드러나지만, 화가에게 중요한 사실은 아닐 수 있으므로 넘어가도록 하자.

이제 아카데미는 특정한 동네의 고유명사가 아니고 고등 교육기관을 지칭하는 보통명사다.[17] 의사 발언권을 가진 사회 고위 구성원을 교

---

[16] 르네상스 시대는 화가들이 그림에 사인을 하기 시작한 시기면서, 동시에 자화상을 그리기 시작한 시기였다. 아르놀트 하우저, 백낙청·반성완 옮김, 《문학과 예술의 사회사 2》, 1999, p.90.

육하는 곳이다. 따라서 아카데미의 교육 과목은 그 과목에 대한 사회적 평가를 표현하는 제도적 장치기도 했다.

학위라는 조건을 걸고 더 정교한 학문 체계를 갖춘 교육기관은 대학 university이다. 대학은 쟁이들의 교육기관이 아니었다. 이에 비해 르네상스 시대의 아카데미는 임의 조직에 가까웠다. 교육기관이기도 하고, 동호회기도 했다. 혹은 둘 중의 하나였다. 중요한 것은 그들의 아카데미가 권력의 공인을 받았느냐는 점이었다. 그것은 제도화를 의미했기 때문이다.

세상은 쟁이들을 위한 아카데미를 만들어 주지 않았다. 그들은 자신들의 아카데미를 스스로 만들어야 했다. 쟁이들의 아카데미 역시 위인전의 저자 바사리의 또 다른 업적이었다. 그는 당시 피렌체의 최고 통치자 코지모 메디치 1세Cosimo I de' Medici(1519~1574)에게 새로운 아카데미를 하나 설립할 것을 제안한다. 자신이 디제뇨라는 주제로 묶은 회화, 조각, 건축의 아카데미였다. 그래서 1563년 결국 최초의 관인 쟁이 교육기관 '디제뇨 아카데미Academia del Disegno'가 설립되었다. 이 아카데미의 회원에게는 길드의 작업 영역을 넘나들 수 있는 권한이 주어졌다. 그 권한은 당연히 권력이 하사한 것이었다. 이 첫 아카데미의 공동 교장은 메디치 1세와 미켈란젤로였다.

로마에도 쟁이들의 아카데미가 설립되었다. 1593년 화가 주카리 Federico Zuccari(1542경~1609)와 보로메오Federico Borromeo(1564~1631) 추

---

17 아카데미의 설립과 변천에 관한 전반적인 내용은 Nikolaus Pevsner, *Academies of Art, Past and Present*, 1940. 참조.

기경이 '산 루카 아카데미Academia di S. Luca'를 설립했다.[18] 이름이 보여주듯 이번에는 종교 권력이 관인의 도장을 찍어 주었다. 로마에서는 종교 권력이 곧 세속 권력이었고, 추기경이 권력의 주축이었다. 언론 검열과 종교재판이 이들의 몫이었다.

이 아카데미들은 동호회면서 이론 교육장이었다. 그러나 역사적으로 중요한 것은 동호회가 아니라 교육기관으로서의 의미였다. 아카데미 구성원은 수학, 기하학, 해부학 같은 과목과 함께 자신들이 만든 이론을 교육 과목에 포함시켰다. 실습은 공방의 몫이었다. 그러나 르네상스의 아카데미는 모호한 조직이었다. 출석을 부르는 조직체가 아니었다. 논문을 쓰지도 않고 학위를 주지도 않았다. 더구나 권력에 기댄 조직은 권력의 부침에서 자유로울 수 없었다. 세상의 권력은 쟁이들에게 계속 신경을 써 줄 만큼 한가하지도 않았다.

외부의 비호 권력이 사라졌을 때 조직이 살아남으려면 구심점을 내부에서 재생산해 내야 한다. 당시의 아카데미는 그런 내부 조직력을 갖추지 못했고, 조직원들은 밥벌이에 바쁜 쟁이들이었다. 시간이 지나면서 이탈리아의 아카데미는 점점 공방과 다를 바가 없어졌다.

그러나 르네상스의 영향력과 함께 아카데미는 유럽 전역으로 번져 나갔다. 피렌체와 로마의 두 아카데미는 다른 예술 아카데미의 규범이 되었다. 그중에 훨씬 더 강력한 권력을 등에 업고 아카데미를 세운 곳이 있었다. 그 권력을 후대의 역사가들이 부르는 이름은 '태양왕'이었다.

---

[18] 기존의 산 루카 조합Compagnia di S. Luca을 아카데미로 바꾼 것이다. 이 조합은 길드보다는 좀 느슨한 조직이었다.
아르놀트 하우저, 앞의 책, p.175.

건축 아카데미

16세기부터 프랑스의 왕들은 문화 선진국이었던 이탈리아의 예술가들을 초대하기 시작했다. 그러나 프랑스에는 배타적 기득권 집단이 있었다. 똘똘 뭉쳐 있는 이 조직체는 길드였다. 프랑스의 환쟁이 길드는 완벽한 지역 분할 체제를 갖추고 있었다. 이들은 왕실에서 초대할 수 있는 외국 화가의 수도 제한했다. 왕실 화가들은 개인이나 교회의 일은 하지도 못했다. 건축쟁이 길드는 고딕 성당이라는 전대미문의 구조물을 만들어 내던 조직체였다. 이들은 도제가 장인 밑에서 지내야 할 최소 연한부터 작업장의 퇴근 시간까지 시시콜콜히 모두 문서로 지정해 놓은 집단이었다. 그 규약은 왕실로부터 보증을 받은 것이었다. 따라서 왕실에서도 먼저 고치자고 섣불리 손댈 수가 없었다.[19]

프랑스에서 건축쟁이 길드와 다른 조직체가 필요해진 것은 〈루브르 궁전〉의 증축 과정과 관련이 있었다. 루이 14세Louis XIV(1638~1715)의 기대 수준에 맞는 계획안을 제시하는 건축쟁이들이 없었기 때문이다. 결국 이탈리아의 간판 건축가 베르니니Giovanni Lorenzo Bernini(1598~1680)가 초대되었다.

---

[19] 건축쟁이 길드에 관해서는 Teresa G. Frisch, *Gothic Art 1140–c.1450: Sources and Documents*, 1971, pp.52~55. 1258년의 길드 규약이 아직 문서로 남아 있다.
환쟁이 길드에 관해서는 Nikolaus Pevsner, 앞의 책, p.82.
비교하여, 피렌체에도 건축쟁이 길드가 존재하기는 했으나 길드에 속하지 않은 쟁이들도 많았고 길드 자체도 시장 확보를 위한 것은 아니었다. 이 때문에 길드가 없었다고 주장하는 사람들도 있다. 피렌체의 건축쟁이 길드에 관해서는 Howard Davis, *The Culture of Building*, 2006, p.51.

베르니니. 그는 군사적 위협을 통해서라도 수입하려고 할 만큼 매력적인 작품들을 남겼다.

베르니니는 〈성 베드로 성당〉의 작업으로 한창 바쁜 때였다. 그러나 프랑스는 군사력에 관한 한 이미 유럽의 최강자로 떠올랐다. 루이 14세는 이 건축가를 빌려 주지 않으면 무력 동원도 불사하겠다고 교황청을 위협했다. 그래서 석 달이라는 조건을 걸고 선진국 건축가가 수입되었다. 그러나 이 위대한 수입 건축가는 과연 고집쟁이였다. 문화 후진국 국왕의 말이 전혀 먹히지 않았다. 필요한 것은 실력 있고 유식하되 고분고분한 건축쟁이인데, 이건 수입으로 해결할 수 있는 사안이 아니라는 점이 드러났다.

필요한 것이 주변에 없을 때 이를 새로 만들어 낼 수 있어야 태양왕이다. 국내 건축의 수준을 높이는 것이 유일한 대안이었다. 이전까지 프랑스에서는 집 짓는 일이 교육의 대상이 아니었다. 그러나 이제 교육이 필요해졌다. 수입 대체 산업 인력 양성과 대중 건축 교양 인식 제고를 위한 교육기관으로 1671년 설립된 것이 건축 아카데미Académie d'Architecture였다. 태양왕의 시대에는 아카데미가 여럿 설립되었다. 1661년 무용 아카데미Académie royale de Danse, 1669년 음악 아카데미 Académie Nationale de Musique가 설립되었다. 왕권의 절대 신임을 받던 재무상 콜베르Jean-Baptiste Colbert(1619~1683)가 설립자였다. 왕실은 아카데미에 재정을 지원하고 공간을 제공했다.

건축 아카데미의 가장 중요한 수강생은 공방에서 훈련받던 도제들이었다. 이제 건물을 실제로 짓는 데 필요한 기술은 공방에서 습득하되 기하학, 수학, 투시도법 같은 지식은 아카데미에서 학습하는 양분 구도

베르니니가 〈루브르 궁전〉을 위해 만든 몇 가지 대안. 루이 14세는 이들을 모두 만족스러워하지 않았고 대신 자신의 흉상을 의뢰했다.

가 성립되었다. 시간이 흐르면서 아카데미 선생들은 직접 '아틀리에 atelier'라는 이름의 건축 교육 공방을 설립해서 공방의 실무 훈련을 잠식하기 시작했다.[20] 장인인 쟁이들과 달리 이 선생들은 기술뿐만 아니라 지식과 이론을 갖추고 있었다. 아틀리에는 아카데미 체제 내부의 공방이었다. 아카데미는 서서히 길드에 대한 건축가 교육의 우위를 점유해 나가기 시작했다. 그리고 그 우위는 결국 독점으로 마무리되었다. 독점을 향한 질주에 권력이 제시한 당근은 훈장이고, 채찍은 경쟁이었다.

---

[20] 이 명칭은 아직도 소규모 설계 사무소 조직을 일컫는 이름으로 남아 있고, 이 상황은 한국도 예외가 아니다. 1743년 설립된 첫 번째 아틀리에는 블롱델Jacques-François Blondel이 만든 것이었다. 1762년 블롱델이 아카데미의 교수가 되면서 블롱델의 사설 학교는 아카데미의 한 부분이 되었다. 이후 아카데미는 교양 과정과 전문 과정으로 양분, 운영되었다.

아카데미의 훈장은 칭호였다. 아카데미에서 가르치는 선생들에게는 '왕실 건축가architecte du roi'라는 호칭이 수여되었다.[21] 입학시험을 통과한 학생들은 '아카데미 학생élèves de l'Académie'이라는 우아한 이름으로 불리게 되었다. 1717년 제도화된 이 명칭은 28명에게만 수여되는 '훈장'이었다.

입학시험은 건축가 교육의 제도화를 의미했다. 이는 경쟁을 전제로 했고, 경쟁은 입학에서부터 우수한 학생을 확보하는 안전한 도구였다. 실력 양성에 관한 한 자연과 역사가 증명하는 최선의 구도는 경쟁이다. 아카데미에서는 입학에서 시작된 그 경쟁의 정점에 '로마상Prix de Rome'이 있었다. 예술 아카데미의 학생들에게 최고의 영예는 로마상을 받는 것이었다. 로마상의 건축 부문상은 1702년 시작되어 1968년까지 운영되었다. 이 상의 부상은 로마의 프랑스 아카데미Académie de France in Rome에 머물며 공부하는 것이었다.[22] 일 년에 단 한 명을 선발하는 로마상 수상자에게는 영광과 보상이 한꺼번에 보장되었다. 수상을 위한 재수, 삼수 정도는 예사였다. 아카데미는 이 로마상의 수상자 선정권을 방향타로 건축 교육의 방향을 이끌었다. 그 방향은 과거로 향해 있었다. 바로 그리스와 로마 시대였다.

---

[21] 이 배타적인 호칭은 1676년 처음 사용되었고, 이들에게는 왕실에서 공간을 제공하였다. Donald Drew Egbert, *The Beaux-Arts Tradition in French Architecture*, 1980, p.20.

[22] 로마상은 회화, 조각, 건축의 세 분야로 시작했다가 뒤에 음악, 판화가 추가되었다. 그리고 저 유명한 68 학생 혁명기에 폐지되었다. 로마 체류 기간은 시기에 따라 다르지만 4~5년 정도였다.

아카데미의 갈등과 변화

권력이 제공한 당근에 조건이 없다면, 그것이 오히려 이상한 일이다. 아카데미에 입성한 쟁이들의 문제는 그 지위가 쟁취한 것이 아니고 주어진 것이라는 데 있었다. 절대 권력에 필요한 것은 말 잘 듣는 쟁이들의 교육기관이었다.

콜베르는 쟁이들의 사회적 처지를 긍휼히 여긴 박애주의자나 예술 애호가가 아니었다. 책임 의식이 넘치는 관료, 재무상이었다. 그가 주목한 것은 쟁이 아카데미를 통한 국가 문화 자산의 확보였다. 음악이건 미술이건 혹은 서커스건 구분하지 않았다.[23] 콜베르가 목표로 삼은 파리의 모습은 아우구스투스Augustus 시대의 로마였다.

절대 권력은 지켜야 할 기준과 원리도 부과했다. 개인적 취향, 주관적 해석은 원천 봉쇄되었다. 달성해야 할 단 하나의 목표는 '보편적 아름다움beauté universalle'이었다. 그 보편성의 기준은 역사였고, 원천은 그리스와 로마 시대였다. 어떻게 그리느냐에 앞서, 무엇을 그리느냐부터 기준에 맞는 것이어야 했다. 심지어 자연의 묘사도 역사적 검증에 맞춰 조정되어야 했다.

프랑스의 아카데미들은 문화 변방 의식에서 설립된 것이다. 변방이 갖는 특징은 정체성에 대한 끊임없는 질문이다. 가치판단의 기준은 외부에 있다. 정치적 자신감과 문화적 자괴감이 병존하던 이 시기에 신뢰할 수 있는 가치는 원조와 중심이었다. 실험과 도전은 변방이 보기에

---

[23] 실제로 1674년에는 서커스 아카데미Académie de Spectacle도 설립되었다.

위험한 도박이었다. 건축 아카데미의 교과서는 당연히 비트루비우스였고, 관찰 대상은 로마 시대의 건물이었다. 건축가를 로마로 파견해 실측 도면을 그려 왔다. 로마상을 받아도 공부가 자유로운 것이 아니었다. 로마에 존재하는 중요한 것들을 베껴 와야 했다.

프랑스에는 고딕 성당이라는 엄청난 건축 유산이 있었다. 그러나 여기에는 글자로 전승되는 이론이 없었다. 이 건축이 위대하다고 설득할 수 있는 근거가 부족한 것이다. 그러나 르네상스를 통해 수입된 건축 이론은 아름다움이란 이런 것이고, 건축도 이렇게 해야 한다는 보편성을 강조하고 있었다. 문제는 그 보편성을 설명하는 건축적 사례가 프랑스의 입장에서는 이국異國의 것들이라는 점이었다. 그리스·로마에 대한 집착은 아카데미의 입장이었다. 아카데미 외부의 입장은 길드를 계승했으니 고딕에 기울어 있었다. 이 대립은 이후 200년간 프랑스 건축 논의의 주제였다. 고전이냐 고딕이냐. 세계냐 지역이냐.

논의와 관계없이 건축가들이 얻은 것이 있었다. 사회적 지위였다. 프랑스의 아카데미를 세운 속셈이 무엇이었든, 포기한 것이 자유든 책임이든, 쟁이들은 드디어 최고 권력이 비호하는 사회적 지위를 확보하게 되었다. 왕실이 후원하는 교육제도를 거쳐 탄생한 이들은 명실상부한 예술가가 되었다. 잃은 것은 자유지만 얻은 것은 지위였다. 건축쟁이들이 절대왕권의 비호를 업고 예술 아카데미로 안착했을 때, 가장 큰 맹점도 바로 이 절대왕권이었다. 절대 권력이 과연 절대로 몰락한 것이다. 그것도 인민의 힘과 단두대로 지칭되는 극적인 방식으로. 아카데미는 예술가의 집단에서 혁명 반동 세력이라는 나락의 모서리에 내몰리게 되었다.

혁명은 세상을 선과 악으로 나누고 싶어 한다. 그러나 역사는 이들을 결국 이긴 자와 진 자로 구분할 뿐이다. 그 사이에는 엄청나게 넓은 회색 영역이 혼란스럽게 존재한다.[24] 아카데미는 그 회색 영역에 가까웠다. 단죄하기에는 뚜렷한 혐의가 부족했고, 구성원들은 제각각이었다.

아카데미를 모두 폐쇄해야 한다는 주장은 분명 존재했다.[25] 그러나 타도 대상이 설립했다는 이유 때문에 사회적 존재 의미를 묻지 않고 단죄하는 것은 분명 성급한 일이다. 계몽의 정신이 내린 결론은 그랬다. 1795년에 부활한 기관은 곧 간판을 바꿔 달았다. 그 간판에 쓰인 이름이 국립 학예원Institut National des Sciences et des Arts이었다. 건축이 여기 포함되었다. 이 집단은 이전 아카데미와 비교하면, 교육기관보다는 동호회에 가까웠다.

아무래도 화가, 조각가, 건축가라는 쟁이 출신 구성원들은 학예원의 다른 조직원과 성격이 잘 맞지 않았고, 이들은 나폴레옹 연간年間에 예술원Classe des Beaux-Arts으로 독립했다. 그리고 왕실의 냄새를 풍겨서 금기시되던 단어 아카데미Académie도 1816년 왕정 복고기에 부활하였다. 저 유명한 보자르 아카데미Académie des Beaux-Arts가 탄생한 것이다.[26]

---

[24] 프랑스 혁명기에 왕당파, 혁명 반동으로 지목되었던 불레, 르두Claude-Nicolas Ledoux(1736~1806), 벨랑제François-Joseph Bélanger(1745~1818) 등은 투옥 정도로 끝났다. 그러나 "왕궁이 더 이상 없다면 오두막도 더 이상 없을 것이다"라던 바뵈프François-Noël Babeuf(1760~1797)는 오히려 처형되었다. 그의 작업은 나중에 혁명파로 돌아선 르두에게 영향을 주었다. Helen Rosenau, *Social Purpose in Architecture: Paris and London Compared, 1760-1800*, 1970, pp.14~16.

[25] 아카데미에 대한 이 공격의 중심에는 화가 다비드Jacques-Louis David(1748~1825)가 있었다. 그는 쟈코뱅당 당원이면서 로베스피에르의 최측근이었다. 왕실 아카데미는 1793년 모두 문을 닫았다.

[26] 한국 정당사만큼이나 복잡한 아카데미 변천사의 자세한 내용은 Donald Drew Egbert, 앞의 책, pp.3~43. 참조.

최초와 최고는 거기 이르기까지는 진보적이지만, 일단 이르고 나면 보수적이 된다. 로마상의 심사권을 틀어쥐고 있던 보자르 아카데미는, 말하자면 원로원이었다. 구성원들은 세상을 바꿀 생각도, 바뀌는 세상에 적응할 생각도 전혀 없었다. 이들이 행사하는 심사의 원칙은 기념비적인 건물의 고전적 표현이었다. 일상적 용도의 건물은 심사 대상에 들지도 못했다. 이들이 그려내는 도면에는 용도도, 기술도, 재료도 없었다. 아름다움만 있었다. 바로 철학자들의 의심에서 완전히 자유로운 예술의 모습이었다.

아틀리에를 통해 유지되던 공방 교육도 좀 더 제도화된 학교의 모습을 갖게 되었다. 그 학교가 바로 '에콜 데보자르Ecole des Beaux-Arts'다. 에콜 데보자르가 건축 학교로서 최고의 권위를 확보하게 된 것은 세계 최초의 건축가 교육기관이라는 점 때문이다. 에콜 데보자르는 20세기 초반까지 세계에서 가장 영향력 있는 건축가 교육기관으로 군림했다. 이 학교의 권위는 '졸업장Diplôme d'architecte'을 통해 확인되었다. 1869년부터 졸업 시험을 통과한 학생들은 직인 찍힌 졸업장을 통해 건축가 교육의 이수 사실을 증명할 수 있게 되었다.

에콜 데보자르가 배출하는 것은 고전에 근거하되 좌우대칭의 아름다운 비례를 지닌 도면과 이를 그릴 수 있는 졸업생들이었다. 지어질 의도가 없는 기념비적인 건물이 대상이었다. 그 보수성은 유학생들이 귀국할 때 손에 쥔 졸업장에 실려 유럽은 물론 미국, 일본에 전파되었다. 결국 그 영향은 한국에까지 미쳤다.[27]

바우하우스

건축쟁이들이 장인이 아닌 예술가의 길을 선택한 사이에 길드도 바뀌었다. 기계의 힘이 공방을 해체해 나간 것이다. 산업혁명의 결과로 생긴 크고도 새로운 건물 종류들은 기존의 길드 조직으로는 지어내기 어려웠다. 장인과 직공이 아닌 새로운 조직이 필요했다. 그래서 등장한 것은 시공 회사였다. 시공 회사의 무기는 경험과 숙련도가 아니라 자본, 조직력 그리고 기술력이었다. 세상이 바뀐 만큼 유럽의 건축가 교육을 이끌어 온 에콜 데보자르도 막다른 골목에 도착했음이 뚜렷해졌다.

독일에서 대안 학교가 설립되었다. 그 학교의 정신적 뿌리는 영국으로 거슬러 올라간다. 산업혁명의 근원지 영국은 당연히 가장 먼저 수공업 공방이 초토화된 나라였다. 공장 제조업자들은 주문생산을 넘어선 시장생산 체제를 선보였다. 대량생산으로 상품을 만들고 익명의 소비자들에게 카탈로그를 돌려 상품을 팔았다. 공방은 공장에 흡수되고 해체되었다. 장인은 사라졌고 영국의 예술가들은 경쟁력이 없었다. 장인들의 경쟁력 부재는 국제박람회장에서 일목요연하게 드러났다.[28] 영국에는 교육기관으로서 이렇다 할 예술 아카데미도 없었다.

---

[27] 일제강점기에 세워진 관청 건물은 거의 모두 일본을 통해 수입된 르네상스 양식의 건물이다. 철거된 〈조선총독부청사〉, 〈경성부청사〉(서울시청사), 〈경성은행〉(한국은행 구 본점), 〈경성역사〉(구 서울역사) 등이 그 이름들이다.

[28] 1851년의 박람회에 전시된 것들을 다시 상설 전시해 백성들의 기대 수준을 높이는 교육을 해야 한다는 생각으로 만든 박물관이 〈빅토리아앨버트 박물관Victoria and Albert Museum〉이다.

이런 상황에서 눈길을 대중에게 돌린 사람이 바로 윌리엄 모리스 William Morris(1834~1896)였다. 모리스가 생각하는 대륙의 아카데미는 뜬구름 잡는 소리나 하는 허튼 조직이었다. 그가 보기에 자본주의사회에서 노동자는 노예로 변해 있었다. 그는 이 억압을 해소할 새로운 사회를 제안하겠다고 작심하고 있었다.

1890년 모리스가 생각한 사회를 소설의 형식으로 쓴 책은 《발신지 없는 소식News from Nowhere》이다. 배경은 꿈속에서 가 본 미래의 런던이었다. 이 소설에는 능력에 따라 일하고 필요에 따라 받는다는 입장이 뚜렷이 드러나 있다. 모리스는 학교가 어린이 수용소이므로 사라져야 하고, 의사당은 차라리 물물교환 장터로 쓰는 게 낫다고 생각하는 사람이었다. 의사당에 들어 있는 것들은 퇴비로도 쓸 수 없다는 것이 그의 주장이다. 분류하자면 그는 공상적 사회주의자였다. 모리스는 예술교육이 교실 수업이 아닌 공방 실습으로 진행되어야 한다고 굳게 믿었다. 그리고 예술가들은 잘난 척하지 말고 공방에서 물건을 만들어 대중에게 공급해야 한다고 주장했다. 그는 나름대로 이 원칙을 실천에 옮기기 시작했다. 바로 '수공예 운동Arts and Crafts Movement'이었다.

모리스는 장인을 고용해 일상에 사용할 수 있는 물건을 만들어 팔기 시작했다. 그의 회사가 의도한 바를 이루어 장사를 잘했는지에 대해서는 자료에 따라 평가가 조금 다르다.[29] 그러나 영향은 적지 않았다. 가장 큰 영향을 받은 곳은 독일이었다. 모리스의 생각을 독일에 적용하려고 했던 사

윌리엄 모리스. 그는 골수 사회주의자였으되 또 사업가기도 했다.

람이 무테지우스Hermann Muthesius(1861~1927)였다. 그는 주駐영국 독일 대사의 수행원으로 영국에 7년간 체류하면서 이 모리스의 움직임을 목도했다. 그리고 독일로 돌아가서는 회사 대신 단체를 결성한다. 그 단체가 '독일 공작 연맹Deutscher Werkbund'이다. 독일에는 수공업 공방의 전통이 강력하게 남아 있었다. 무테지우스가 모리스와 다른 점은 사회주의자가 아니라 게르만 국수주의자였다는 점, 그리고 기계를 배제한 수공업 순혈주의는 의미가 없다고 생각한 점이었다.

제1차 세계대전을 거치면서 당연히 독일은 유럽의 다른 나라보다 훨씬 더 큰 격변을 겪었다. 사회는 모든 것의 대안을 요구했다. 바로 이 시점인 1919년에 프랑스 에콜 데보자르의 대안이 되는 학교면서 독일 공작 연맹의 정신을 이어받은 학교가 세워졌다. 교장의 이름은 그로피우스Walter Gropius(1883~1969)였다. 20세기 건축과 디자인을 바꿔 놓은 이 교육기관의 이름은 '바우하우스Bauhaus'였다.

당시 독일에는 사회주의 정부가 집권해 있었

그로피우스. 그가 남긴 최고의 업적은 건물이라기보다는 교육기관으로서의 바우하우스다.

---

29 회사의 이름은 'Morris, Marshall, Faulkner & Co.'였다. 그리고 곧 'William Morris & Co.'로 바뀐다.
　기계의 힘을 빌리지 않는 작업 방식에 의해 결국 높은 제작 단가로 부유한 사람들만 살 수 있는 결과물을 만들게 되는 모순에 빠지게 되었다는 평가도 있다. Nikolaus Pevsner, 앞의 책, p.271.
　모리스의 사업이 성공적이어서 수백 명을 고용하는 수준에 이르렀고, 이후 여러 작은 회사와 공방이 모리스의 회사에서 출발되었다는 정리도 있다. Harry Francis Mallgrave, *Modern Architectural Theory*, 2005, p.173.

건축가, 학벌을 얻다　99

다. 집권은 온건파가 했지만, 조금 더 과격한 사회주의자들은 아예 마르크시스트 정권을 세우려 드는 상황이었다.[30] 패전 이후의 베르사유 조약으로 손발이 꽁꽁 묶인 상황을 고려하면 이해할 수 있는 일이었다. 그로피우스가 모리스 정도의 사회주의자였는지는 단언할 수 없다. 그에 관해서 투쟁 의식은 전혀 없이 구호만 내건 귀공자였고, 무늬만 사회주의자였다는 평가도 존재한다. 그러나 그가 좌파였던 것만은 틀림없다. 바우하우스 역시 좌파 혹은 사회주의자 집합소였다.[31]

건축가, 조각가, 화가가 모두 공방으로 돌아가야 한다는 그로피우스의 주장은 학교 이름에서 이미 뚜렷하게 표현되었다. 그는 기존의 살롱 예술Salonkunst을 집어치우라고 일갈했다. 예술을 위한 예술은 거부되었다.[32] 각 예술 분야를 직업 분류로 간주하지 말고, 집Bau이라는 깃발 아래 통합해야 한다는 것이 그로피우스의 주장이었다.[33] 이전 시대에는 그런 직업의 분류가 무의미했으므로.

---

[30] 카를 리프크네히트Karl Liebknecht(1871~1919)와 로자 룩셈부르크Rosa Luxemburg(1870~1919) 같은 이들이 대표적이다.

[31] 사회주의자 집합소로서 바우하우스의 정치적 성향은 결국 1933년 히틀러 시대에 학교 문을 닫게 하는 중요한 구실이 되었다.

[32] Walter Gropius, "The Viability of the Bauhaus Idea", Hans M. Wingler, ed., trans. Wolfgang Jabs and Basil Gilbert, *The Bauhaus*, 1969, p.51.

[33] Walter Gropius, "Program of the Staatliche Bauhaus in Weimar", 같은 책, p.31, 32, 78. 여기서의 집은 짓는 대상으로서의 건물이 아니라 통합된 구조물이라는 비유적인 의미로 해석해야 할 것이다. 이것은 가구공예, 조각, 벽지 도안, 유리, 금속, 도예, 건축 Architekturabteilung 공방이 통합된 것을 지칭한다. 그로피우스는 바우하우스의 여러 문서에서 직업으로서의 건축은 'Architektur', 제반 예술이 통합된 조직체의 상징적인 명칭은 'Bau'를 사용한다. 학교 이름인 'Bauhaus'가 대표적이다. 실제로 바우하우스에 건축과가 생긴 것은 데사우Dessau로 이주한 뒤의 일이다.

바우하우스의 가장 큰 가치는 디자인과 사회의 관계를 가르친 첫 번째 학교였다는 점이다. 이들에게 디자인이 사회를 변화시킬 수 있다는 확신이 있었는지는 단언할 수 없다. 그러나 적어도 밀접한 관계에 대한 확신은 뚜렷했다. 이들은 사회 소수가 아니고 대중을 위한 작품을 만들었다. 공장에서 제작된 파이프를 구부려 의자를 만든 것이 바로 이들이었다.

바우하우스는 역사적인 맥락에서 보면, 선각자인 동시에 배신자였다. 쟁이들이 아카데미를 통해 쌓아 올린 사회적 구원 프로젝트의 근원을 부정하고 다시 장인 조직을 표방했기 때문이다. 바우하우스의 선생들은 학교가 아닌 공방의 간판을 선택했고 자신들을 '장인Meister'이라고 부르기 시작했다. 이들은 선생과 학생의 관계가 아닌 장인과 도제의 관계를 설정하고 있었다.

문제는 스스로 자신을 장인이라고 부르는 선생들이 이미 예술가들이었다는 점이다.[34] 이들의 이상은 여러 종류의 장인들이 서로 교류하면서 새로운 결과물을 만들던 정신을 되살리자는 것이었지, 쟁이로 대접받던 시대로 돌아가자는 것은 아니었다. 아카데미가 예술가를 꿈꾸는 쟁이들의 집단이었다면, 이 새로운 학교는 쟁이를 표방한 예술가들이 모인 곳이었다.

이제 에콜 데보자르로 대표되는 아카데미의 시대적 효용이 다했음은 뚜렷했다. 건축의 주제가 양식이 아닌 기술이 되어야 한다는 점도

---

[34] 칸딘스키Wassily Kandinsky, 클레Paul Klee와 같은 사람을 어떻게 보아도 장인이라고 할 수는 없었다. 그래서 자신들의 호칭이 '장인Meister'이 되어야 하는지 '교수Professor'가 되어야 하는지에 대해서도 계속 옥신각신 승강이가 있었다. "Master or Professor, Opinions on the Title Questions", 같은 책, p.54, 55. 참조.

뚜렷했다. 세상이 바뀌고 있었기 때문이다. 그럼에도 바우하우스가 표방한 공방과의 결합은 독일 철학자들이 용도, 기술, 물질을 근거로 쏟아붓는 뜨악한 비판의 한복판으로 건축이 역류해 들어가고 있었음을 의미했다. 대안이 필요했다. 건축이 어떻게 대안을 만들고 변화해 나갔는지 살펴보자. 우선 용도에 관한 문제를 찾아보자.

예술,
용도를 버리다

용도에는 제작자가 일반적으로 상정하는 내재적 용도와
사용자가 임의로 부여하는 파생적 용도가 있다.
그림과 음악에도 내재적 용도가 존재하는 경우가 있다.
이 용도는 의뢰인이 요구하는 것이다. 이런 의뢰인 생산양식은
화가, 조각가, 건축가에게 보수를 지급하는 대신
의뢰자가 만족하는 내재적 용도를 제공해 달라고 요구한다.
이 생산양식이 존재하는 작업은 거의 모두 용도를 갖고 있다.
회화, 조각은 의뢰인 생산양식을 벗어났고
이에 따라 용도가 없는 음악과 미술을 만들 수 있게 되었다.
그러나 건축은 여전히 의뢰인 생산 체제를 유지하고 있다.
대신 건축의 의뢰인인 건축주는 발주자와 사용자로 바뀌었다.
또한 건축가들은 용도를 대체하는 새로운 개념을 발견해 냈다.

내재와 파생

"이 그림은 아무 데도 쓸모가 없어."

이런 말을 들으면 의아해질 수밖에 없다. 그림은 원래 쓸모가 없기 때문이다. 그림은 그냥 걸어 놓으면 된다. 요즘 그림은 액자도 없고, 그 안의 형태도 없다. 심지어는 제목도 없다. 쓸모 없는 것은 당연하다. 도대체 있는 것이 없는 게 요즘 그림이다. 그러나 건축은 이야기가 좀 다르다.

"이 건물은 아무 데도 쓸모가 없어."

이렇게 되면 우리는 곧 건축주와 건축가 사이의 법정 분쟁을 예측할 것이다. 철거 전문 중장비 기사가 곧 건물 앞에 등장하리라고 생각할 수도 있다. 건물은 쓸모가 있기를 기대한다. 용도를 갖고 있는 것이다. 바로 이 점이 칸트를 불편하게 만들었다. 예술 작품은 존재한다는 사실 자체로도 의미가 있어야 한다. 그러나 그냥 존재하기 위해 짓는 건물은 상상하기 어렵다. 아무 데도 쓸모없는 건물을 짓겠다고 하면 대개는 건축가나 건축주의 정신 상태를 의심하게 될 것이다. 쓸 곳 없는 돈이 많은가 보다 하고. 용도는 건축에서 과연 어떤 가치를 갖는 것일까. 먼저 '쓸모' 혹은 '용도use, utility' 라는 단어의 의미를 살펴보자.

〈모나리자〉는 그림이다. 용도가 없다. 그냥 박물관 벽에 걸려 있을 따름이다. 그러나 루브르 박물관이 걷는 입장료 수익을 생각하는 콜베르의 후손들에게 〈모나리자〉는 관광 수익 증대 상품으로 이용되고 있다. 〈모나리자〉 자체로 말미암은 입장 수입뿐 아니라 〈모나리자〉가 들어 있는 달력, 퍼즐, 책갈피, 커피 잔 등의 판매도 모두 중요한 것이다. 이들에게 〈모나리자〉는 중요한 용도가 있다. 어떤 그림들은 재산 증식의 용도를 갖고 있다. 그래서 벽에 걸리지 않고 창고에 모셔져 있는 그림도 많다. 이 그림들이 밖으로 나오는 것은 그림 값이 만족할 만큼 올라 이익을 실현하는 순간이다. 한국 아파트의 견본 주택(model house)에 가 보면 화랑에서 빌려 온 그림이 벽 여기저기에 걸려 있다. 이런 그림들은 무심히 걸려 있는 것이 아니다. 아파트의 분양을 돕는 도구라는 용도를 갖고 있다.

모차르트Wolfgang Amadeus Mozart(1756~1791)의 피아노 소나타는 음악이다. 역시 아무 용도가 없다. 그냥 연주될 따름이다. 그러나 음반 가게에 가면 이야기가 달라진다. 이 아름다운 피아노 소나타들은 아직 태어나지 않은 어린이의 감성 교육에 유용하다고, 혹은 공연히 부산해진 마음을 가라앉히는 데 좋다는 광고가 넘쳐 난다. 이 음악에도 용도가 있다. 영화의 배경음악도 주인공의 마음을 암시하는 요긴한 용도를 갖고 있다. 이렇게 보면 그림도 음악도 모두 쓸모가 많다.

그러나 관광 수입 증대, 품위 증진, 감성 교육, 분위기 암시는 건물에서 기대하는 용도와 같은 용도라고 할 수 있을까. 이제 단어의 의미를 생각해 보자. 개념의 경계가 모호하고 넓을수록 우리의 이야기는 무기력해지고 독백이 된다. 용도라는 단어를 더 정확하게 규정해 보자.

> 엎드려 바라옵건대 폐하께서는 신이 뜻은 크되 간략하게 서술한 것을 헤아려 주시고 그 죄를 용서해 주십시오. 이 책이 비록 명산名山에 길이 간직할 만한 것은 되지 못하더라도 장독 덮개로 쓰이지는 않기를 바랄 뿐입니다.

김부식金富軾(1075~1151)은 《삼국사기三國史記》의 헌사[1]에서 이렇게 말한다. 이 책은 목적을 갖고 쓰인 것이다. 임금이 나라를 다스리는 데 필요한 조언의 자료를 제공하는 것이다. 《삼국사기》의 용도라고 하면 자료다. 그러나 저자는 자신의 책이 자료가 아니라 장독 덮개로 '사용' 될 것을 우려하고 있다. 무심한 임금께서 기어이 《삼국사기》를 장독 덮개로 쓰라고 내관들에게 내놓았을 때 이것은 《삼국사기》의 용도라고 할 수 있을까.

〈숭례문〉은 도성의 내외부를
공간적으로 연결하는 구조물이다.

이 문장은 〈숭례문〉의 용도를 지칭하고 있다. 별 반론이 없을 법하다. 그러나 현대의 〈숭례문〉은 좀 달라졌다. 〈숭례문〉으로 드나드는 것은 불가능하거나 무의미해졌다. 연결이 필요하려면 분리되어 있어야 하는데, 도성 내외부를 나누던 성곽이 사라졌기 때문이다.

〈숭례문〉은 서울을 상징하는 구조물이다.

이것은 〈숭례문〉의 새로운 용도를 지칭하는 문장이다. 그러나 공간적 연결과 장소적 상징은 의미가 전혀 다르다. 과연 이것은 누구나 동의할 수 있는 용도인가. 이 문장은 상징이라는 단어가 갖는 모호함 때문에 더 이상의 논의를 허용하지 않는다. 이번에는 의자를 생각해 보자.

---

[1] '진삼국사기표 進三國史記表'.

의자는 사람이 앉기 위한 가구다.

　이 문장은 직접적인 의자의 용도를 이야기한다. 역시 별 반론이 없을 법하다. 그러나 사람이 앉지 않는다고 의자가 무의미해지는 것은 아니다. 게다가 의자는 다른 용도를 갖게 되기도 한다.

의자는 높은 곳에 얹힌 물건을 꺼내기 위해
발을 디딜 수 있는 가구다.

　실제로 의자는 종종 이렇게 사다리 대용이 된다. 이 차이는 무엇인가. 앉기 위한 도구로서의 의자는 누구나 동의할 수 있는 용도지만, 사다리로서의 의자는 그렇지 않다. 우리는 이런 두 가지의 용도를 구분할 필요가 있다. 사람이 앉는 데 쓴다고 하는 의자의 이 구체적이고 지시적이고 좁은 의미를 내재적 용도[2]라고 표현하자. 내재적 용도는 대상물이 일반적으로 수행하도록 기대되는 용도다. 의자의 제작자가 상정한 용도다. 원래 존재하는 목적을 지칭하는 것이다.

　이에 비해 본래의 존재 목적과

이들의 직업이 수문장이던 시절 〈숭례문〉의 용도는 문이었다. 그러나 다소곳이 파란 신호등을 기다리고 있는 이들의 직업은 배우이고, 〈숭례문〉의 용도는 이들처럼 피사체다.

---

[2] 영어로 표현하면 intrinsic use가 적당할 것이다.

예술, 용도를 버리다

관계없이 임의로 규정된 용도를 파생적 용도[3]라고 표현하자. 의자를 사다리 대용으로 쓰는 경우가 해당된다. 이것은 사용자가 규정한다. 의자는 식당에서 웃옷을 벗어 놓는 옷걸이가 되기도 한다. 학생들이 들고 서 있어야 하는 체벌의 도구로 이용되기도 했다. 사이코드라마에서는 가장 중요한 무대 소품이다. 이들은 의자의 제작자가 상정한 용도가 아니다. 이것이 파생적 용도. 의자는 사회적 신분을 상징하기도 한다.[4] 이것도 파생적 용도다.

도성 내외를 연결하는 것은 〈숭례문〉의 내재적 용도다. 계획자가 부여한 용도다. 〈숭례문〉에 상징이라는 단어를 적용한다면, 이것은 목수가 아니라 역사에 의해 획득된 것이다. 서울을 상징하는 것은 파생적 용도다. 《삼국사기》에서 기록과 조언은 내재적 용도다. 장독 덮개는 파생적 용도다. 관광 수입 증대, 품위 증진, 감성 교육, 분위기 암시도 모두 파생적 용도다.

파생적 용도는 일반화할 수도, 예측할 수도 없다. 제작자가 아닌 사용자의 상황과 주관에 의해 규정된다. 파생적 용도는 예술의 규정과 관련된 우리의 논의에 포함시킬 수 없다. 이들의 의미는 자의적이고 완전한 의사소통이 되지 않기 때문이다. 우리가 용도라는 단어를 사용할 때는 내재적 용도를 지칭하는 것으로 국한해야 한다.[5]

---

[3] 영어로 표현하면 acquired use가 적당할 것이다.

[4] 사회학에서는 이를 명시적 기능 manifest function과 비교하여 잠재적 기능 latent function이라고 지칭한다. 잠재적 기능은 당연히 파생적이다.

[5] 이렇게 좁은 의미로 국한시키는 입장을 실용적 관점 utilitarian view이라고 할 수도 있을 것이다. 이런 관점을 유지하지 않는다면, 추상명사가 관련된 논의는 진행이 거의 불가능하다.

그러나 우리가 논의를 내재적 용도에 국한한다고 할지라도 그림과 음악은 여전히 용도의 구속으로부터 완전히 자유롭지 못하다. 〈모나리자〉도 내재적 용도를 갖고 있었다. 의자나 〈숭례문〉과 크게 다르지 않았다.

모나리자와 아이다

〈모나리자〉는 초상화다. 바사리의 위인전에 의하면, 그것은 피렌체의 부호 조콘도 Francesco del Giocondo(1460~1539)의 부인인 리자 Lisa Gherardini(1479~1542/1551)의 모습이다. 후대의 연구들은 좀 더 자세한 이야기를 들려 준다. 조콘도는 두 번의 상처喪妻 후에 열아홉 살 연하의 부인을 얻는다. 그는 이 젊은 부인의 초상을 레오나르도에게 의뢰하였다. 아이를 낳다가, 혹은 산후 후유증으로 세상을 떠난 두 처와 달리 이 젊은 부인은 무사히 두 번째 아이를 낳았다. 새로운 저택도 마련했으니 있을 법한 주문이었다.

그러나 레오나르도는 어쩐 일인지 의뢰인에게 전달하지도 못하고 그림을 4년이나 갖고

이 그림의 제목을 묻는다면, 오히려 그 물음의 의도가 뭔지 파악해야 할 정도다.

예술, 용도를 버리다 109

다녔다. 그리고 이 그림은 상속인의 소장품으로 있다가 프랑스의 왕실에 팔려 갔다. 초상화로서 〈모나리자〉의 내재적 용도는 기록이다. 스무 살 젊은 부인의 모습에 관한 시각적 기록이다. 조콘도의 입장에서 기록을 통해 전하려 했던 것은 축하의 꽃다발이었다. 이 초상화는 요즘으로 치면 기념사진이다. 리자는 피사체였고 레오나르도는 사진기를 든 사진사였다. 레오나르도는 이 젊은 부인의 아름다움에 감동해 초상화를 그린 것이 아니었다. 당시 레오나르도는 경제적으로 궁색한 상황이었다. 그래서 이런 작은 작업도 맡게 되었다. 말하자면 수주受注하게 되었다. 제작 당시 이 그림의 용도는 레오나르도의 입장에서는 지겨운 밥벌이였다. 혹은 해부학 연구를 계속하기 위한 연구비 조성 작업이었다.

　그림 중에서도 초상화는 좀 독특한 분야다. 동서양을 막론하고 존재했으되 사진기의 발명이라는 직격탄을 맞아 사그라진 그림 형식이다. 초상화를 그리면서 화가에게 요구되는 것은 화가 자신의 예술적 가치관이 아니었다. 수염 끝 하나도 다른 모양이 아니되 피사체의 사회·문화·정신적 배경을 표현해야 했다. 초상화의 내재적 용도는 기록이었다. 초상화는 이런 내재적 용도에도 불구하고 회화의 중요한 한 분야였다. 회화라는 예술의 한 분야.

　규모가 더 큰 그림을 보자. 중세 유럽의 성당은 민초들의 성경 책이었다. 민초들이 교회에서 넘지 못하던 첫 번째 장벽은 문지방이 아니고 문자였다. 모든 문서와 전례는 라틴어로 쓰이고 행해졌다. 무지한 백성들에게 이 글은, 요즘 한국의 불교라면 산스크리트어 정도에 해당할 것이다. 문제는, 그럼에도 이르고자 하는 바를 이르지 못하는 이 어린 백성에게 성서의 내용과 교리를 설명해야 한다는 것이었다. 결국 건물이 매체가 되었다. 성당의 벽면은 성서에 등장하는 사건과 교리를 설명하는 조각과 그림으로 가득 메워졌다.[6] 우상숭배의 혐의를 받지 않을 정도로 절묘한 추상화 과정을 거친 형상들이 조각되고 그려졌다.

상황은 르네상스에 와서도 크게 바뀌지 않았다. 스스로 조각가라고 믿고 있던 미켈란젤로를 굳이 로마도 불러들여서는 〈시스티나 성당〉의 천장에 올려 보내 4년이나 매달려 있게 한 사람은 교황 율리우스 2세Julius Ⅱ(1443~1513)였다. 이번 교황은 4수 끝에 선출된 집념의 인물이었고 스스로 종교계의 카이사르라고 믿고 있었다. 그는 〈성 베드로 성당〉을 새로 짓기 위해 콘스탄티누스 1세Flavius Valerius Aurelius Constantinus(272경~337)가 지어 1200년을 버텨 온 기존 바실리카를 철거해 버린 교황이었다. 아무리 괴팍한 성격의 소유자여도 한낱 조각쟁이가 맞상대할 수 있는 인물이 아니었다. 미켈란젤로는 성당 천장에 성서를 그렸다. 책에 용도가 있다면, 이 그림도 같은 용도를 갖고 있다.

〈성 베드로 성당〉 건립은 종교개혁의 뇌관이 되었다. 종교개혁은 교황청의 위기였다. 이 시기에 미켈란젤로를 다시 불러들여 이번에는 벽에 그림을 그리게 한 사람은 교황 바울 3세Paul Ⅲ(1468~1549)였다. 제단 뒤에 꽉 차게 그려진 그림은 〈최후의 심판〉이었다. 〈시스티나 성당〉은 민초들의 성경 책은 아니었다. 그러나 여전히 이 그림은 성당이라는 거대한 책에 그려진 삽화였다. 교황의 권위에 대해 의심을 품는 자들이 읽어야 할 압도적인 삽화였다. 용도를 띠지자면 과시와 위협이었다.

---

[6] 이런 구도는 우리의 절집들도 다르지 않다. 대표적인 것이 바로 법당 벽에 그려진 심우도尋牛圖다. 탱화도 크게 다르지 않다. 이 그림들은 스님이 아니라 민초들 때문에 필요했다.

이 벽화의 용도가 과시와 위협이다. 교회에 의심을 품는 자들이 읽도록 그림으로 된 서술이다.

베르디Giuseppe Verdi(1813~1901)의 오페라 〈아이다Aida〉는 연주 시간이 길다. 게다가 오케스트라와 합창단이 큰 소리로 합주하는 부분도 많아 태교 음악으로 쓰기는 어렵다. 그러나 이 오페라도 창작열에 사로잡힌 베르디가 홀연히 작곡한 것이 아니었다. 이집트의 통치자 이스마일 파샤Isma'il Pasha(1830~1895)는 수에즈 운하의 개통을 기념하여 〈카이로 오페라하우스〉 건설 사업을 시행한다. 그리고 그 개관 기념 공연 곡을 베르디에게 의뢰하기에 이른다.[7] 〈카이로 오페라하우스〉가 수에즈 운하의 개통을 위한 꽃다발이었다면, 〈아이다〉는 오페라하우스 준공을 위한 꽃다발이었다. 이집트 장군 라다메스Radames와 에티오피아 공주 아이다의 사랑을 배경으로 깔고 있는 대본은 이 꽃다발로서의 용도에 충실했다.

---

[7] 베르디가 과연 이 준공식장에 쓰라고 작곡에 응했는지에 대해 의견이 다른 문헌도 있기는 하다. 베르디는 준공에 맞춰 작곡을 끝내지 못했기 때문이다. 준공 기념 공연에서는 대신 베르디의 다른 오페라 〈리골레토Rigoletto〉가 상연되었다.

바흐Johann Sebastian Bach(1685~1750)의 '골드베르크 변주곡BWV988'은 길다. 이 골드베르크Johann Gottlieb Goldberg(1727~1756)는 건반 악기 연주자의 이름이다. 전기에 의하면, 카이저링크 백작Count Hermann Karl von Keyserlingk(1696~1764)이 그의 후견인이었다. 문제는 이 백작의 불면증에 있었다. 백작은 불면증을 해소할 방법으로 바흐에게 음악을 의뢰한다. 잠 못 드는 자신의 밤을 위하여 골드베르크가 연주할 만한 음악이었다. 적당히 지루하고 적당히 변화가 있는 그런 음악이었다. 게다가 잠이 들 만큼 충분히 연주 시간이 길어야 했다.

바흐가 변주곡 형식을 선택한 것은 자연스런 판단이었을 것이다. 여기서 바흐가 칸타타cantata를 작곡할 수는 없었다. 춤곡도 적당하지 않았다. '골드베르크 변주곡'은 말하자면 수면제였다. 바흐와 골드베르크의 입장에서는 밥벌이였다. 이 위대한 소리의 건축은 용도의 요구 조건에서 자유롭지 않았다.

성당의 용도가 예배라면, 바흐가 미사에 맞춰 작곡해야 했던 미사곡, 칸타타의 용도도 예배였다. 모차르트가 귀족들의 식사에 맞춰 작곡한 희유곡嬉遊曲, Divertimento의 용도는 소화제였다. 춤곡도 초상화만큼이나 독특한 음악의 분야다. 이들은 모두 용도가 있다. 그 음악에 맞춰 춤을 춘다는 것이다. 왈츠, 미뉴에트, 사라방드sarabande에서 시작해서 블루스, 탱고, 지르박, 그리고 힙합까지.

파르테논의 용도

이번에는 그림이나 음악과 비교하여 용도가 어떻게 건축을 규정하고 있는지 살펴보자. 건축사 책을 펴 보자. 그 서술은 이집트의 피라미드에서 시작할 것이다. 피라미드는 무덤이다. 무덤은 시신을 안치하는 장소 혹은 구조물이다. 그러나 이 피라미드에서 시신을 안치하는 데 사용된 공간은 어처구니없을 정도로 작다. 나머지는 끔찍할 정도로 많은 돌이 쌓아 올려진 구조물이다.

이 구조물은 무덤이다. 시신이 이미 발굴되어 없다 하더라도 이 구조물의 내재적 용도는 무덤이다. 즉 지금 무덤으로 사용되지 않아도 무덤이다. 그것은 피라미드가 여전히 무덤의 구조를 갖고 있기 때문이다. 시신 안치소가 크거나 작거나, 시신이 실제로 있거나 없거나, 무덤으로 쓰이든지 말든지, 여전히 피라미드는 건축사 책에 등장한다. 죽은 자가 어떻게 이 구조물을 사용했는지에 대해서는 독자도, 필자도 관심들이 없다. 관광객도 관심이 없다. 벌어진 입을 다물지 못할 따름이다. 굳이 지금의 용도를 따지자면, 피라미드는 이집트 관광 수입 증대의 파생적 용도를 지닌다고 할 수 있다. 피라미드가 우리에게 주는 언질은 이렇다. 건물과 용도의 관계도 그림이나 음악의 경우와 마찬가지로 완전히 결합된 상태가 아니리라는 것이다.

어떤 건축사 책은 그리스의 〈파르테논 신전Parthenon〉에서 시작하기도 한다. 피라미드가 시신 안치소였다면 〈파르테논 신전〉은 신상神像 안치소였다. 건물 내부는 인간이 아니라 신상을 위한 장소였다. 사람이

〈파르테논 신전〉. 이런 폐허로 남을 때까지 이 건물의 역사는 참으로 기구했다.

들어가서 제의를 진행하는 곳이 아니었다. 사람들은 신전 내부가 아니라 신전 앞에서 제의를 진행했을 것이다. 어쩌면 그런 제의조차 없었을지 모른다. 용도로 본 〈파르테논 신전〉은 태생부터 의심스러운 것이었다. 그 이후의 내력은 더욱 간단치 않았다. 말 그대로 기구했다.[8]

〈파르테논 신전〉의 건립 자료로 가장 중요한 것은 플루타크의 《페리클레스 전기》다. 페르시아를 아테네에서 밀어낸 페리클레스는 그리스의 영광을 표현하는 가시적 작업으로 역사상 가장 상투적인 방법을 선택했다. 그것은 건설 사업이었다. 페르시아인에 의해 무너진 아크로폴리스를 재건하는 것이었다. 그 정점이 바로 〈파르테논 신전〉이었다. 〈파르테논 신전〉은 무너진 신전보다 좀 더 큰 규모로 기원전 438년에 준공되었다.

그러나 그리스는 몰락의 길을 걸었다. 아테네의 재정이 악화되면서 〈파르테논 신전〉 내부의 값나가는 것들은 모두 팔려 나갔다. 가장 값나가는 것이 아테네 신상 자체였을 것이니, 신전은 빈 구조물로 남게 되었다. 그리고 무심한 세월이 지나면서 '알지 못하는 신'에게 바쳐진 구조물이 되었다. 신약성서의 사도 바울이 아테네에서 왜 이리 잡신이 많냐고 한탄했던 장소는 아크로폴리스였다. 그리고 그가 보았다는 '알지 못하는 신'에게 쓰인 단이 바로 〈파르테논 신전〉이었을 것이다.[9]

---

8 〈파르테논 신전〉의 용도 변화에 관해서는 Manolis Korres, "The Parthenon from Antiquity to the 19th Century", Panayotis Tournikiotis, ed., *The Parthenon and Its Impact in Modern Times*, 1994. 참조.

9 《사도행전》 17:16~23. 원문의 단 $βωμός$(bomos)은 단platform의 뜻도 있지만 제단altar으로도 해석된다. 특히 이 부분의 내용은 국어건 영어건 현대어로 읽어야 제대로 이해할 수 있다. 이 상황의 부가적인 설명은 Manolis Korres, 앞의 글, pp.146~148. 혹은 Savas Kondaratos, "The Parthenon as Cultural Ideal", 같은 책, p.28. 참조.

기독교가 동로마제국의 국교로 되면서 문제는 더 복잡해졌다. 독실한 기독교도였던 테오도시우스 2세Theodosius Ⅱ(401~450)는 이교도의 신전을 모두 정화하여 교회로 바꾸라는 칙령을 내렸다. 〈파르테논 신전〉도 거기서 벗어날 수 없었다. 당시의 기독교인은 사도 바울이 표현한 개탄의 그 느낌을 고스란히 이어받았을 것이다. 〈파르테논 신전〉은 이번에는 성모마리아에게 봉헌된 교회가 되었다.

1453년 대구경 대포를 앞세운 오스만제국이 콘스탄티노플을 점령하면서 동로마제국은 역사책 속으로 들어갔다. 그리스는 새로운 제국의 영향력 속으로 들어갔다. 이 제국의 지도자는 황제나 교황이 아니라 술탄sultan이었다. 그리스인이 무슬림Muslim이 되지는 않았지만, 이번에는 〈파르테논 신전〉이 모스크mosque로 바뀌었다.

지중해의 제해권制海權 장악을 배경으로 한 오스만제국과 베네치아의 대립은 자연스런 수순이었다. 1687년 베네치아군은 아테네까지 진격했다. 방어자 술탄의 군대는 아테네에서 가장 높은 곳, 아크로폴리스라는 전략 요충지를 주둔 거점으로 삼았다. 이들은 〈파르테논 신전〉의 용도를 화약 저장고로 잠시 바꿔 놓았다. 무슬림이 건축적으로 무지해서가 아니고 이전에 교회로 쓰이던 건물에 저 가톨릭교도들이 포격을 할 만큼 무지하지는 않을 거라는 계산이 있었다.

그러나 모로시니Francesco Morosini(1619~1694)가 이끄는 베네치아 군대는 이 화약 저장고에 대포를 쏘아 댔다. 형편없는 명중률의 포격 속에서 불행히도 과녁을 맞힌 대포알이 있었다고 역사책들은 기록한다.[10]

---

[10] 모로시니는 '운이 좋았다'고 기록했다.

예술, 용도를 버리다 117

결국 〈파르테논 신전〉은 바로 지금과 같은 폐허가 되었다. 그나마 붙어 있던 조각들은 1802년 뜯어 옮겨져서 대영 박물관에 전시되어 있다. 지금 반환을 하느니 못하느니 말이 많은 엘긴마블스Elgin Marbles가 바로 그것이다.

〈파르테논 신전〉은 사람이 들어가서 사용한다는 일반적인 관점에서의 용도가 존재하지 않았다. 이리저리 바뀌어 사용되던 이 건물은 결국 다시 아무런 용도도 없다. 뭔가에 쓰려고 해도 쓸 수 없을 정도로 상태가 불량한 폐허가 되었기 때문이다. 그럼에도 이 쓸모없는 건물은 고대의 지성을 보여 주는 위대한 문화유산으로서 건축사 책의 첫 장에 군림하고 있다.

건물과 용도

이제 단서가 마련되었다. 건물과 용도의 결합 관계, 결합 정도를 좀 더 세분하여 살펴보자. 경우의 수를 모두 따져 보자. 물론 원래 의도된 용도대로 건물을 잘 사용하는 경우가 있다. 이를 제외하면 경우의 수는 네 가지 정도로 정리할 수 있다. 이들을 모두 살펴보면 과연 건물과 용도는 어떤 결합 관계가 있는가를 확실히 파악할 수 있을 것이다.

중간에 용도가 바뀐 건물
용도가 있었으나 사라진 건물

애초에 용도가 없이 지어진 건물
우리가 알고 있는 것과 전혀 다른 개념의 용도를 가진 건물

우선 중간에 용도가 바뀐 건물의 예는 많다. 많아도 너무 많아서 예를 들려면 골라야 한다. 주변의 상가에서는 업종이 바뀌고, 주택에서는 거주자가 바뀐다. 주택은 식당이 되고, 성당은 나이트클럽이 되기도 했다. 미술관이 된 법원, 박물관이 된 은행도 있었다.

좀 더 유명하고 역사적 의미가 있는 예를 찾아보자. 기독교가 국교가 된 콘스탄티노플에 가장 위대한 교회로 건축사 책에서 서술되곤 하는 건물이 세워졌다. 537년 유스티니안 황제Justinian I, Flavius Petrus Sabbatius Justinianus(482경~565)의 명으로 완성된 교회 〈하기아 소피아Hagia Sophia〉다.

그러나 콘스탄티노플이 이슬람 문화권에 들어가 이스탄불이 되면서 이 교회는 이슬람 사원이 되었다. 아예 주위에 첨탑까지 들어서고 벽에는 《코란》의 아라비아 문자판까지 내걸린 제대로 된 사원이 된 것이다. 터키가 공화국이 된 후 이 건물은 1935년 박물관이라는 이름을 얻게 되었다. 자기 자신을 전시하는 박물관. 오늘날 우리가 이스탄불을 방문하여 보게 되는 이 건물은 그렇게 이루어졌다.

〈루브르〉와 〈우피치〉는 지금은 미술관이지만 처음에는 궁으로 사용되었다. 파리의 〈오르세 미

〈하기아 소피아〉의 내부. 교회에서 모스크를 거쳐 지금은 박물관이다.

예술, 용도를 버리다

〈오르세 미술관〉. 철도역이었던 흔적이 보인다.

술관Musée d'Orsay〉은 원래 기차역이었다. 철거된 〈조선총독부청사〉도 대한민국의 국립 박물관으로 사용되었다.

두 번째, 용도가 아예 없어진 건물도 많다. 그런 건물들은 대개는 철거의 노정을 걷는다. 그러나 꿋꿋하게 버티고 있는 건물들도 적지 않다.

〈콜로세움Coloseum〉이 무너지면 로마가 무너진 것이고, 로마가 무너졌다면 세계가 무너진 것이라던 때가 있었다. 검투사들의 생살여탈生殺與奪이 일상이던 〈콜로세움〉은 지금 아무 용도도 없다. 〈모나리자〉처럼 관광 수익을 증대시키고 있을 따름이다. 그러나 교황 식스투스 5세Sixtus V(1520~1590)는 이 〈콜로세움〉을 엉뚱하게도 직물 공방촌으로 바꿀 계획을 세웠다. 실현되지는 않았지만, 피에 열광하던 관중석의 아래층은 공방, 위층은 주거로 바뀔 뻔했다.[11] 지금 텅 빈 건물이 〈콜로세움〉이듯 직물 공방촌 〈콜로세움〉도 여전히 〈콜로세움〉이었을 것이다.

20세기 건축에서 가장 중요한 주택이라면, 프랑스의 〈빌라 사보아Villa Savoye〉, 미국의 〈카우프만 주택Kaufman House, Falling Water〉을 꼽아야 할 것이다. 최고의 건축가였던 르코르뷔지에Le Corbusier(1887~1965), 프랭크 로이드 라이트Frank Lloyd Wright(1867~1959)의 대표작인 이 두 주택을 방문하면 사보아 가족도, 카우프만 가족도 만날 수가 없다. 지금

---

[11] Sigfried Giedion, *Architecture and the Phenomena of Transition*, 1971, p.231.
Sigfried Giedion, *Space, Time and Architecture*, 1967, p.106.

〈콜로세움〉과 〈카우프만 주택〉. 두 건물 모두 아무런 용도도 없고 관광객만 분주하다.

이 두 주택의 용도는 사라졌다. 그냥 거기 서 있으면서 건축에 호기심 많은 방문객을 맞을 따름이다.

조선 시대 후기의 서울 지도를 들여다보면 〈경복궁〉 자리의 그림이 모호하다. 임진왜란 때 불탄 이 법궁法宮은 고종 연간에 중건重建될 때까지 삼백여 년간 폐허였다. 불탄 폐허를 도시 복판에 두고 있던 한양 풍경은 어지간히도 을씨년스러웠을 것이다. 중건 이후 잠시 왕궁으로 사용되던 〈경복궁〉은 1896년 아관파천으로 다시 이상한 운명을 맞게 되었다. 임금님이 아예 거처를 옮겼으니 다시 용도상 왕궁의 의미를 잃은 것이다. 〈경복궁〉은 지금은 그 임금님의 존재도 사라진 시민사회의 한복판에 물끄러미 서 있다.

〈경복궁〉에 파생적 용도가 있다면, 그것은 다만 사진의 피사체, 혹은 피사체의 배경일 뿐이다. 방문과 관광의 사실을 증명하는 기록사진의 배경일 뿐이다. 〈모나리자〉의 내재적 용도가 기록이라면, 이때 〈경복궁〉의 파생적 용도는 기록이다. 건물은 과연 초상화보다 더 용도에 의해 규정되는 존재인가. 조선 후기에, 아관파천 이후에, 그리고 지금

예술, 용도를 버리다 121

〈경복궁 근정전〉의 파생적 용도는 방문 기록의 배경임을 사람들이 보여 준다.

〈경복궁〉은 과연 무엇일까.

세 번째, 애초에 용도가 없이 지어진 건물이 있다. 그리스의 〈파르테논 신전〉에 사람이 생활한다는 점의 용도가 없다면 로마의 〈판테온Pantheon〉도 용도가 없다는 점에서 다르지 않다. 수많은 신을 모셨다는 이 건물은 사람이 들어가서 뭔가를 해 보기에는 너무나 불편스럽게도 그냥 동그란 평면을 가졌을 따름이다.

르네상스 시대에 브라만테가 남긴 건물로 〈템피에토Tempietto〉가 있다. 베드로가 순교했다는 자리에 세워진 이 건물은 아무런 용도가 없다. 건물은 용도가 있다는 명제를 들이대면, 이것은 건물이 아니다. 건물의 모양을 한 다른 그 무엇이다. 그래서 이 건물이 건축사 책에 등장하면서도 표현되는 명칭은 "커다란 유골함an enlargened relinquary"[12]이다. 그러나 애초에 유골이 없었으니 이 명칭마저 정확한 것이라고 보기는 어렵다.

1929년 스페인의 바르셀로나에 현대건축의 기념비로 기록되는 건물이 세워졌다. 독일의 건축가 미스 반데어로에Ludwig Mies van der Rohe(1886~1969)가 설계한 건물의 이름은 〈바르셀로나 파빌리온Barcelona Pavilion〉이다. 박람회장의 일부로 세워진 건물은 아무것으로도 사용되지 않았다. 독일 정부가 요구한 용도는 아무것도 없었다. 있다면 독일의 정신을 보여 주는 건물을 세워 달라는 정도였다. 기록으로는 스페인 국왕이 방문해서 방명록에 서명하는 장소로 썼다는 정도다. 서명하려

---

[12] Nikolaus Pevsner, *An Outline of European Architecture*, 1963, P.203, 204.

〈판테온〉의 천장 구멍으로는 심지어 비도 들이치니 뭔가로 쓰기에는 참으로 고약한 건물이다.

〈템피에토〉와 〈바르셀로나 파빌리온〉. 모두 처음부터 뭔가에 쓰겠다는 의지 없이 지은 건물이다. 그러나 입장하려면 입장료도 내야 할 만큼 중요한 건물들이다.

고 방문을 했는지, 방문한 김에 서명을 했는지도 뚜렷하지 않다.

그나마 용도가 없던 건물은 박람회가 끝나는 바람에 존재의 이유도 없어졌다. 건물은 결국 철거되었다. 그러나 실체가 없는 상황에서도 〈바르셀로나 파빌리온〉은 수많은 건축 책의 흑백사진 속에서 육신을 잃은 영혼처럼 등장해 왔다. 용도가 없는 것을 넘어 건물 자체가 없어졌는데도 건물로, 그것도 현대건축의 전환점을 마련한 중요한 건물로 칭송되었다.

지금 바르셀로나에 가면 이 건축의 유령은 다시 육화(肉化)되어 서 있다. 철거된 사진 속 건물의 가치를 아깝게 생각한 이들이 1986년 새로 지은 것이다. 새 건물 역시 아무런 용도가 없다. 그럼에도 들어가려면 입장료까지 내야 하는 틀림없는 '건물' 이다.

충청남도 천안시 목천읍의 〈독립기념관〉은 건물들의 집합이다. 그 건물들의 한복판을 장악한 거대한 기와집이 〈겨레의 집〉이다. 이 세계 최대 크기라는 기와집도 용도가 없다. 지어질 때부터 내재적 용도가 없었다. 있다면 광복절 기념식 내빈들이 모이는 장소고, 뜨거운 햇볕 아

〈독립기념관〉의 〈겨레의 집〉도 용도로 볼 때 갈래가 뚜렷하지 않다.

래 걸어온 방문객이 한숨 돌리는 장소다. 있다면 파생적 용도가 있을 뿐이다. 기둥과 지붕으로 이루어진 이 물체는, 용도로 본다면 건물인지 벤치인지 양산인지 뚜렷하지 않다.

마지막, 네 번째로 좀 이상한 용도의 건물들을 보자. 유럽에서 전통적인 대형 교회 건물을 지칭하는 단어가 '바실리카basilica'다. 이 단어는 로마 시대에 공회당을 지칭하던 것이다. 이 단어가 갑자기 교회를 지칭하게 된 배경에는 기독교 공인이 있었다.

기독교는 공인을 넘어 동로마제국의 국교로 지정되기에 이르렀다. 이교도에서 국교도로 하루아침에 신분이 바뀐 기독교도들이 해결해야 할 첫 번째 문제는 공간의 확보였다. 기독교도들은 이 공회당, 즉 바실리카에 모여들었다. 이 모임은 예배가 되었고, 바실리카는 교회가 되었다. 로마인이 모여 기독교도를 박해하든, 기독교도가 모여 이교도를 배척하든, 바실리카는 무심하게 그냥 건물이었다.

예배의 전례가 규범화되면서 바실리카도 조금씩 바뀌어 나갔다. 예배 보기 편한 모습으로 바뀐 것이 아니었다. 공회당 평면은 점점 십자가를 닮아 갔고 건물 외관은 점점 더 절실하게 백성들의 교과서로 바뀌어 나갔다. 호칭은 여전히 바실리카였다.

교회는 예배를 보는 용도에 쓰인다. 유럽, 미국, 한국의 교회가 모두 마찬가지다. 그러나 일본에 가면 이야기가 좀 달라진다. 예배를 보는 교회도 물론 있다. 그러나 수많은 교회가 호텔 부속 건물이다. 이곳은 바로 예식장이다. 전통 형식과 서양 형식의 결혼식을 동시에 원하는 일본의

예술, 용도를 버리다

로마의 공회당은 교회당으로 변해 새로운 대륙의 구석 뉴질랜드까지 전파되었다. 뉴질랜드 크라이스트처치의 〈앵글리칸 성당Anglican Cathedral〉.

선남선녀를 위한 성스럽되 상업적인 공간이다. 같은 건축가가 설계한 교회도 어떤 것은 교회고, 어떤 것은 예식장이다.[13] 그러나 이 건물들을 부르는 공식 명칭은 예식장이 아니고 여전히 교회다. 교회의 구조로 되어 있기 때문이다.

〈창덕궁〉 후원에는 이상한 건물이 한 채 있다. 유독 단청이 없는 이 건물은 주택으로 알려져 왔다. 주택의 구조를 지닌 건물이기 때문이다. 기록은 이 건물이 순조 28년(1828)에 지어졌다고 설명한다.[14] 문제는 이 〈연경당演慶堂〉이 주택처럼 생겼다는 것이 아니고, 궁궐 안에 있다는 것이다. 도대체 이 건물이 무엇에 쓰는 건물이었으며, 왜 지었는가에 대해서는 아직도 의견이 분분하다.

이견의 폭은 임금님께 궐 밖 사대부의 생활을 설명하기 위해 지어졌다는 것부터 연회장, 공연장이었다는 것까지에 이른다. 뚜렷한 점은 이 주택, 혹은 주택처럼 생긴, 주택의 구조를 가진 이 건물이 실제 주택으로 사용되지는 않았다는 사실이다. 그렇다면 이 건물의 용도는 전시거

---

[13] 안도 다다오安藤忠雄, Tadao Ando(1941~)가 설계한 유명한 교회로 〈빛의 교회光の教会〉, 〈물의 교회水の教会〉가 있다. 교회라고 불리는 점에서는 같으나, 용도로 따지면 〈빛의 교회〉는 교회고 〈물의 교회〉는 예식장이다.
[14] 〈연경당〉의 건립에 관한 내용은 주남철, 《연경당》, 2003, pp.8~16. 참고.

〈연경당〉. 무엇에 쓰려고 지었는지 몇 줄 기록이 없으니 누가 지었는지를 모르는 것도 당연하다. 조선 시대 쟁이들은 과연 '쟁이'였고 이 건물의 용도가 무엇이었냐에 관한 논의는 아직도 현재 진행형이다.

나 해설, 체험 혹은 공연이다. 거주는 아니다. 그럼에도 〈연경당〉은 당시 사대부의 주거 모습을 보여 주는 중요한 자료로 평가받는다. 말하자면 주택인 것이다. 건축사학자의 평가는 이렇다.

> 결론적으로 분명히 〈연경당〉은 현존하는 조선 시대 최고의 주택 건축으로 한국 주택사, 나아가 한국 건축사에 있어 중요한 의미를 지닌 건축이라 하지 않을 수 없는 것이다.[15]

이제까지의 예를 모아 보면, 뚜렷이 부각되는 점이 하나 있다. 건물과 용도의 관계가 그렇게 밀착되어 있지 않다는 것이다. 고리라고 치면 생각보다 아주 느슨한 고리다. 이제 건물들은 어떤 과정을 거쳐 그 느슨한 고리, 용도를 갖게 되는지 알아보자.

---

15 같은 책, p.91.

예술, 용도를 버리다 127

용도와 생산양식

> 그대가 기파랑耆婆郞을 찬미한 향가는
> 그 뜻이 매우 높다 하니 과연 그러하오?
> 그렇습니다.
> 그렇다면 나를 위해
> 백성을 다스려 편안히 할 노래를 하나 지어 주시오.

통일신라 시대의 어느 날, 요즘으로 치면 커피포트를 메고 가는 스님 한 분을 임금님이 불러 세웠다. 차 한잔을 얻어 마신 경덕왕과 충담사忠談師의 문답이 이러했다고 《삼국유사三國遺事》는 전한다.

왕명에 의해 충담사가 지은 〈안민가安民歌〉의 내용은 임금, 신하, 백성이 각각 할 바를 다하면 세상이 태평해지리라는 것이다. 여기서 충담사가 '금동이의 아름다운 술은 천 사람의 피金樽美酒千人血'라는 노래를 지을 수는 없었을 것이다. 〈안민가〉가 〈찬기파랑가讚耆婆郞歌〉와도 다른 점은 백성을 다스려 편안히 해야 하는 계도의 용도가 있다는 것이다. 공연히 사회를 어지럽힐 만한 야심을 품지 말고 태어난 대로 조용히 살라는 충고일 수도 있었다. 그것은 의뢰인이 존재했기 때문이다.

건축가에게 건물을 의뢰하는 이를 건축주建築主라고 한다. 시를 의뢰한 사람은 시주詩主라고 해야 할 것이다. 충담사는 시詩의 대가로 '시주詩主'에게서 '시주施主'를 받았을 것이다. 《삼국유사》에는 경덕왕이 충담사를 왕사王師로 봉하려 했으나 사양했다고 나온다. 그러나 임금님은, 요즘 표현으로 '밥 한 끼'는 냈을 것이다.

레오나르도 다빈치가 창작 의욕에 불탔을 수도 있다. 그렇다고 초상화 대신 어마어마한 규모로 최후의 심판 모습을 그렸다면 조콘도는 개탄했을 것이다. "이 그림은 아무 데도 쓸모가 없어." 이때 쓸모가 없다는 말은 "이 건물은 아무 데도 쓸모가 없다"고 할 때와 같은 의미다. 화주畵主가 요구한 것은 설명이나 위협이 아니고 기록이었기 때문이다.

베르디가 모세의 이집트 탈출을 대본으로 한 오페라를 작곡했다면, 이집트 국민들도 모두 한마디씩 했을 것이다. "그 음악은 아무 데도 쓸모가 없어." 작곡가에게 요구된 것은 축하의 꽃다발이었으되, 악주樂主는 이스라엘이 아니라 이집트 사람이었기 때문이다.

지금까지 거론된 그림과 음악들은 모두 내재적 용도를 갖고 있다. 이유는 의뢰인의 존재 때문이다. 의뢰인은 화가, 작곡가, 건축가에게 수고비를 지급했다. 반대급부로 요구한 것은 용도였다. 내재적인 용도였다. 이제 드러나는 것이 하나 있다. 어떤 과정을 거쳐 그림, 음악, 건물이 용도를 갖게 되는가 하는 점이다. 그것은 작품의 생산양식에 의해 파생되는 것이었다.

우리는 〈모나리자〉가 실제 인물과 얼마나 닮았는지, 그래서 레오나르도가 수고료로 얼마를 받았는지 알지 못한다. 〈아이다〉가 어떻게 초연되었는지, 통치자와 국민들이 얼마나 흐뭇해 했는지 알지 못하고 음악을 듣는다. 알 필요도 없다.

우리는 어떤 음악과 그림이 누구의 의뢰에 의해, 어떤 반대급부를 제공받아 완성되었는지에 따라 그 가치를 판단하지 않는다. 생산양식은 예술 작품의 가치를 평가하는 데 고려하는 조건이 아니다. 그렇다면 작품의 내재적 용도는 예술 작품 평가의 고려 요인이 되지 못한다. 그 가치는 생산양식, 그리고 그 결과인 용도로부터 자유롭기 때문이다.

건축으로 돌아와 보자. 무엇에 쓰이건 거의 모든 건물은 용도가 있다. 이 점에서 건축은, 거의 모든 경우 용도가 없어진 그림이나 음악과 많이 다르다. 그 이유는 음악과 미술의 생산양식이 건축의 생산양식과 달라졌기 때문이다. 의뢰인에 의해 용도를 갖고 있던 음악과 미술의 생산양식은 각각 어떻게 변해 오늘에 이르렀을까. 건축이 이들과 다른 만큼 음악과 미술도 서로 많이 다르다.

전기 속의 베토벤은 골치 아픈 조카 문제와 함께 악보 판매에 대한 걱정으로 수심이 가득하다. 그는 악보가 얼마나 팔렸는지 출판업자에게 수시로 묻는다. 베토벤은 악보의 판매를 통한 생존이라는 새로운 음악 생산양식을 선보인 작곡가였다. 배경에는 인쇄술이 있었다. 그의 음악은 궁정이 아닌 콘서트홀에서 불특정 다수를 위해 연주되었다. 배경에는 시민사회가 있었다. 베토벤에게도 후견인은 있었다. 그러나 그는 의뢰인으로부터 자유로워진 작곡가였다. 그래서 아무 용도도 없는 음악, 심지어는 교회당이 아닌 음악당에서 연주될 미사곡도 작곡하고, 장송곡과 합창곡이 끼어 있는 교향곡도 작곡할 수 있게 되었다.

음악은 용역과 수주의 체제에서 벗어났다. 용도의 틀에서 자유로워진 것이다. 그러나 귀족 대신 시장을 배경으로 한 출판업자의 요구로부터 자유롭지는 않았다. 베토벤은 출판업자의 의견에 따라 음악도 바꾸었다.

작곡가의 악보는 그 자체가 생산 목적이 아니고 연주를 위한 정보 전달 매체일 뿐이다. 공연된 음악의 기계적 재생산이 가능해지면서 음악의 무게중심은 작곡가에서 연주자로 바뀌었다. 작곡가의 악보 판매가 아니라 연주자의 음반 판매량이 음악계에서 가장 중요한 물음이 되었다. 음악 시장은 출판사가 아닌 음반사가 장악하게 되었다. 새로 생긴 시장의 규모가 기존 시장을 갈아치웠다. 쓸모가 있느냐는 질문은 이제는 팔리느냐로 완전히 바뀌었다.

그림이 기계적 재생산을 거쳤을 때의 의미는 악보와 다르다. 그림은 자체가 최종 결과물이다. 이런 배경에서 미술이 의뢰인으로부터 자유로워지기 위해 채택한 방식도 음악과 달랐다. 화랑을 매개체로 한 미술 시장을 성립시킨 것이다.

네덜란드에는 유럽의 다른 나라처럼 결속력 강한 길드도, 이들을 얽어매려 하는 절대 권력도 없었다. 프로테스탄티즘 윤리를 바탕으로 소규모 자본을 소유한 시민사회를 일찍 형성시킨 나라였다. 네덜란드에서는 그림에 대한 불특정 다수의 구매자 계층이 존재할 수 있었다. 화가들은 의뢰인이 없는 상태에서 그린 그림을 화랑을 통해 시장에 팔았다. 네덜란드의 화가들은 기록도, 설명도, 꽃다발도 아닌 그림을 그릴 수 있었다.[16] 이런 생산양식은 확대, 전파되어 세계의 미술 생산 체제를 장악하게 되었다.[17] 세계 미술은 아트 페어를 통해 규정되는 상황에 이른 것이다.

결국 이렇게 미술도 용도의 틀에서 자유로워졌다. 용역에서 벗어난

---

[16] 이 과정에 관해서는 Nikolaus Pevsner, *Academies of Art, Past and Present*, 1940, p.134, 135. 참조.

[17] 프랑스에서는 1673년 이후 화가에 대한 재정 보조가 감소함에 따라 화가들이 구매자를 찾아 전시회를 하기 시작했다. 살롱 전시는 아카데미 회원에게만 허용되었다. 아카데미의 배타적 살롱 출품권은 혁명 직후인 1791년 폐지되었다. 아르놀트 하우저, 염무웅·반성완 옮김, 《문학과 예술의 사회사 3》, 1999, pp.210~211.

것이다. 미술 시장은 대신 화랑과 딜러가 장악하였다. 그것은 자유의 대가로 얻은 새로운 구속이었다. 역시 여기서도 질문은 바뀌었다. 쓸모가 있느냐에서 팔리느냐로. 용도에서 판매로.

시장은 원칙상 완전 경쟁을 가치로 한다. 생존을 위한 경쟁은 실력을 요구했고 그것을 부르는 이름은 경쟁력이다. 그러나 그 경쟁력은 그림 실력뿐만 아니라 시장 적응 능력을 포함하는 단어다. 생산자 내부 경쟁은 밥벌이가 어려운 예술가를 만들어 낸다. 화려한 소수 스타 예술가와 압도적 다수의 실업 예비군 군단으로 양분된 예술가 사회가 형성되었다.

건물의 생산양식

건축에서도 용도는 건물의 생산에 필요한 자본의 소유관계에서 파생한다. 건축주는 자본을 집행하여 건물이라는 물리적 구조체를 완성시킨다. 건축가는 이것이 가능하도록 전문적인 지식과 창의력을 제공하는 사람이다. 건물의 생산에 필요한 자본을 직접 소유하고 집행하는 사람이 아니다.

건축가는 용역 수행자다. 정신적 노동을 요구하는 의뢰를 용역 의뢰라고 한다. 물품 생산을 의뢰한다면 제조 의뢰가 될 것이다. 의뢰인이 지불하는 비용이 제조를 위한 것이라면 반대급부는 제조 물품의 소유권이다. 용역을 위한 것이라면 용역 결과의 사용권이다.[18] 건축주는 건축가의 용역 결과를 사용하여 시공자에게 건물 건립을 의뢰한다. 그리고 그 결과물을 소유하게 된다. 용역의 결과물을 통해 제조된, 혹은 지어진 건물을 통해 요구하는 것은 용도다. 이것이 건물이 용도를 갖게 되는 구도다.

의뢰인 체제는 건축가, 혹은 그 유사한 직종이 만들어진 시기부터 지금까지 유지되고 있다. 건물과 용도는 여전히 결합되어 있고 쉽게 분리될 것을 기대하기도 어렵다. 그래서 용도가 건물의 생산양식에서 파생하는 개념이 아니고, 건축의 본질적인 개념인 것으로 쉽게 이해되곤 한다. 그리고 이 상황이 철학자들을 불편하게 했다. 그러나 건축의 가치 역시 용도로부터 자유롭다. 〈모나리자〉나 〈아이다〉의 경우와 다르지 않다.

건축에서도 생산양식이라는 점에서 변화한 부분들이 있기는 하다. 의뢰인 체제에서 벗어났거나 변화한 건축 생산의 예를 살펴보자.

혁명적 건축가. 이런 무시무시한 단어로 표현되는 건축가들이 있다. 프랑스 혁명기에 살던 불레Étienne-Louis Boullée(1728~1799), 르두Claude-Nicholas Ledoux(1736~1806), 르퀴Jean-Jacques Lequeu(1757~1826)가 바로 그 주인공이다.[19] 그러나 이들은 혁명의 주체가 아니라 혁명의 대상이었다. 이들은 왕당파로 분류되었고 심지어는 기요틴guillotine에 매달릴 뻔한 위기의 인물들이었다. 후에 이들에게 '혁명적'이라는 딱지가 붙은 것은 이

---

[18] 용역의 경우 가치의 소재는 만든 이에게 있다. 밑하사번 건축가·시인은 저작권을 갖고, 의뢰인은 사용권을 갖는다. 〈찬기파랑가〉와 〈안민가〉의 저자는 경덕왕이 아니고 충담사다. 경덕왕이 시주施主의 대가로 받은 것은 〈안민가〉를 정부 홍보물에 인쇄해도 좋다는 사용권이다.

[19] 이들에게 이런 별칭을 붙인 건축사학자는 에밀 카우프만이다. 이들에 대한 첫 번째 정리는 Emil Kaufmann, "Three Revolutionary Architects, Boullée, Ledoux, and Lequeu", *Philadelphia: The American Philosophical Society*, Vol.42, Part 3, 1952.이다.

들이 그려 낸 건물의 모습이 이전 건축가들과 확연히, 혁명적으로 달랐기 때문이다.

이들이 혁명적으로 다른 건물을 제시했던, 제시할 수 있었던 이유는 혁명기에 실제로 지어지는 건물을 설계할 기회가 없었기 때문이다. 건축주가 없었던 것이다. 이 건축가들에게는 일반적으로 적용되는 건축 생산양식이 존재하지 않았다. 남은 것은 건축에 대한 집착과 열정이었다. 이들은 지어지지 못할 계획안을 만들어 냈다. 아무 용도도 상정하지 않은 계획안이 쏟아져 나왔다.

불레의 〈뉴턴 기념관 Cénotaphe a Newton〉은 그의 많은 계획안이 그렇듯이 아무 용도도 전제되어 있지 않았다. 그냥 뉴턴의 정신을, 뉴턴이 발견한 세계를 기념하는 것이었다. 이처럼 건축 생산양식, 생산 구도가 변하면 건축과 용도를 연결하는 고리는 맥없이 풀리게 된다. 이런 경우가 뜻밖에도 종종 존재한다. 첫째, 건축주가 사용권을 요구하지 않는 경우. 둘째, 아예 건축주가 존재하지 않는 경우.

첫째의 예로는 이미 앞에서 지적한 〈바르셀로나 파빌리온〉 같은 건물을 들 수 있다. 〈독립기념관〉의 〈겨레의 집〉 역시 다를 바가 없다. 신축주가 건물의 사용을 상정하지 않는다면 건물은 반드시 용도를 가질 필요가 없다. 이 경우 요구되지 않은 용도를 건축가가 알아서 상정하느냐 마느냐는 철저히 건축가의 개인적인 철학과

〈뉴턴 기념관〉. 이 비현실적인 건물에서 보이는 것은 과학자의 성취와 건축가의 상상력이다.

가치관의 문제다.

짓는다는 전제 없이 개최되는 아이디어 현상설계 역시, 이렇게 제약이 없거나 적은 건축의 예를 무수히 보여 준다. 이 경우 사업을 진행하는 사람을 건축주가 아니고 주최자라고 부른다. 이런 주최자는 사용권을 요구하지 않는다. 지어지지 않아도 건축인 것처럼, 애초에 지어질 의사가 없는 상태에서 설계된 것들도 모두 건축이다. 건축의 가치는 건물이라는 구조체의 실현 여부에 있는 것이 아니고, 인간의 지적 작용으로서의 독창성에 있기 때문이다.

둘째, 건축주가 존재하지 않는 경우는 당연히 지어지지 않을 건물들이다. 소위 실험적 건축가들의 작업이 다 그렇다. 이들은 건물이 아니고 종이 위의 그림으로 마무리가 된다.[20] 때로는 휴지통을 거친 소각장에서, 때로는 미술관 벽면에서 최종 목적지를 찾게 되는 이 결과물은 물론 '건물'이 아니다. 그러나 역시 당연히 '건축'이다.

실험적 건축가들이 용도의 제약과 무관한 건물의 안을 내놓을 때 중요한 것은 현상에 대한 비판적인 시각과 미래에 대한 제약 없는 상상이다. 건축가에게 여전히 이런 작업이 중요한 것은, 건축가는 건물을 지을 수 있는 창조적 정보를 제공할 뿐, 건물을 실제로 짓는 사람이 아니기 때문이다.

비슷한 상황은 건축 학교의 수업에서 발견된다. 학생들이 수업 시간에 그려 내고 만드는 계획안에는 건축주가 없다. 학교 건축 교육의 방향이 현실적으로 졸업 후 바로 건축 생산 시스템에서 취업할 수 있는

---

[20] 그래서 이들을 부르는 이름은 'Paper Architect'다.

건축 지망생의 배출, 즉 건물을 만드는 방법을 연습하는 데 있다면 수업은 용도를 전제로 한다. 반면 존재하지 않는 생산과정을 상정하는 것이 무의미하고 건축적 아이디어를 발전시키는 것이 중요하다고 생각하는 학교에서는 용도에 무관한 설계를 진행할 수도 있다.

세상이 바뀌었다. 건축 생산양식에도 다소 변화가 생겼다. 건축주가 사라지진 않았다. 다만 변화한 것이다. 건축주는 건물을 의뢰해서 자신이 사용할 사람을 일컫는다. 즉 고전적인 건축주는 발주자면서 사용자였다. 그러나 자신이 발주한 건물을 사용하지 않는 사람들이 등장했다. 그것은 시민사회의 등장, 시장 자본주의의 확대에 의해 이루어진 현상이었다.

이름 뒤에 '청廳', '소所', '관館' 등이 붙는 건물이 있다. 이들을 묶어서 부르는 이름이 '기관Institute'이다. 이 기관들의 특징은 대표자나 위임자를 선임해야 할 만큼 사용자가 많다는 것이다. 익명의 불특정 다수로 지칭될 만큼 많기도 하다. 발주자는 사용자 집단의 일부이거나 사용자의 권한을 위임받았거나 사용자에 의해 선출된 사람들이다. 이들은 대개 관료들이다. 대표되고 위임받은 발주자들은 익명의 사용자들에 비해 훨씬 더 많은 건축적 지식을 축적하고 있다. 용도상의 요구 조건도 대개 훨씬 더 복잡하고 정교해졌다.

주택도 기관의 의미를 띤 상태로 변화했다. 그것은 개별적인 주택이 아니고 집합적인, 즉 사회화된 주택의 모습이다. 그것을 지칭하는 단어는 주거housing다. 주거는 시장을 통해 공급되는 건물의 대표적 예다. 임대용 사무소 건물도 시장을 통한 공급 방식에서 크게 벗어나지 않는다. 시장에서의 건물 공급 시행자는 부동산 개발 업자다. 건축 생산에 필요한 능력을 직접 갖추고 있지 않지만, 능력을 가진 주체들을 엮어 내는 새로운 직업군이다. 부동산 개발 업자는 최종 사용자의 일부도, 대표도 아니지만, 발주자가 되었다. 자신이 자본을 소유하고 있지는 않지만 자본을 끌어들인다. 자본은 다른 자본가나 은행에 있다. 이들이 발주한 건물들은 시장 종속적이다. 음악을 음반사가 장악하고, 미술을 화상이 장악하듯이 이들도 건축 시장의 상당 부분을 장악했다. 시장에 나온 이 건물들의 질문도 무엇에 쓰이느냐가 아니다. 팔리느냐다.

새와 건물

건물과 용도의 관계에 관해 답해야 할 질문이 하나 더 남아 있다. 분류에 관한 것이다. 주택과 우체국은 왜 다른가. 학교와 병원은 어떻게 다른가. 그 구분은 분명 용도를 기준으로 한 것이다. 그렇다면 건물의 용도는 건축의 본질적 요소가 아니냐고 물을 수 있다.

새는 무엇인가. 날아다니는 동물인가. 닭은 날기는커녕 간신히 걸을 따름이다. 펭귄에게는 날기보다 헤엄치기가 더 편하다. 타조는 날지 못하되 달리기로 치면 다른 동물들을 능가한다. 날아다니는 조건으로 치면 이들은 새가 아니다. 날아다닌다는 특징으로 새를 규정한다면 박쥐, 벌, 날치는 새로 분류되어야 한다. 동물은 날아다닌다, 고기를 먹는다, 네 다리로 걷는다와 같은 능력과 행동을 통해 분류되지 않는다. 분류 대상은 분류 방식에 앞서 존재한다. 닭, 타조, 펭귄이 새인 것은 이들이 새의 신체 구조를 갖고 있기 때문이다. 새는 날개가 있는 등뼈동물이다. 그래서 타조, 펭귄, 닭이 새에 포함된다. 벌이 새가 아닌 까닭은 등뼈가 없기 때문이다. 박쥐가 새가 아닌 것은 날개로 날지 않기 때문이다. 날치가 물고기인 것은 새가 아닌 물고기의 신체 구조를 갖고 있기 때문이다. 새에게 등뼈와 날개가 필요했던 것은 생존을 위한 요구 때문이었을 것이다. 새가 왜 날개를 갖게 되었는가는 진화론에서는 중요하지만, 분류학의 문제는 아니다. 분류상 새에게 중요한 것은 날 수 있든 없든 날개가 있다는 사실이다. 분류는 대상을 이해하는 방식을 디자인한 결과물이다. 그 원칙은 간단할수록 좋다. 구조적 분류가 기능적 분류보다 막강한 것은 예외 규정을 줄여 주기 때문이다.

많은 주택은 주택의 용도를 갖고 있다. 그러나 모든 주택이 주택으로 사용된다는 점 때문에 주택으로 분류되는 것이 아니다. 일반적인 주택의 조직을 갖고 있으면 주택이다. 그것이 실제로 주택으로 사용되든, 식당으로 사용되든, 우체국으로 사용되든, 혹은 아무것으로도 사용되지 않고 그냥 거기 있든, 그것은 주택으로 분류된다.

중요한 것은 그것이 어떻게 조직되어 있는가, 어떤 구조를 갖고 있는가 하는 점이지 실제로 어떻게 쓰이고 있는가 하는 점이 아니다. 일본의 교회가 예식장으로 쓰이든 교회로 쓰이든, 중요한 것은 그것이 교회의 구조를 갖고 있다는 것이다. 〈연경당〉이 무엇으로 쓰였든 그것이 주택으로 분류되는 것은 주택의 구조를 갖고 있기 때문이다. 거듭, 건축의 가치도 용도로부터 자유롭다.

그러나 건축가는 생산양식으로부터 '완전히' 는커녕 별로 자유롭지 않다. 건축가와 사용자 사이에 사용, 이용을 두고 벌어지는 관계는 다소 변화하기는 했으나 크게 변하지는 않았다. 그럼에도 세상이 변한 것은 틀림이 없다.

건축가는 새로운 사회에 맞는 새로운 단어를 도입했다. '사용' 혹은 '이용'을 대체한 단어는 바로 '기능function'이다.

건축,
기능을 빌리다

고전 건축 이론서의 어디에도 기능이라는 단어는 사용되지 않았다.
19세기 후반에 용도를 대체하고 건축 용어로 사용되기 시작한 이 단어는
20세기 초반에는 건축가 사이에서 일상적으로 사용되었다.
사용자가 어떻게 사용하느냐에 의해 규정되는 용도와 달리,
기능은 대상을 변화시킨다는 의미다.
건축에서 기능이라는 단어가 사용된 것은 건축이 인간의 조직을
변화시킬 수 있다는 믿음을 배경에 깔고 있다.
건축가들은 기능이라는 단어를 통해
도시를 변화시킬 수 있다고 확신하기 시작했다.
사회를 담는 물리적 조직체로서의 도시는
그 사회가 지향하는 이상을 담아야 한다는 것이 그들의 신념이었다.
이제 건축은 단지 무언가에 사용된다는 용도의 제약을 넘어
사회를 변화시킨다는 적극적인 사회 구성 주체로서의
모습을 발견하기 시작했다.

용도의 변화

$y=3x+5$

이것은 함수다. x에 어떤 값을 집어넣으면 y라는 값이 나온다. 즉 이 함수는 입력한 x를 변화시킨다. 함수의 영어 단어는 'function'이다. 영어 사전을 찾아보자.

가장 앞서서 나오는 것은 생물학적 설명이다. 번역하면 '기능'이다. 그다음이 '함수'라고 번역되는 수학적 설명이다. 역사적으로 기능 function은 건축 용어가 아니었다. 건축에서 사용하던 단어는 '사용, 이용, 용도, 적합함 use, utility, purpose, convenience, usefulness, fitness, suitability' 정도였다.

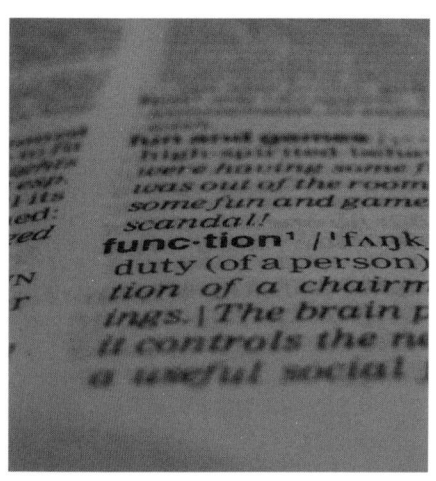

사전 속 'function' 항목.

다시 《백과전서》를 뒤져 보자. '기능 fonction'은 신체의 장기가 특정한 목적을 위해 작동함을 의미한다고 해설되어 있다. 확장된 설명도 포함되어 있기는 하다. 예술이 생활의 질을 향상시키기 위한 도구로 사용될 때, 수행해야 하는 것을 기능으로 해석할 수 있다고 덧붙인다.

색인을 뒤져 보자. 이 단어는 건축과 연관된 항목에서는 등장하지 않는다.[1] 건축 혹은 이와 연관된 목공, 조경 등이 언급된 항목은 본문에 4006건, 보완판에 265건이다. 두 명의 편집자를 포함해 관련 분야의 13명 집필자 중에서 기능을 언급한 사람은 한 명도 없다.

건축에서 사용된 유사한 단어는 '편리함, 적절함convenance, commodité, bienséance' 정도다. 칸트가 건축을 설명하며 사용했던 단어도 용도Nützlichkeit, 목적Zweck이었다.² 기능Funktion이 아니었다. 다른 책들을 읽어 보자.

> 미적 규칙에 맞게 지은 것과 함께 집의 편리함convenience도 우리에게 즐거움을 준다.³
> 주거의 편리함convenience은 그 외관만큼이나 아름다움에 필수적이다.⁴
> 건물에는 편리함convenience, 건설, 목적에 필요하지 않은 요소는 존재해서는 안 된다.⁵

---

1 이 색인 목록은 Kevin Harrington, *Changing Ideas on Architecture in the Encyclopédie, 1750~1776*, 1981, pp.157~199., Terence M. Russell, *Architecture in the Encyclopédie of Diderot and d'Alembert*, 1993, pp.23~73. 참조. 이 두 책의 저자들은 건축에 관한 한 원문보다 훨씬 더 잘 정리되고 충실한 색인을 만들어 놓았다.

2 Immanuel Kant, trans. Werner S. Pluhar, *Critique of Judgement*, 1987, §51, 322.

3 Adam Smith, "Of the effect of utility upon the sentiment of approbation", Knud Haakonssen ed. *The Theory of Moral Sentiments*, 2002, Part IV, Chapter I, I.
　이 글은 용도, 적합, 아름다움 등의 관계를 서술한다. 글에서는 utility, convenience, fitness, propriety, use, purpose와 같은 단어가 혼용된다. 그러나 function이라는 단어는 사용되지 않는다.

4 David Hume, "A Treatise on Human Nature", T. H. Green and T. H. Grose, ed., *The Philosophical Works of David Hume*, 1882, Book II, Part I, Sect Ⅷ.
　여기서도 저자가 사용하는 단어는 convenience, utility다.

결론은 건축과 관련된 맥락 어디에서도 기능을 찾을 수 없다는 것이다. 그러나 지금은 기능이 건축가들의 일상어가 되었다. '건물이 기능을 만족시켜야 한다'는 문장은 너무나 자연스러워서 기능이 건축 용어가 아니었다는 사실이 신기할 정도다.

기능이 건축 용어가 되어 지금과 같은 가치를 얻게 된 과정은 세 단계로 정리할 수 있다. 우선 용도, 혹은 용도의 적절한 표현이 가장 중요한 가치로 부각되었다. 그리고 그 용도를 대체하는 단어로 기능이 도입되었다. 마지막으로 기능적인 조건을 만족시키면 자연스럽게 미적 가치가 만족된다는 주장이 등장하였다. 이 마지막 주장을 일컫는 이름이 기능주의다. 기능주의는 20세기 초반의 건축을 해설하는 가장 중요한 단어였다. 이제 그 과정을 추적해 보자.

1749년 프랑스의 디종 아카데미Dijon Academy는 "학문과 예술의 정립이 도덕을 정화해 왔는가?"라는 질문의 논문 현상 공모를 내걸었다. 여기서 화려하게, 그러나 숱한 논란을 불러일으키면서 당선된 사람이 바로 루소였다. 당선작 〈학문 예술론Discours sur les sciences et les arts〉의 결론은 단호했다. 절대 아니다. 오히려 그 반대다. 그는 건축적 비유를 통해 설명한다.

인간이 선량한 상태로 신의 뜻을 따르고 있던 시기는 원시 오두막에 있던 시대였다. 그러나 그들은 곧 악마로 변해서 이 신들을 신전으로 쫓

---

5 Augustus Welby Northmore Pugin, *The True principles of Pointed or Christian Architecture*, 1973, p.1.
여기서 목적propriety은 건물을 세우는 목적을 지칭한다. 그러나 이 책에서 거론하는 것은 교회를 세우는 목적으로 성상, 장식과 같은 것을 지칭하므로 용도와는 개념이 조금 다르다.

아 버렸다. 그리고 결국은 그 신전을 스스로 차지하기 위해 거기서마저 신을 쫓아 버렸다. 이제 신전은 여염집과 다를 바가 없어졌다.[6]

1753년에는 《건축 에세이Essai sur l'architecture》라는 제목의 책이 한 권 출간되었다. 루소의 의견을 그대로 받아들인 내용이었다. 태양왕의 사망 이후, 프랑스는 정치적으로 불안정하고 뒤숭숭한 시기였다. 정부를 직접 비판하는 것은 위험한 일이어서 도시나 건축을 통해 정부를 비판하는 글들이 등장했다.[7] 다양한 분야의 인물들이 건물을 인용한 책을 쓰는 일이 더 이상 새삼스럽지 않았다.

그러나 이 책은 제목 그대로 건축에 관한 책이었다. 의심스러운 점은 저자 익명이라는 사실이었다. 당연히 검열과 수사가 더 심해질 수밖에 없었다. 숨은 저자는 곧 드러났다. 그는 종교만큼 건축과 정치에 관심이 많은 예수회 신부였다. 건축에 관심이 많은 데서 끝나지 않고 아예 책을 쓴 것이다. 후에 건축계의 루소주의자로 알려진 그의 이름은 로지에Marc-Antoine Laugier(1713~1769)였다.

책이 왜 저자 익명으로 나왔는지는 책의 내용이 스스로 증명했다. 저자는 기존 건축가들의 가치관에 구애받지 않고 종횡무진 필봉을 휘둘렀다. 그가 보기에 〈성 베드로 성당〉, 〈베르사유 궁〉은 모두 한심한 사례들이었다. 건축 아카데미는 편견에 가득 찬 겁쟁이 양성소였다. 그는 교황과 황제의 업적에 맹공을 퍼붓는 중이었다.

---

[6] Jean-Jacques Rousseau, trans. Judith R. Bush, Roger D. Masters, and Christopher Kelly, *Discourse on the Science and Art and Polemics*, 1992, p. 16

[7] Richard Wittman, *Architecture, Print Culture, and the Public Sphere in Eighteenth-Century France*, 2007, pp.51~57.

로지에는 고전적 양식의 의미, 비례의 가치, 장식의 필요성은 인정했다. 그러나 루소주의자라는 평에 걸맞게 논의의 시작은 원시 자연 상태였다. 건축의 비례와 양식은 고대 그리스가 아니라 원시 오두막에서 시작해서 도출되어야 하는 것이었다. 이 주장은 아예 책 표지에 큼지막하게 그림으로 그려졌으니 논지는 뚜렷했다. 비트루비우스의 책에 주석 다는 일은 할 만큼 했으니 이제 제발 그만하라는 것이 로지에의 이야기였다.

이것은 고전 옹호론을 앞세운 아카데미파와 고딕 우월론을 내세운 비非아카데미파의 갈등 사이에서 새로운 입장이었다. 세계도 지역도 아닌 제삼의 길이었다. 로지에의 책이 중요한 것은 구체적인 내용이 아니다. 기존의 가치에 대한 질문이 시작되었다는 점이다. 그는 비트루비우스에 대한 회의를 노골적으로 드러냈다.

1755년의 《건축 에세이》 재판본 표지에 실린 그림. 고대 그리스 형식의 건물 잔해너머 손가락으로 가리키는 것이 원시 오두막이다.

르네상스 시대까지의 건축 논의에서 가장 중요한 가치는 비례였다. 아름다운 비례를 위해서는 내부의 방 조직, 방의 용도와 관계없이 창문을 내도 문제가 되지 않았다. 그러나 로지에가 주장하는 좋은 건물은 튼튼하고 살기 편하고 건물의 사회적 의미가 표현되어 있는 것이었다. 이제 다른 걸 다 털어 내더라도 용도, 혹은 목적이 최고의 가치를 가져야 한다는 사람들이 등장하기 시작한 것이다. 고대의 권위가 살아 있는 세상에서는 높이기 힘든 목소리였다.

뒤랑Jean-Nicolas-Louis Durand(1760~1834)은 혁명 후 건축론을 펴낸 첫 번째 프랑스 건축가였다. 그는 비트루비우스의 가치에서 아름다움을 빼 버린다. 그가 보기에 장식적 아름다움이 건축의 가치나 목적이었던 적은 없었다. 개인과 사회가 요구하는 용도와 내구성에 부합하는 것이 그가 본 건축의 의미였다.[8] 장식적 아름다움 대신 그가 제안한 것은 경제성이었다. 혁명 이후의 사회에서 받아들여질 만한 이야기였다.

이 시기는 새로운 가치를 찾는 시기였다. 뒤를 이어 신앙심이 깊은 퓨진Augustus Welby Northmore Pugin(1812~1852), 러스킨John Ruskin(1819~1900)과 같은 영국의 건축가, 건축 이론가들에게도 방의 쓰임새를 고려하지 않고 창을 내는 것은 죄악이었다. 그것은 건축의 문제가 아니라 도덕의 문제였다. 이들에게 건축은 종교적 신앙심을 표현하는 도구였고 관심은 교회였다. 그러나 아직 기능이라는 단어가 건축에 등장하지는 않았다.

기능의 등장

이 생물학적 용어, 기능을 인간이 만든 구조물에 적용시킨 사람은 그 이전이 이탈리아인 로돌리Carlo Lodoli(1690~1761)였다. 뚜렷한 기능을

---

[8] Jean-Nicolas-Louis Durand, trans. David Britt, *Précis of the Lectures on Architecture*, 2000, p.84, 187.

갖지 않는 것들은 구조체에서 표현되면 안 된다는 것이 1750년 그의 주장이었다.[9] 그러나 그가 특별히 건물을 지목하고 있지는 않았다.

기능을 건축과 접합시킨 사람은 미국의 조각가 그리너프Horatio Greenough(1805~1852)였다. 당시 미국은 예술교육을 시킬 만한 학교가 있는 나라가 아니었다. 아예 조각가라는 직업이 생소한 나라였다. 하는 수 없이 하버드 대학에 입학한 그는 곧 학교를 접고 이탈리아로 건너갔다. 그는 거기서 조각가로 변해 22년을 머물다 귀국했다.[10]

20세기의 동유럽 국가들이 사회주의 실험을 했다면 18세기의 미국도 사회적 실험을 통해 설립된 나라다. 역사와 혈연의 공통분모 없이도 자유에 대한 신념만 공유할 수 있다면 모여서 국가를 만들 수 있다는 실험이었다. 그런 만큼 미국은 유럽에 대해 역사적, 정치적 부채 의식도 권리 의식도 갖고 있지 않았다.

그러나 문화는 좀 달랐다. 미국인들에게는 유럽에 대한 문화적 피해 의식이 있었다. 스스로 이 상황을 지칭하는 것은 '식민지 피해 의식 colonial complex'이었다. 당시 미국은 조각상을 만들 때 복장은 로마식으

---

[9] Emil Kaufmann, "At an Eighteenth Century Crossroads: Algarotti vs. Lodoli", *The Journal of the American Society of Architectural Historians*, Vol.4, Part.2, Apr. 1944, p.27.
　Emil Kaufmann, "Three Revolutionary Architects, Boullée, Ledoux, and Lequeu", 1952, p.440.
　Edward Robert De Zurko, *Origins of Functionalist Theory*, 1957, p.178.
　주르코는 기능이라는 단어를 사용하면서 기능주의의 진화를 설명하지만 그가 거론한 인용들은 모두 이전에는 용도, 사용, 목적과 같은 단어들이다. 그가 제시한 19세기 이전의 기능은 생물학적 용례들만 보인다.

[10] Natalia Wright, *Horatio Greenough: The First American Sculptor*, 1963, p.24. 이 책의 부제가 된 '미국의 첫 번째 조각가'는 이런 상황을 설명해 준다.

로 하되 자세는 그리스의 누구처럼 해야 한다는 정치인들의 주문이 따르는 문화 수준의 나라였다. 신문에는 왜 이 조각이 망측하게 옷을 다 벗고 있느냐는 힐난의 글이 실리는 정도였다.

그리너프의 조각도 고전적이었다. 그러나 그는 건축에 관해서는 좀 다른 입장을 보였다. 고대 그리스의 건물들에서 원칙을 배워야 하는 것은 맞지만 형태를 복사하는 것은 옳지 않다는 생각이었다. 은행도, 법원도, 우체국도 그리스 신전의 형태에 구겨 넣으려는 당시 건축은 그가 보기에 재앙스런 것이었다. 그는 달을 가리킬 때 달이 아닌 손가락을 그리고 있던 당시의 건축가들을 지탄하고 있었다.

그는 신생국가 미국에 적합한 건축의 대안으로 바로 자연과 그 작동 방법을 제시했다. 기능에 의해 최적의 형태를 찾아낸 동물과 식물의 모습은 가장 아름다웠다. 건물도 바로 이 기능의 구현을 통해 아름다운 형태를 찾아내야 한다는 것이다. 그리너프에 의해 건축은 기능이라는 단어를 발견하게 되었다. 그리고 기능은 문장을 통해 날개를 달았다.

"형태는 기능을 따른다 Form follows function."

기능이 건축의 간판으로 부각되는 데는 바로 저 유명한 문장의 힘이 컸다. 최초 발언자는 미국의 건축가 루이스 설리번 Louis H. Sullivan(1856~1924)이다. 이 문장은 기능주의의 슬로건이 되었다. 해석하기로는 건물을 이루는 방들을 용도별로 배치하고 나면 건물 외관이 자동적으로 생성된다, 따라서 구체적인 용도가 없는 장식은 모두 배제해야 한다는 것이다. 그러나 이것은 설리번의

그리너프의 조각 중 비교적 덜 고전적인 모습의 〈토머스 제퍼슨〉.

건축, 기능을 빌리다

루이스 설리번과 보자르의 영향을 보여 주는 미국의 거리 풍경. 사진 속 도시는 샌프란시스코.

의도와는 좀 다른 해석이다.

이 문장은 설리번의 글 두 곳에서 등장한다. 첫 번째는 고층건물의 형식을 거론한 글에서였다. 미국은 타고서 목숨을 걱정하지 않아도 좋을 만큼 안전한 엘리베이터를 처음 발명한 나라다. 덕분에 고층건물을 가장 먼저 발전시킨 나라기도 하다. 설리번의 첫 논의는 생물체의 기능이 형태로 표현되는 것처럼 고층건물의 각 부분도 용도의 조건에 따라 구분이 되어야 하고 그래서 저층부, 몸통, 고층부의 구분은 자연스럽다는 정도였다.[11]

두 번째 글에서 이야기는 좀 더 사회적인 것으로 바뀌었다. 그의 문장이 지닌 가치는 바로 이번 설명에서 드러났다. 그것은 개탄이었다. 로마의 건축을 만든 로마의 정신은 로마 제국과 함께 사라졌다. 그러나 정신은 사라졌건만 형태는 악령처럼 되살아나 미국의 도시를 덮고 있었다.[12] 이것이 바로 그 개탄의 내용이었다. 당시 미국의 건축계는 보자

---

[11] Louis H. Sullivan, *Kindergarten Chat(rev. 1918) and other writings*, 1947, p.208. 설리번은 소크라테스를 통해 대화하는 플라톤의 형식을 그대로 빌려 글을 썼다. 대상은 건축 전공의 학생이고 그래서 책의 제목이 이렇게 붙었다.

[12] 같은 책, p.39.

르 졸업생들, 보자르풍 유행이 장악하고 있었다. 이들은 유학 시절에 배운 대로 로마 시대, 르네상스 시대의 건물들을 옮겨 놓았다. 오늘날 뉴욕에서 샌프란시스코에 이르는 미국의 도시에 엉뚱하게 르네상스 양식이 즐비한 이유가 바로 여기 있다. 안에서 토가toga(고대 로마의 시민이 입었던 낙낙하고 긴 겉옷)를 입은 사람들이 열변을 토하고 있을 것만 같은 건물은 막상 들어서면 직원들이 돈을 세는 은행이었다.

설리번 자신도 보자르 유학생이었다. 그러나 설리번은 백화점이 호텔 같고, 호텔이 기차역 같고, 기차역은 또 은행 같고, 그 은행이 로마의 신전 같은 당시 미국의 건축적 현실을 비판했다.[13] 그가 여기서 이야기하는 기능은 사회적 의미였다. 미국적 민주주의가 지향하는 지점은 로마 공화정이 아니라는 점을 부각시키기 위한 단어였다.

설리번의 문장이 지닌 매력은 간단명료하다는 점이다. 그래서 이해의 결과인지 오해의 결과인지 뚜렷하지 않으나 수많은 변종들이 속속 탄생하였다. 그럴수록 기능은 더욱 건축의 일상어가 되었다.

"형태는 돈을 따른다 Form follows finance."[14]
"형태는 재미를 따른다 Form follows fun."[15]
"형태는 재앙을 따른다 Form follows fiasco."[16]

---

[13] 같은 책, p.28.

[14] Carol Willis의 저서명. *Form Follows Finance: Skyscrapers and Skylines in New York and Chicago.*

[15] Bruce Peter의 저서명. *Form Follows Fun: Modernism and Modernity in British Pleasure Architecture 1925~1940.*

"기능은 형태를 따를 것이다 It may be that function follows form."[17]
"형태는 기능을 따르는 것이 아니고 고착된 형태를 따른다 Form follows previous form, not function."[18]

기능주의

건물이 용도에 따라 다르게 설계되어야 한다는 것은 새로운 내용이 아니었다. 모든 부분이 목적을 갖고 존재한다면 전체가 아름답다는 주장도 새삼스럽지는 않았다. 다만 어느 정도로 강조하느냐의 차이가 있을 따름이었다. 그러나 기능주의 강령은 기능을 단 하나의, 그리고 최고의 가치로 내세웠다.

기능이 건축의 중요한 개념이 되는 데는 기계가 징검다리 역할을 했다. 인간이 만든 구조물로 가장 자연의 메커니즘과 유사하게 작동하는 것은 기계였다. 인공물이라는 점에서 건물은 자연보다는 기계에 가까웠다. 기계는 자연과 같은 아름다움이 아니나 이전에 경험하지 못하던 새로운 신기함, 아니면 표현하기 쉽지 않은 새로운 종류의 감동을 우리

---

[16] Peter Blake의 저서명. *Form Follows Fiasco: Why Modern Architecture Hasn't Worked*.

[17] Frank Llyod Wright, *The Future of Architecture*, 1953, p.146. 저자가 실제로 이렇게 생각한다는 것은 아니었다.

[18] 필립 존슨Philip Johnson의 주장. Charles Jencks, *Le Corbusier and the Tragic View of Architecture*, 1973, p.160.

에게 제시했다.

 1920년대의 유럽은 건축과 사회의 결합 의지가 유난히 드높던 시대와 공간이었다. 건축가들은 역사가 아닌 시대를, 건축주가 아닌 사회를 이야기하기 시작했다. 문제는 '어떻게' 하느냐는 것이었다. 원론의 목소리는 높았지만 방법은 뚜렷하지 않았다. 구호만 무성하던 시대에 그 구체적인 방법을 조목조목 정리해서 들고 나온 건축가가 있었다. 그의 이름은 르코르뷔지에였다. 그는 거대한 선언자였다. 건축가들에게 회개悔改하라고 요구했다. 건축가들의 천국이 다가온 것은 아니고 기계와 산업이 만든 새로운 시대가 이미 와 있다는 것이었다.

 르코르뷔지에는 '주택은 살기 위한 기계La maison est une machine à habiter'라는 슬로건을 내걸었다. 이 문장을 좀 더 정확히 하면 주택은 살기 위한 기계가 '되어야 한다'는 의미다. 그는 기계에 의해 발견된 새로운 미의식을 강조한 것이 아니었다. 건물은 기계와 같은 개념에서 시작해야 한다는 것이었다.

 르코르뷔지에가 든 사례는 명쾌했다. 여객선의 선실은 순수하고 명료하고 깨끗하면서 위생적이다. 그러나 건물의 내부는 쿠션, 벽지, 카펫과 같은 구시대의 물건들이 가득하다. 따라서 재료를 투입하여 무언가를 변화시키는 기계와 같이 주택은 삶을

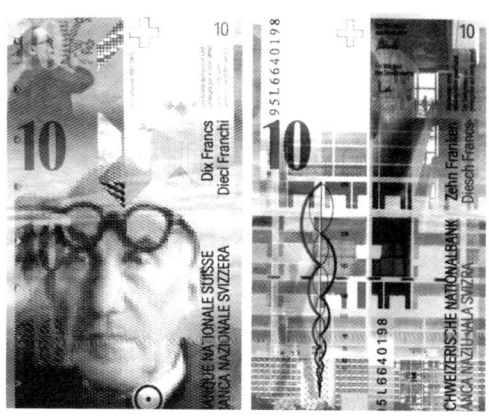

르코르뷔지에는 그가 태어난 스위스의 화폐 모델이 되었다. 화폐 디자인의 수준이 다른 이 나라에서 그는 한국으로 치면 율곡이나 충무공 정도의 대접을 받고 있다.

건축, 기능을 빌리다

투입하여 다른 삶으로 변화시키는 역할을 해야 한다는 것이었다. 이 변화를 가능하게 하는 단서가 기능이었다.

그는 새로운 건축을 실천하는 방법을 손가락으로 꼽아 가며 구체적으로 지적했다. 1926년 발표한 '새로운 건축의 5원칙Les 5 points d'une architecture novelle'이 바로 그것이다. 이것은 필로티piloti(건축물의 1층은 기둥만 서는 공간으로 하고 2층 이상에 방을 짓는 방식), 옥상정원, 수평띠창, 자유로운 평면, 자유로운 입면이다. 그는 새로운 사회에 맞는 건축은 '이렇게 할 수도 있다'가 아니라 '이것일 수밖에 없다'고 단언했다.

그는 다른 건축 선각자들과 또 달리 선언과 구호에서 머물지 않았다. 그는 심지어 그 다섯 가지 원칙대로 건물을 만들어 보여주었다. 그 결과가 1928년 준공된 〈빌라 사보아〉였다. 어느 날 갑자기 외계인이 던져 놓고 사라졌다고 해도 믿어질 정도로 참으로 괴상하게 생긴 주택이었다.

르코르뷔지에의 이야기는 보자르 아카데미에서 그리는 그림이 아니라 이런 건물을 지어야 하고, 우리는 이렇게 살아야 하며 따라서 이런 건물이 아름답다는 것이었다. 독학으로 건축을 공부한 그는 보자르 아카데미의 주적을 자처하고 나섰다. 전통에 맞서기 위해 필요한 분석, 창조, 독선, 아집의 자질을 그는 충분히 갖추고 있었다. 그래서 그의 길은 영광스러웠지만 가시밭길이었다.

본인을 건축의 메시아 정도로 생각했을 법한 이 건축가가 과대망상증 환자였는지 천재였는지는 스스로 증명해야 했다. 세상이 그의 이상한 주장에 쉽게 동의하지 않았다. 그러나 시간이 흐른 뒤에 내려진 판정으로 보면 개인과 세상의 대결에서 개인이 승리했다. 이렇게 승리한

〈빌라 사보아〉. 서울 근교의 신도시에 요즘 세워 놓아도
괴상하게 생긴 건물이 들어섰다고 소문이 날 듯하다.

개인을 부르는 이름이 천재genius다.[19] 르코르뷔지에는 인류 역사상 가장 위대한 천재 건축가였고 건축계에서 진정으로 창조적인 소수였다.

주택이 기계라고 주장한 점은 같지만 좀 더 과격하되 나중에 덜 유명해진 사람이 비슷한 때 독일에 있었다. 그로피우스를 이어 바우하우스의 교장이 된 그의 이름은 한네스 마이어Hannes Meyer(1889~1954)였다.[20] 그가 어떤 사람인지는 스스로를 설명할 때 확연히 드러났다.

나이 마흔의 스위스 태생, 결혼했으나 가족과는 떨어져서 살고 있음, 키는 174센티미터, 머리털은 회색이 좀 섞였음, 눈동자는 청회색, 코·입과 전면 얼굴에는 특이 사항 없음, 그래서 여권에는 '보통'이라고 적혀 있음.[21]

그는 사회주의자였지만 사회성은 좀 부족한 사람이었다. 그리고 기계적 기능주의자였다. 종교로 치면 맹신이나 광신에 가까웠다. 그에게 모든 구조물은 기능 곱하기 경제라는 함수의 결과물이었다.[22] 기능적인 다이어그램을 무지막지하게 그대로 옮겨 놓은 것이 그가 추구하는 건축의 방식이었다. 그가 주장하기로 건물은 공방이 아니라 실험실의 소

---

[19] 이에 비해 범상치 않은 재주를 타고나 어릴 때부터 그 재주를 과시한 사람을 신동prodigy이라고 부른다. 천재는 타고난 재주의 평가와 관계없이 어떤 분야가 지닌 존재의 의미, 즉 패러다임을 바꾼 사람을 일컫는다.

[20] 그의 주장도 르코르뷔지에와 크게 다르지는 않았다. "이상적으로나 현실적으로나 우리의 주택은 사람이 사는 기계다." Claude Schnaidt, *Hannes Meyer: Buildings, projects and writings*, 1965, pp.91~95.

[21] Hannes Meyer, "My Expulsion from the Bauhaus", Hans M. Wingler, ed., trans. Wolfgang Jabs and Basil Gilbert, *The Bauhaus*, 1969, p.163.

[22] 같은 책, p.153.

산이었다. 건축은 미학적인 과정이 아니고 생물학
적인 과정이었다. 역사와 전통에 관한 논의도, 예
술 타령도 무의미했다. 노골적 마르크스주의자였
던 그는 새로운 사회를 꿈꾸고 있었다.

한네스 마이어. 그는 기계적이고 극단적인 기능주의자였다.

  기능이라는 단어는 1930년대에 이르러서는 건
축가라면 누구나 사용하는 일상성의 위치를 확보
했다.[23] 용도를 완전히 대체했고 기능은 건축의 강
력한 가치로 자리를 확고히 잡았다. 그러나 기능은 규정이 가능한 개념
인지, 규정된 개념만을 갖고 결과물을 만들 수 있는지, 그 결과물은 기
능이 요구한 유일한 답인지, 그 유일한 답은 그래서 우아하고 아름다운
지에 대한 답을 할 길이 없었다. 그래서 기능주의라는 단어가 지칭하는
것은 무엇이었으며 그게 과연 실천 가능한 구호였는지는 아직도 의견이
분분하다. 어떤 극단적인 기능주의자도 기능만을 통해 수학 함수처럼
기계적으로 건물을 도출해 낼 수는 없었다.

  같거나 비슷한 기능을 수행하는 꽃은 너무나 다른 모습들로 세상에
존재한다. 이들은 분명 아름답고 존재의 가치가 있는 것들이다. 기능은
형태를 규정하는 단 하나의 변수가 아니었다. 기능적 조건에 따라 건물
을 조직한다고 기계적으로 형태가 스스로 자라 나오지도 않았다. 모든
것은 설계자의 주관이 개입되어야 했다. 이것은 기능주의의 한계였다.
그래서 심지어 '형태가 기능을 따른다'는 주장은 재능 없는 건축가들이
상상력 부족한 건물에 내거는 알리바이가 틀림없다는 이야기까지 나올

---

[23] Reyner Banham, *Theory and Design in the First Machine Age*, 1960, p.320.

다양한 들꽃이 그 모습처럼 다 다르고 다양한 기능을 갖고 있다고 단언하기는 어렵다.

정도였다.[24]

　기능주의는 실체가 아니라 선전이었다.[25] 기능주의는 그래서 이념이 아니고 특정한 양식을 지칭하는 단어로 변모되어 사용되기에 이르렀다. 장식 없는 흰 벽의 네모난 건물들을 일컫는 단어가 된 것이다. 실체 여부와 관계없이 기능주의라는 단어는 보자르 이데올로기의 대안으로 부상했고 이 새롭되 심심하고 이상한 건물 모양과 함께 널리 널리 퍼져 나갔다.

　건축에서 기능주의의 의미는 '비트루비우스의 건축관에서 완전히 독립했다'는 것이다. 기능적인 요구 조건만으로 건물을 만든다는 것은 건축가들이 그간 부둥켜안고 있던 고전 이론서의 족보를 과감히 버렸

---

[24] Mike Ashby & Kara Johnson, *Materials and Design*, 2003, p.113.

[25] 르코르뷔지에 역시 이 선전에 가담했고 후대의 비판에서 자유롭지 않다. 1932년 이탈리아에서 출간된 Alberto Sarori의 책인 *Gli Elementi dell'architecttura Funzioinale*에서 책 제목으로 Razionale 대신 Funzionale를 추천한 사람이 바로 르코르뷔지에였다. Reyner Banham, 앞의 책, p.320.
　그러나 그는 만년에 '기능적 건축'이라는 단어가 저널리스트의 단어임을 지적한다. Le Corbusier, trans. Ivan Žaknić, *The Final Testament of Père Corbusier*, 1997, pp.115~117.

다는 의미였다. 건축가들은 되돌아갈 수 없는 강을 건넜다.[26]

건물이 기계처럼 기능을 외부로 표현하느냐 않느냐는 것은 중요하지 않았다. 그것은 건축가 개인의 미의식과 관계있을 따름이었다. 건물이 기계에 의지한 새로운 미의식을 갖춰야 한다고 하면 그것은 기존의 비트루비우스를 대체한 또 다른 올가미였다. 중요한 질문은, 기능이라는 단어가 건축 용어로 도입되면서 도대체 무엇이 바뀌었느냐는 것이다. 왜 기능이 용도의 대안으로 떠오른 것인지, 기능이라는 단어의 도입이 갖는 건축적 의미는 무엇인지 찾아보도록 하자. 그 의미는 생물학이 다루고 있는 주제와 연관이 있다. 그것은 자연이다.

자연의 상실과 회복

르네상스의 건축가들에게도 건물이 무엇에 사용되는가, 어떻게 비바람을 막아내는가 하는 점이 간과되지는 않았다. 그러나 이들은 논의 중의 한 부분에 지나지 않았다. 건축의 가치를 표현하는 가장 중요한 도구가 비례였다면 그 기준은 자연이었다. 자연은 절대선絕對善이었다. 완전함의 표상이었다. 인체는 그 완전함의 정점에 있었다. 누구도 자연

---

[26] 1980년대에 미국의 건축가들은 다시 강을 건너려는 건축을 선보였다. 이 모습이 바로 건축의 포스트모더니즘이다. 건축의 포스트모더니즘은 다른 분야의 포스트모더니즘보다 훨씬 앞서 등장한 이론이면서도 내용은 전혀 다르다. 건축의 포스트모더니즘은 건축을 디즈니랜드 구조물에 가까운 것으로 해석했고 당연히 현재는 완전히 소멸했다.

의 가치를 부인하지 않았다. 수학이 절대 권위를 가질 수 있던 것은 자연을 서술하는 언어로 받아들여졌기 때문이다.

자연의 형상은 유기적이다. 그러나 건축이 여기서 비례를 유추하는 방식은 기하학적인 것이었다. 그래서 사실 비례를 통한 자연의 유추는 우길 수는 있어도 억지스러웠다. 입체적이고 복잡한 자연의 형상을 사각형에 밀어 넣고 꿰어 맞추는 것은 오늘날도 여기저기서 행해지는 시도다. 그럼에도 예나 지금이나 설득력은 별로 없다.

더구나 자연의 절대 가치는 시간이 갈수록 의미를 잃어 갔다. 인간도 알고 보니 원숭이와 크게 다를 바가 없고 어쩌면 원숭이가 변해서 이루어졌을지도 모른다고 주장하는 사람도 있었다. 그리고 그의 말이 요모조모 옳다고 인정을 받기 시작했다. 게다가 더욱 중요한 결정타는 미터법의 실행이었다. 건물을 인간의 크기 단위로 재단하고 설명하는 방식이 공식적으로 금지된 것이다. 주어진 것은 임의로 설정된 줄자였다. 지구의 크기에 근거한 추상적 척도를 적용해야 하는 상황이 벌어진 것이다. 미터법은 인류가 서로 적당히 불편해짐을 감수하고 만든, 그래서 모두에게 적당히 공평한 계약이었다. 이제 건축은 자연을 계측할 인간의 단위를 잃었다.[27] 비례와 척도로 연결되는 자연은 건축을 떠나게 되었다.

자연이 흔들리고 그 척도도 무너졌다. 그러나 이전과 같은 절대적인 가치는 아니라고 해도 자연과 인간의 가치가 세상에서 완전히 사라진

---

[27] 나중에 르코르뷔지에가 모듈러를 통해 사람의 크기를 건축에 다시 끌어들였다. 그러나 모듈러는 르코르뷔지에의 개인적인 줄자였지 건축의 줄자가 되지는 못했다. 건축의 줄자는 여전히 지구의 크기를 통해 결정된 방식으로 규정되었다.

것은 아니었다. 과학의 힘은 자연을 최고의 위치에 놓는 또 다른 가치관, 종교를 흔들어 놓기는 했으나 무너뜨리지는 못했다.

건축과 자연을 연관시킬 대안이 필요해졌다. 대안으로 떠오른 것이 형태에 근거한 비례가 아닌 작동 방식이었다. 자연의 유기체는 외부의 조건에 맞춰 자신을 조정해 나간다. 최적의 상황을 만들어 나가는 것이다. 자연이 유기체로서 작동하는 방법이 기능이다. 생물들의 형태는 모두 기능적인 이유를 갖고 있으며 불

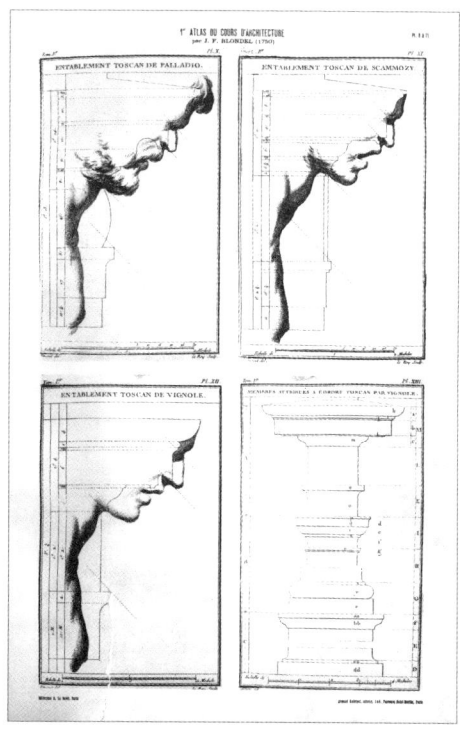

블롱델의 《건축강의》에 나오는 건축적 비례의 한 예. 저자는 인체와 건물의 관계를 우기고 있다.

필요한 것은 찾아보기 어렵다. 자연의 모습은 기능의 결과인 것이다. 그래서 기능은 용도라는 단어를 바탕으로 한 이론적 공격 아래서 구도를 바꾸는 유효한 대안이기도 했다. 여전히 누구도 자연과 인간의 가치를 의심하지는 않았다.

기능이라는 단어의 선택은 탁월한 전략이었다. 자연과 연결되는 과거, 그리고 기계로 제시되는 미래가 이 단어로 간단히 연결되었다. 건축을 자연과 연관시키려는 의도로 제시된 단어가 '기능' 외에 또 있었다. 그것은 '유기적 건축organic architecture'이었다. 대지의 조건, 사용자의 요구에 따라 건물의 형태가 유연하게, 혹은 말 그대로 유기적으로 조정되어야 한다는 것이다. 생물이 바로 그렇게 작동하고 존재하는 것이다.

건축, 기능을 빌리다 161

이 단어를 들고 나온 사람은 바로 프랭크 로이드 라이트였다. 그러나 이 개념은 라이트 이후 큰 공명을 얻지 못하고 사라지고 말았다. 이유는 간단했다. 이념과 이론의 전파를 위해서는 조직과 매체가 필요하다. 가장 제도적인 조직은 아카데미고 가장 강력한 매체는 책이다. 라이트는 자신의 이야기를 전파할 아카데미 조직을 갖고 있지 못했다. 그는 제자들을 키웠지만 그의 조직은 아카데미라기보다 전통적인 공방 조직이었다.[28] 라이트는 공감대를 형성할 만한 체계를 지닌 이론의 책을 남기지도 않았다.[29]

건축에서 기능의 도입이 갖는 가치는 자연과의 연결로 끝나는 문제가 아니었다. 기능은 건축이 존재하는 새로운 의미를 찾아내 주었다. 이제 그 의미를 생각해보자. 우선 단어를 정리해야 한다. '용도'의 자리에 '기능'이 들어왔다 해도 그 구분 방식은 달라질 필요가 없다. 내재적 용도와 파생적 용도의 구분은 내재적 기능과 파생적 기능으로 치환될 수 있다.

건물의 기능을 이야기할 때는 건물이 이용자의 감수성에 연관을 미친다는 '심리적 기능', 건물이 특별한 사회적 조직에 영향을 미

프랭크 로이드 라이트. 그는 문화적으로 유럽에 영향을 미쳤다고 평가되는 최초의 미국인이다.

---

[28] 그 이름은 '탈리에신Taliesin'이다.
[29] 라이트의 저서는 수필 수준의 글들이다. 이에 비해 르코르뷔지에는 건물보다 실험적인 계획안의 글을 통해 먼저 세상에 알려졌고 말년까지 계속 책을 냈다. 르코르뷔지에는 그의 필명 중 하나였고 본명은 널리 알려진 대로 Charles-Édouard Jeanneret다.

친다는 '사회적 기능', 심지어는 건물이 역사적인 관점에서 새로운 존재의 성취를 이룬다는 '문화 실존적 기능'도 거론되곤 한다.[30] 그러나 건축에 관한 논의에서 내재적 기능을 제외한 의미들은 단어의 오용에 가까운 남용이다. 이런 심리적, 사회적, 문화적인 것들은 '기능'이라는 단어가 아니고 '가치'라는 단어로 표현되어야 한다. 심리적 가치, 사회적 가치, 문화 실존적 가치 등. 우리의 논의에서 건축의 기능은 여전히 내재적 기능을 지칭해야 한다.

기능적 건축

꽃의 용도는 무엇인가.
꽃의 기능은 무엇인가.

두 질문은 확연히 다르다. 다른 만큼 답을 해야 할 사람도 다르다. 꽃의 용도에 관한 질문에는 꽃꽂이 사범이나 도안 작가가 답해야 할 것이다. 꽃은 비어 있는 구석을 화사하게 만들기 위해 꽃병에 꽂거나 그

---

[20] Larry L. Ligo, *The Concept of Function in Twentieth-Century Architectural Criticism*, 1984, p.5. 저자는 기능을 구조적 표현structural articulation, 물리적 기능 physical function, 심리적 기능psycologicla function, 사회적 기능social function, 문화 실존적 기능cultural/existential function으로 구분한다. 정확히 구분하면 구조적 표현은 기능이 아니라 기능주의적 원칙을 지칭하는 것이고, 뒤의 세 단어는 기능이 아닌 가치를 지칭하는 것이다.

건축, 기능을 빌리다

려 넣는 데 쓴다는 정도의 답이 나올 것이다. 그러나 꽃의 기능에 관한 답은 생물학자가 해야 할 것이다. 이기적이라는 그 유전자가 생존하기 위해 생식을 가능하게 하는 기능을 한다, 따라서 꽃은 매혹적으로 아름다워야 하고 열매는 달아야 한다는 정도의 이야기가 나올 것이다. 두 질문은 그래서 각각 이렇게 바꿀 수 있다.

꽃은 어떤 용도에 쓰이는가? How is the flower used?
꽃은 어떤 기능을 하는가? How does the flower function?

두 질문은 주체가 다르다. 용도의 주체는 꽃 외부에 존재한다. 이름을 불러 주기 전까지 꽃은 그냥 거기 있을 따름이다. 그러나 기능의 주체는 꽃이다. 혹은 식물 자체다. 다른 문장을 만들어 보자.

돌도끼는 석기인이 노루를 잡는 용도로 사용했다.
신장은 노폐물을 걸러 내는 기능을 한다.

두 문장에서 용도와 기능이라는 단어를 서로 바꿔 쓰기는 어렵다. 돌도끼가 석기인의 노루잡이 기능을 했다고 표현하지는 않는다. 신장이 노폐물을 걸러 내는 데 이용된다고도 하지 않는다. 돌도끼는 석기인이 손에 쥐기 전까지는 수동적으로 그냥 거기 있을 따름이다. 그러나 신장은 적극적으로 노폐물을 끌어와서 걸러 낸다. 노폐물을 변화시킨다.

이 차이는 중요하고 뚜렷하다. 용도라는 단어에는 대상을 변화시킨다는 의미는 없다. 그냥 어떤 도구가 무언가에 사용된다는 데 그칠 따름이다. 주체는 사용자다. 그러나 기능은 용도보다 훨씬 더 적극적이다. 기능은 변화를 전제로 한다. 생물학적인 기능은 투입된 요소를 조작하여 다른 결과로 만들어 놓는 메커니즘을 말한다. 주체는 작동하는 물체 혹은 기관이다. 함수가 투입된 변수를 다른 값으로 변화시키는 것과 마찬가지다. 투입된 x를 변화시켜 y로 돌려준다.

어느 건축가가 용도를 만족시키는 건물을 설계했다고 하자. 이것은 이용자의 요구를 반영하여 이들이 이용할 수 있도록 건물을 만든다는 의미다. 그러나 건축가는 주어진 요구를 반영하는 것을 넘어 사용자의 생활을 변화시키겠다는 의지를 적극적으로 표명하기 시작했다. 이때 사용된 단어가 기능이다. 기존의 생활 x를 투입해서 새로운 생활 y를 만들어 주겠다는 것이다. 물질로 구현되는 그 함수의 모습이 건축이다.

이제 건물은 더 이상 어떤 용도로 쓰이기 위해 존재하지 않는다. 적극적으로 기능하기 위해 존재한다. 자연의 형상이 기능적 결과물이고 그리하여 그 자연이 아름다움으로 가득해 있다면, 기능을 수행하도록 지어진 건물이 아름답지 않을 수가 없다. 이것이 기능주의의 강령이다. 그리고 건물이 그렇게 기능하도록 조직하는 주체가 바로 건축가다. 그 기능의 적용을 통해 바뀌어야 할 것은 인간의 조직체, 즉 사회였다.

이제 건축가는 건축주에게 고용되어 일하는 용역 수행인의 수준에 머물지 않고 사용자의 생활을 조직하겠다고 나섰다. 이것이 기능의 의미였다. 건축가는 예술가로 대접받기에 연연하기를 넘어서서 새로운 존재 의미를 스스로 찾아냈다. 사회적 책임 의식의 표현이었다. 건축이 수행해야 할 기능은 사회적인 것이었다. 새로운 시대가 열렸고 건축도 새로운 존재의 의미를 드러내기 시작했다.

그러나 진정한 질문은 강령이 아닌 실천이었다. 이 주제는 혁명 게

릴라, 선동적 정치가가 내걸 만한 것이다. 그렇다면 건축가들이 과연 이를 실천할 수 있을까. 기능을 건축의 전면에 간판으로 내건 뒤 건축가들은 사회를 조직했는가. 그렇게 변화된 사회의 모습은 존재하는가. 건축가들은 과대망상증 환자였는가.

문제는 기능이 건축가들만의 슬로건이었다는 점이다. 건축가가 뭐라고 하든, 무슨 간판을 내걸든, 그리하여 원래 그 건물이 무엇이었든 사용자는 지어진 건물을 마음먹은 대로 사용했다. 용도가 바뀐 건물, 용도가 사라진 건물의 수많은 사례는 여전히 현재 진행형이다. 건축가가 자신의 건물이 이렇게 기능해야 한다고 지정해도 구속력은 전혀 없었다. 구속력이 있다면 더욱 문제가 될 것이다. 이것이 기능의 한계였다.

그러나 건축가는 곧 자신들이 자임한 사회적 조직자로서의 모습을 구현할 영역을 찾아냈다. 도시였다. 도시 설계는 법적 구속력을 갖는 행위다. 사용자가 마음대로 뒤집고 갈아엎을 수가 없는 곳이다. 그리고 도시는 건축가들이 재조직해야 한다고, 재조직하겠다고 나선, 사회를 담아내는 가장 큰 공간이었다. 건축가들은 야심적이었다. 심지어 어처구니가 없을 정도로 야심적이었다.

도시의 이상과 공상

도시는 만들 수 있는 대상인가. 대답을 위해서는 우리가 사회를 만들 수 있는지 답변해야 한다. 도시는 사회를 담는 그릇이므로. 그래서 새로운 도시는 새로운 사회를 꿈꿔야 한다. 새로운 사회가 아니라면 새로운 도시는 무슨 의미가 있는가.

도시를 계획한 사람으로 역사에 남은 가장 오래된 이름은 그리스 밀레투스의 히포다무스Hippodamus(기원전 498~기원전 408)다. 그는 격자형 도시 구조를 주장한 사람이었고 실제로 몇몇 도시를 설계한 사람으로 알려져 있다.[31] 그러나 그 도시의 이상은 알려져 있지 않다.

전통적으로 이상향은 종교의 영역이었다. 기독교의 영향력은 막강했다. 잃어버렸다는 낙원의 이름은 에덴동산garden of Eden이다.[32] 여기서 주목할 부분은 '동산garden'이라는 단어다. 그것은 숲forest이나 들판field이 아니다. 정원은 적극적인 디자인의 결과물이다. 이상향은 그냥 존재하는 것이 아니었다. 초월적 창조자가 되었든 건축가가 되었든 적극적으로 개입하여 만든 결과물이었다.

종교가 아니라 자신의 힘으로 새로운 세상을 만들어야 한다고 믿는 사람들이 생겨났다. 신학자가 아닌 이들을 일컫는 이름은 사회주의자였다. 이들은 자신들이 상정한 사회를 가시화하는 수단으로 도시를 그렸다.

《유토피아》로 알려진 토머스 모어Thomas More(1478~1535)도 자신의 도시를 설명한다. 토지의 소유권을 인정하지 않는다는 원칙은 이미 그의 입장을 보여준다. 계획은 상세한 부분까지 진행되었다. 토지와 주거에 소유권이 없으므로 10년마다 뽑기를 해서 어디에 살지를 결정한다

---

[31] Aristotle, *Politics*, 2.1267b.
[32] 라틴어 성서에는 'paradisum voluptas'으로 표기되었다. 행복한 정원happy park 정도로 번역할 수 있다.

는 원칙부터, 집들은 모두 3층의 같은 모양이고 거리는 대칭형이라는 내용까지 담고 있다. 물론 모두 그림이 없는 서술이었다. 그러나 도시는 전문화된 엔지니어가 작업해야 할 대상이라고 생각하는 사람들이 많아져 갔다.

데카르트René Descartes(1596~1650)가 그런 사람이었다. 그는 건축과 도시에 대한 전문적인 서술을 하지는 않았다. 다만 한 사람의 사려 깊은 이성으로 방향을 잡은 건물과 도시가 여러 사람이 함께 작업한 부산물보다 더 낫다는 정도의 언급을 찾을 수 있다. 그는 과연 합리론자였다. 데카르트는 생활용품은 장인maîtres이, 건물은 건축가architecte가, 도시는 엔지니어ingénieur가 만드는 것으로 나눠 놓고 있다.[33]

그러나 사회주의자들의 이상은 계속되었다. 좀 더 발전된, 그리고 구체적인 모습은 오언Robert Owen(1771~1858), 푸리에Charles Fourier(1772~1837), 생시몽Claude-Henri de Saint-Simon(1760~1825)과 같은 사람들의 것이었다. 사회적 혁명의 시기에 새로운 세계의 모습을 그리는 것은 자연스러웠다. 진지하던 이들을 묶어서 우리가 부르는 이름은 본인들이 들었으면 유쾌하지 않았을 '공상적 사회주의자' 다.[34]

이들은 사회 문제의 근원이 대체로 소유와 위계에 있다고 믿었다.

---

[33] René Descartes, trans. Ian Maclean, *A Discourse on the Method of Correctly Conducting One's Reason and Seeking Truth in Science*, 2006, Part 2, p.12.

[34] '공상적 사회주의' 의 프랑스어 원문 표기는 'socialisme utopique'다. 물론 이 'utopique'에 공상이라는 의미가 있는 것은 사실이다. 그리고 이 번역은 마르크스의 '과학적 사회주의'와 대비를 극명하게 하기 위한 것일 수도 있다. 그러나 이 'utopia'를 '공상'으로 번역하는 것은 적당해 보이지 않는다. '공상적'이었던 이들은 오히려 비슷한 시기의 '혁명적 revolutionary' 건축가들이었다. 그래서 나중에 이 건축가들에게는 'revolutionary' 대신 'visionary'라는 단어가 붙는 경우도 생겨났다.

168 건축을 묻다

토지 소유에 관한 입장은 도시 조직을 통해서 쉽게 표현되기는 어려웠다. 그러나 사회 구성원, 혹은 그 집단이 어떤 위계를 갖고, 어떤 관계를 맺고 있는가 하는 점은 도표처럼 만들어 낼 수 있었다. 이 도표가 확대되면 바로 도시 제안이 되었다.

비슷한 시기에 건축가로서 이들과 비슷한 도시 제안을 한 사람은 혁명적 건축가의 한 사람이었던 르두였다. 그는 혁명 이전에는 백성들의 원성의 대상이 되는 건물들을 설계했다. 그래서 앙시엥 레짐ancien régime의 대표적인 왕실 주변 건축가로 여겨졌다. 그러나 혁명 이후에는 가장 사회주의적인 도시의 모습을 제안한 사람이기도 했다. 그래서 그가 반동 건축가로 단죄된 것도, 오늘날 사회주의적 건축가로 여겨지는 것도 이상하지 않다.

르두의 계획도시는 〈아르케스낭 왕립 소금 공장Arc-et-Senans Saline Royale〉에서 시작된다. 부분적으로 완성되었고, 후대에 유네스코 문화유산으로 지정된 이 작은 도시는 철저하게 감시와 통제의 체계를 근간으로 설계되었다. 원형圓形 도시의 복판에는 노동자들을 감시하는 감독관 건물이 위치했다. 악명 높은 소금세처럼 이 단지를 설계한 건축가의 인생도 혁명과 함께 순탄할 리 없었다.

르두는 혁명 이후 비슷한 모습이기는 하나 전혀 다른 논리의 사회체제를 전제한

르두와 그의 〈쇼 도시 계획안〉. 전제왕권과 사회주의 체제를 모두 담아 내는 이 도시에서 중요한 것은 형태가 아니라 담겨 있는 아이디어와 사회라는 교훈이다.

건축, 기능을 빌리다 169

계획안을 만들었다. 이 〈쇼 도시 계획안Ville de Chaux〉이 지닌 가치는 방어와 생존이 아니고 산업과 사회의 관계에서 출발했다는 점이다. 도시의 한 복판에는 관공서나 교회가 아니라 기존의 소금 공장saline이 있었다. 교회는 공중목욕탕과 비슷한 수준의 위계를 갖고 있었다. 노동자 회관은 시청과 같은 위계를 갖고 있었다.[35]

실현된 도시를 찾아보자. 백지에서 시작하여 완성하였으되 설계 과정과 설계자가 뚜렷하게 기록되어 있는 최초의 계획도시는 미국의 수도 워싱턴Washington, D.C.이다. 이 도시의 기본적인 이념을 제시한 것은 초대 대통령 조지 워싱턴Geroge Washington(1732~1799)이었다. 그러나 이 도시의 설계자 이름을 들라면, 그것은 랑팡Pierre-Charles L'Enfant(1754~1825)이었다. 그리고 그의 직업을 하나만 꼽아 명시한다면 건축가라기보다는 엔지니어에 가까웠다. 도시 설계 엔지니어.

도시계획은 전체를 보는 시각으로 큰 그림을 그려야 하는 작업이다. 건축가는 전체를 보는 눈이 없는 기술자 정도로 여겨졌다. 그 역할을 할 만한 것으로 인정받은 것이 엔지니어들이었다. 데카르트의 입장은 그냥 유지되었다. 사회주의자나 건축가들의 제안과 무관하게 실행이라는 점에서 들여다보면, 점점 도시계획은 엔지니어들의 영역이 되어 갔다. 대개의 건축가들은 보자르 아카데미에서 아름다운 그림을 그리고 있었다.

---

[35] 르두는 이 계획안을 평생 수정해 나갔고, 내용은 도면에 따라 조금씩 다르다. 르두의 계획안에 관해서는 Anthony Vidler, *Claude-Nicolas Ledoux*, 1990, pp.255~268. 참조.

건축가의 도시

사회 조직자로서 도시의 그림을 그린 건축가로 가장 주목할 만한 사람은 토니 가르니에Tony Garnier(1869~1948)였다. 그는 에콜 데보자르 졸업생이고 영광의 로마상 수상자였다. 그러나 가르니에는 로마에 머물면서 학교가 요구한 공부가 아니라 자신이 하고 싶은 공부를 했다. 그러고는 1917년 《공업 도시 계획안Cité Industrielle》을 출판했다. 한국으로 치면 읍 정도 규모인 인구 3만 5000명의 도시 계획안이었다.

그는 토지, 식량, 물, 의료와 같은 기본적인 복지를 국가가 제공, 분배한다고 전제했다. 이 도시에서는 소유가 없으므로 강도가 없다. 강도가 없으니 경찰이 필요 없고 그래서 경찰서가 없다. 범죄자가 없으니 감옥도 필요 없다. 잘못할 일이 없으니 회개를 강요 할 종교도 필요 없고 그래서 교회도 없다.[36] 여기까지는 그 공상적 사회주의자들과 크게 다를 바가 없다.

그러나 이 계획은 '건축가'가 완성한 것이었다. 여기서 건축가라는 표현이 붙은 것은 그의 최종 결과물이 도면으로 이루어진 계획안이었기 때문이다. 어마어마한 작업량이 계획안이었다.

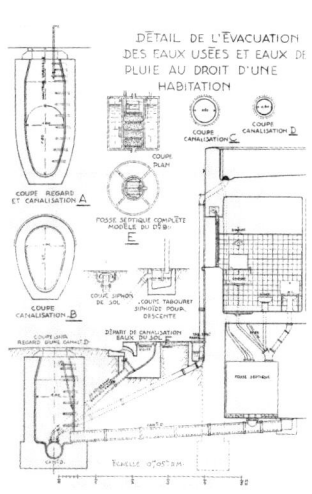

토니 가르니에는 화장실의 배관까지 도면으로 그렸다.

---

[36] Dora Wiebenson, "Utopian Aspects of Tony Garnier's Cité Industrielle", *Journal of The Society of Architectural Historians*, Vol.19, No.1, Mar. 1960, pp.16~18.

토니 가르니에의 《공업 도시 계획안》에 실린 도시 그림.

그의 도시 설명은 필요한 동력을 얻을 댐 형식을 지정하는 데서 시작했다. 그리고 그는 도시에 필요한 거의 모든 종류의 건물을 설계했다. 그는 각 침실의 창문 중 적어도 하나는 남향을 하고 있어야 한다, 방바닥과 벽의 마감 재료는 부드러운 재료를 사용하되 모서리 부분은 둥글게 말아 청소가 쉬워야 한다는 것까지 시시콜콜히 지적했다. 그리고 이 모든 내용을 모두 그림으로 그려냈다. 그는 화장실의 배관까지 도면으로 그렸다. 푸리에나 생시몽과 차별화가 되는 부분이 바로 이 지점이었다.

가르니에의 도시 계획안을 계승했으되 더 야심적인 계획안이 곧 발표되었다. 다시 르코르뷔지에가 등장한다. 1922년에 발표한 300만 명을 위한 〈현대 도시 계획안ville contemporaine〉에서 과거의 도시는 무의미했다. 그는 직설적이고 신랄한 사람이었다. 구불구불한 길들은 당나귀나 다닐 것이었고 새로운 길은 직선으로 죽죽 뻗은 것이어야 했다. 입체적으로 교차하는 그 길 위로는 교통 기계들이 내달렸다.

르코르뷔지에의 〈현대 도시 계획안〉. 이 이상을 가장 잘 실현시켰노라고 스스로 평가하는 도시가 있으니 그것이 평양이다.

건축, 기능을 빌리다

프랑스는 유럽 전체에서 제1차 세계대전의 피해를 가장 많이 입은 나라였다.[37] 그럼에도 불구하고 파리의 한 부분을 밀어내고 이 계획을 실현시키는 것은 건축가 본인도 기대한 바가 아니었을 것이다. 이 계획안의 의미는 실제로 그런 도시를 만드느냐 마느냐의 실천 가능성에 관한 것이 아니었다. 도시 미래에 대한 획기적이되 구체적인 청사진이 제시되었다는 점이다. 이 계획안의 또 다른 가치는 도시를 통해 사회를 조직하겠다는 건축가의 의지가 천명되었다는 사실이다.

이 시기의 중요한 건축학자가 기디온Sigfried Giedion(1888~1968)이다. 그는 학자 치고는 독특할 만큼 사회적으로 바지런하고 조직력을 갖춘 사람이었다. 그는 자신과 친분이 있던 진보적 건축가들을 끌어모아 국제 근대건축가 회의CIAM, Congrès Internationaux d'Architecture Moderne라는 집단을 만들었다. 이 집단은 필요하고 가능할 때 모이는 집단이었다. 실체가 불분명했다. 이 집단의 가치는 건축가들이 자신들의 권익 보호가 아니라 이념의 공유와 실천을 위해서 모였다는 것이다. 건축가들이 이런 황당한 목적을 내걸고 모인 것은 역사상 처음이었다.[38]

대개의 집단이 그렇듯이 이념을 공유하자는데 동의하고 모이는 것까지는 크게 어렵지 않다. 문제는 공유할 이념이 도대체 무엇인지 찾아낸 후 실세로 공유하는 것이다. 당연히 쉽지 않은 일이었고 시간도 걸

---

[37] 프랑스에서 폭파된 주거의 수가 35만 채에 이르렀다. 전쟁 기간에는 건설업 자체가 전면 중단되었다. 르코르뷔지에에게도 이 기간은 할 일이 없이 공상적인 계획안에 집중해야 했던 시기다.

[38] 건축가들의 권익 보호를 위한 첫 국제단체는 1867년 결성된 '국제 건축가 회의CIA, Congrès International des Architectes'였다.

렸다. 그러나 1928년의 발기 모임을 시작으로 1959년 해체될 때까지 이 집단이 추구하는 주제는 일관되게 사회적이었다.

이들의 첫 번째 모임에서 르코르뷔지에가 내건 네 가지 의제는 기술, 표준화, 경제, 도시였다. 이전 시대 건축의 주제였던 자연, 비례, 양식, 조화 등과는 공통점이 전혀 없었다. 새로운 건축이었다. 건축이 사회를 통해 어떤 역할을 수행할 수 있는지를 모색한 이 집회의 주제를 요약하면 두 가지였다. 주거와 도시.

1932년에 개최하기로 한 집회의 주제는 '기능적 도시The Functional City'였다. 도시도 유기체와 같이 서로 다른 요소들이 상호 연관을 갖고 움직이되 그 작동의 중요한 기제를 건축가가 규정한다는 의지로 설정한 주제였다. 예정된 집회 장소는 새로운 사회와 도시를 꿈꾸는 심장부, 모스크바였다.

제1차 세계대전 직후 이상적인 사회상에는 러시아 혁명이 버티고 있었다. 러시아는 예술가가 꿈꾸는 새로운 사회의 희망이었다. 이번 혁명 시대의 건축가는 혁명의 대상이었던 백여 년 전의 건축가와 좀 달랐다. 이들은 훨씬 다혈질들이었다. 골수 사회주의자였든, 깃발만 내세운 허깨비였든 한네스 마이어부터 르코르뷔지에에 이르는 수상쩍은 건축가들은 줄줄이 모스크바를 방문했다. 1931년의 〈소비에트 회관Palace of Soviets〉 현상 공모는 혁명의 건축적 결과물로 여겨졌고, 당시 유럽 건축계의 최대 현안이었다.

그러나 스탈린이 생각하는 건축의 가치는 이들과 좀 다르다는 점이 곧 드러났다. 〈소비에트 회관〉의 현상 공모 수상작들은 새로운 건축가들이 오래 전에 덮어 버린 페이지를 다시 들추고 있었다. 스탈린은 건

건축, 기능을 빌리다 175

〈소비에트 회관〉 당선작. 이 모습은 이성과 논리가 아니라 최고 통치자가 지닌 취향의 결과물이다.

축에 관한 한 로마제국을 꿈꾸고 있었다. 그는 철문을 내려 닫고 '사회주의적 리얼리즘'이라는 간판을 내걸었다.

모스크바 모임이 불가능해지자 건축가들은 대안이 되는 장소를 찾아냈다. 마르세유에서 아테네를 왕복하는 유람선이었다. 1933년의 모임은 단순한 회의가 아니고 워크숍이었다. 그리고 이들은 가르니에의 전통을 충실히 살려 방대한 작업을 이루어 냈다.

이 유람선 모임에서 기초가 되었으나 십 년이 다 된 1943년에야 발표한 〈아테네 헌장Athens Charter〉은 건축가들의 야망이 어디에 이르렀는지를 보여준다. 건축가들은 공공의 이익은 개인의 이익에 우선해야 하므로 모든 토지의 사유화는 금지하고 몰수한 땅은 건축가에게 제공되어야 한다고 주장했다. 건축가에게 토지의 소유권을 넘기라는 뜻은 아니었다. 다만 토지를 어떻게 이용할지 물으라는 것이었다.

〈아테네 헌장〉은 건축가가 인간 사회를 조직할 수 있다는 신념, 그리고 실제로 그리 하겠다는 의지가 담긴 선언이다. 사회주의자들이 제안한 도시는 이상에 기반을 둔 것이지만, 실천을 담보로 한 것이 아니었다. 엔지니어들의 도시는 실천을 전제로 하고 있지만 현실적 가치의 한계를 당연시하고 있었다. 건축가는 모두를 싸안았다. 건축가의 도시는 우리가 그려야 할 이상에서 출발하되 실천적인 방법까지 제시하고 있다는 점이 달랐다. 엔지니어가 우리가 사는 방식대로 도시를 만들었다면, 건축가는 우리가 이렇게 살아야 한다고 믿는 방식대로 도시를 제안하기 시작했다.

건축가는 우리의 사회가 도시를 통해서 어떻게 구현될 수 있는지를 묻고 대답하는 존재가 되었다. 그것은 건축가들이 사회 내에서 가진 새로운 가치기도 했다. 그것은 기능을 통한 새로운 발견이었다.

장인의 위치에서 벗어나기 위해 예술을 끌어들여야 했던 건축가의 초상은 이제 전혀 다른 방향으로 그려지기 시작했다. 건축에서 예술은 이제 의제에 들기도 어려울 정도로 미미한 것이었다. 아니면 한가한 것이었다. 건축의 주제는 예술이 아니라 사회가 되었다. 그러나 건축의 예술적 가치에 관한 논의를 말끔히 털어 버리기 위해 답해야 할 질문이 아직 더 남아 있다. 건축은 하찮은 재료들을 조합하는 별 볼일 없는 기술이 아니냐는 것이다. 질문은 하나지만 단어는 두 개다. '기술'과 '재료'.

기술,
건축과 갈등하다

그리스 어원으로 본다면 기술과 예술은 같은 개념에서 출발했다.
기술은 예술이 되기 위한 필요조건이다.
기술이 논리를 갖추고 반복 재생산되기 이전의 개인적 단계라면,
그것을 지칭하는 이름은 기교, 그리고 이를 체계화시킨 것은 기법이다.
이에 비해 엔지니어링은 훨씬 후대에 형성된 개념이다.
원래 성채를 함락시키는 기계 만드는 사람을 뜻했으나,
18세기 기술학교 소속으로 분리되어 독자 영역을 개척한 엔지니어들은
산업혁명기 이후 논리로 무장하고 새로운 세계에 대처해 나갔다.
건축 아카데미는 역사적 양식으로 건축을 해석했지만,
철로 구조체를 만드는 신新철기 시대는
건축가의 경험이 아니라 엔지니어의 계산에 의한 구조물을 요구했다.
결국 19세기 들어 아카데미, 면허, 직능 집단으로
별도의 영역을 확보한 건축가와 엔지니어는
서로 다른 직업으로 완벽하게 독립했다.

예술과 기술

인생은 짧고 예술은 길다. 이 속담과 같은 의미를 갖고 있는 문장은 다음 중 무엇인가?

1. 호랑이는 죽어서 가죽을 남기고 사람은 죽어서 이름을 남긴다.
2. 少年易老學難成 一寸光陰不可輕

우리에게 알려진 답은 1번이다. 이것은 "Life is short, art is long"을 번역한 것이다. 이 영어 문장은 라틴어의 "Ars longa, vita brevis"를 옮긴 것이다. 그리고 이 라틴어 문장은 그리스어 "Ο βίος βραχύς, ἡ δὲ τέχνη μακρή(O bios brachis, i de techne makri)"에서 왔다.

히포크라테스Hippocrates(기원전 460경~기원전 377)가 이야기한 이 구절의 전문을 옮기면 이렇다. "인생은 짧고 기술 습득은 오래 걸린다. 위기는 찰나에 오고 경험은 곧 쓸모없어지니 판단은 항상 어렵다. 의사는 항상 준비된 상태여야 하며 환자, 보조원, 주변 상황이 모두 자신에게 협력적인 관계가 되도록 해 두어야 한다."[1] 고대 그리스 시대의 답은 2번이었다. 시간과 장소를 옮겨 문장이 번역되면서 이 문장은 예술혼을 불태워야 한다는 뜻의 1번으로 슬쩍 바뀌게 된 것이다.

도대체 어느 번역에서 답이 바뀌었을까. 그 지점은 뚜렷하지 않다. 기술과 예술은 그렇게 마디가 뚜렷하게 구분되는 개념이 아니기 때문이다. 얼마나 구분이 모호한지 살펴보자.

---

[1] Hippocrates, *Aphorism*, Section 1. 1.

《The Art of War》라고 번역된 제목의 책이 있다. 도대체 인류 평화를 위해 도움이 되지 않을 것 같이 섬뜩한 이 책의 저자는 히틀러가 아니니다. 저자의 이름은 원전의 제목에 들어 있다. 《손자병법孫子兵法》.

이 책은 우아하고 품위 있게 전쟁을 치르는 방법을 알려 주지 않는다. 감동이 넘쳐 나는 전쟁을 이야기하지도 않는다. 어떻게 전쟁에서 필사적으로 이기는가, 혹은 싸우지 않고 이기는가의 기술을 기술해 놓았을 따름이다. 그러기에 이 영문 제목을 다시 한글로 옮긴다면 '전쟁의 예술'이 아니고 '전쟁의 기술'이 되어야 한다.

《사랑의 기술》로 번역된 에리히 프롬Erich Fromm(1900~1980)의 책 원제는 《The Art of Loving》이다. 우리가 사랑하지 못하는 것은 사랑의 의미를 잊어버렸기 때문이라는 책의 내용으로 비춰 보아 제목이 '사랑의 예술'이 아니고 '사랑의 기술'이 된 것은 적확하다. 같은 저자의 이름으로 나온 책은 《The Art of Listening》, 《The Art of Being》도 있다. 여기서도 예술은 적당하지 않다.

독일어를 보자. 바흐의 음악인 '푸가의 기법Die Kunst der Fuge, BWV1080'은 어떻게 푸가를 만들어 나가는가에 대한 예시다. 따라서 여기서는 독일어 'Kunst'가 예술이 아니고 '기법'으로 번역된 것 역시 옳다. '기술'이어도 좋다.

이처럼 예술과 기술은 뿌리가 같고 구분은 뚜렷하지 않다. 동양에 이 단어가 건너오면서 회색 영역은 더 넓어졌다. 예를 들어 무술을 번역한 영어 단어는 'martial art'다. 여기서 'art'는 예藝, 술術, 도道, 기技와 같은 다양한 문자로 다시 번역될 수 있다. 무예, 무술, 무도 그리고 격투기.

테크네와 로고스

정확한 정리를 위해 단어의 어원을 들여다보자. 기술의 어원은 그리스어 테크네τέχνη(techne)다. 그리고 예술의 어원은 라틴어 아르스 ars다. 서로 다른 어원을 갖는 예술과 기술은 다른 의미를 갖고 있지 않았다.

테크네는 기술이라는 단어의 어원이지만, 예술이라는 개념의 근원이기도 하다. 이 기술을 행하는 사람을 지칭하는 단어는 텍톤 τέκτων (tekton) 혹은 테크네이테스 τέχνηιιες (techneites)였다. 번역하면 수공업자 혹은 예술가였다.

테크네를 명확하고 친절하게 설명해 주는 사람이 하이데거 Martin Heidegger(1889~1976)다.[2] 하이데거에 의하면 고대 그리스어에서 테크네는 손을 움직여서 뭔가를 만드는 기술을 의미하지 않았다. 그렇다고 아름다운 뭔가를 만드는 것도 아니었다. 어떤 규칙을 갖고 합리적 과정을 거쳐 무언가를 제작해 내는 능력이었다. 이것은 지식이었다. 부재의 상태를 존재로 바꿀 수 있는 지식이 바로 이 테크네였다. 독일어 예술 Kunst의 어원도 바로 존재하게 할 수 있는 능력(können)이었다.[3]

그리스어 원전을 보자. 과연 아리스토텔레스는 테크네의 전제 조건으로 경험을 거론한다. 그 경험을 통해 알게 된 지식이 테크네다. 알게 되었다는 것은 왜 그렇게 되는가를 알게 되는 것이다. '왜'가 존재하지

---

[2] 하이데거의 테크네에 관한 논의는 Martin Heidegger, ed. David Farrell Krell, "The Origin of the Work of Art", *Basic Writings*, 1977, p.184. 참조.

[3] 테크네가 할 수 있는 능력이라면, 실제로 뭔가를 만드는 것은 아리스토텔레스의 《시학》 제목에서 거론된 '포이에시스 poiesis'다.

않는다면 우연일 따름이다. 아리스토텔레스의 테크네는 부자가 되는 기술, 체육의 기술이라고 할 때도 사용되었다.[4] 집 짓는 기술이라는 의미로 테크네가 사용될 때는 어떻게 연장을 사용해서 집을 짓는가 하는 손재주가 아니었다. 집을 짓는 데 필요한 지식을 지칭했다. 아리스토텔레스가 생각하는 손재주는 경험에 의해 이루어질 수 있는 것이고 학습에 의한 전승이 불가능했다. 학습이 되기 위해서는 이성적인 부분이 포함되어 있어야 했다. 아리스토텔레스의 테크네에는 이성, 즉 로고스λόγος(logos)가 포함되어 있다.

우리에게 《수사학修辭學》이라는 이름으로 번역된 아리스토텔레스의 저서가 있다. 제목을 정확히 한다면, '수사의 기법τέχνη ρητορική(Technes Rhetorike)'이 될 것이다. 이 주제는 이전의 소피스트부터 이어져 내려오던 것이었다. 소피스트의 무기가 화려하고 듣기 좋은 단어였다면, 아리스토텔레스의 무기는 논리와 설득력이었다. 아리스토텔레스의 테크네는 어떻게 하면 상대방을 교묘히 압도해서 설복시키느냐는 이전 시대의 재주와는 완전히 다른 것이었다. 재주로서의 기술이 아니고 지식으로서의 기술이었다. 아리스토텔레스의 책 제목을 요즘 다시 붙인다면 처세서로도 적당할 '설득의 기술' 정도가 될 것이다. 판매 부수를 염두에 두고 좀 더 멋있는 제목이 필요하다면 '설득의 예술'이 될 수도 있겠다.

테크네는 존재하는 대상을 무조건 모방하는 과정인 미메시스μίμησις(mimesis)와 달랐다. 아무런 목적이 없이 단지 그 자체를 위해 존재하는 지식ἐπιστήμη(episteme)[5]과도 달랐다. 아리스토텔레스 이후 테크네의 의미는

---

[4] Aristotle, *Politics*, Book I, 1257b17, 1258a9, Book IV, 1288b2.

변해 갔다. 로고스가 빠진 채 손재주로서의 기술을 지칭하는 상태로 변화한 것이다. 그래서 이제 우리에게는 두 개의 단어가 존재한다. 테크닉과 테크놀로지다. 차이는 로고스에 있다. 그리스 철학에서 로고스는 혼돈 Χάος(chaos)에서 조화 κόσμος(cosmos)를 이뤄 내는 능력, 체계, 상황이었다.[6] 로고스는 의사소통을 가능하게 하는 근거면서 체계적인 사고의 확립을 의미하는 단어기도 했다. 로고스가 접미사로 붙는 것은 어근으로 지칭되는 분야가 체계화를 이루었다는 의미였다. 이제 이론으로 확립되었으며 결국 대학에서 가르쳐도 좋다는 가치를 획득하였다는 뜻이었다. 그래서 이 접미사는 훈장이고 인증서였다. 신학 theology,[7] 생물학 biology, 지질학 geology, 사회학 sociology 그리고 심리학 psychology 등.

테크닉에도 로고스가 붙었다. 이 단어가 등장하는 가장 오래된 문헌은 17세기까지 올라간다.[8] 그러나 그다지 널리 사용되지 않던 단어였다. 테크닉에 대한 로고스라는 훈장 수여는 아직 사회적 공인이 이루어지지 않았던 것이다.

---

[5] 넓은 의미로는 학문이나 지식 knowledge, 좁은 의미로는 과학 science으로 해석된다. 아리스토텔레스는 지식 episteme을 과학 episteme, 기술 techne, 윤리 phronesis로 구분했다. Aristotle, *Nicomacean Ethics*, VI. 1140a, 1140b.

[6] 한글판 성서 《요한복음》의 첫 문장은 '태초에 말씀이 계시니라. 이 말씀이 하나님과 함께 계셨으니 이 말씀은 곧 하나님이시니라'다. 여기서 '말씀'의 그리스어 원문 단어가 바로 로고스다. 영문으로 번역되면서 'The Word'가 되었다.

[7] 신의 존재를 별로 연관이 없어 보이는 로고스와 접합시킨 첫 번째 인물이 보에티우스 Anicius Manlius Severinus Boethius(480경~524)로 알려져 있다. Daniel J. Boorstin, *The Creators*, 1983, p.235.
  이 접합을 집대성한 인물이 토마스 아퀴나스다. 그의 《신학대전 *Summa Theologiae*》은 신이라는 주제를 아리스토텔레스의 로고스로 집대성했다.

[8] *Oxford English Dictionary*, technology 항목.

이 단어에 과학의 개념을 더해 널리 확산시킨 사람은 미국의 제이컵 비글로 Jacob Bigelow(1787~1879)다. 그는 "과학이 적용된 몇몇 기술arts들의 원칙, 과정 그리고 용어 체계"[9]를 지칭하는 데, 이 기술technology이라는 단어가 적당할 것이라고 제안한다. 이 단어의 전파에서 가장 중요한 업적은 막 개교를 앞둔 한 대학의 이름에 아예 이 단어를 넣어 버린 것이다. 그 학교가 바로 매사추세츠 공과대학 MIT, Massachusettes Institute of Technology이다. 비글로는 1861년 개교 당시 이 학교의 이사였다. 이 학교가 뒤에 미국의 가장 중요한 대학교의 하나가 되어 버리면서 이 단어도 그만큼 널리 퍼지게 되었다.

단어를 정리하면 이렇다. 테크닉은 기교, 혹은 기법으로 번역하는 것이 옳을 것이다. 기교는 개인적 체득 과정을 거쳐서 습득된다. 따라서 기교는 개인마다 다르다. 기교 습득의 과정을 일반화시켜 놓은 것이 기법이다. 테크닉이 이성적으로 설명될 수 있다면 기록과 전수, 반복 재생이 가능하다. 이것이 바로 테크놀로지, 즉 기술이 되는 것이다. 테크닉이 개인의 것이라면 테크놀로지는 집단의 것이다. 그리스 시대의 테크네에 내재한 로고스가 합리성을 통한 실천을 목적으로 했다면, 현대의 테크놀로지에 포함된 로고스는 계산을 통한 예측을 목적으로 한다.

기술, 기교와 예술은 부분집합의 관계에 있다. 기법의 습득, 기술의 축적은 예술이 되기 위한 필요조건이다. 예술 생산 작업이 집단적이라

---

[9] Jacob Bigelow, *Elements of Technology: On the Application of the Sciences to the Useful Arts*, 1831, pp. iv~v.
이 단어에 관한 한 그의 역할이 크다 보니 그가 만든 단어라고 하는 문헌도 있다. 그러나 그가 만들어 낸 단어는 아니다.

면 기술이 필요하고, 개인적이라면 기교가 필요하다. 이 관계를 이해하기 위해 피카소Pablo Picasso(1881~1973)가 어린이 그림 전람회에 가서 했다는 이야기를 들어 보자.

"내가 이 꼬마들 나이일 때, 나는 이미 라파엘로처럼 그렸다.
그러나 이들처럼 그리는 데는 평생이 걸렸다."[10]

어린 시절부터 이미 범상치 않은 신동이었던 피카소가 라파엘로처럼 그렸다고 하는 것은 바로 기교와 기법의 성취를 의미한다. 그리고 평생에 걸쳐 연마해야 했던 것은 기교를 뛰어넘는 다른 세계였다.

예술이 되기 위해서는 기법의 연마와 기교의 구사가 선행되어야 한다. 기법의 성취 없이 예술적 흥취만으로 예술이 이루어지지 않는다. 떡을 써는 어머니 앞에서 한석봉에게 필요했던 것은 바로 그 기법의 연마고 이를 통해서 얻은 기교였다.

피아노 연주는 기교를 요구한다. 그것이 수백 년 동안 똑같은 곡을 수많은 피아니스트가 서로 다르게 되풀이해서 연주할 수 있게 하는 근거다. 그 가치는 차별 재생산에 있다. 피아노 자체를 제작하는 것은 기술이다. 같은 상표의 피아노를 서로 다른 공간에서 서로 다른 장인들이 매뉴얼을 공유하며 반복해서 만들어 낼 수 있는 배경이 바로 이것이다. 그 가치는 반복 재생산에 있다.

건축에서 도면을 그리고 설계를 하는 데는 기교, 기법이 필요할 수 있다. 건물을 실제로 만드는 데 개입되는 것은 기술이다. 그리고 그렇게

---

[10] Roland Penrose, *Picasso: His Life and Work*, 1962, p.275.

이루어 낸 건물이 어떤 가치를 인정받게 되면 예술, 예술 작품이 된다. 모든 예술은 예술이기 이전에 기술이거나 기교일 것을 요구한다. 건축이 예술인가 기술인가 하는 이분법적 범주의 질문은 그래서 잘못된 것이다.

엔지니어링의 등장

건축에 대한 질문이 기술, 즉 테크놀로지가 아니고 엔지니어링에 관한 것이라면 이야기는 좀 복잡해진다. 단어의 역사를 찾아보자. 테크놀로지와 달리 엔지니어링은 라틴어 어원을 갖고 있다. 기원후 2세기경 등장한 '인지니움ingenium'이라는 단어다. 무거운 돌을 날려 보내 적의 성벽을 부수는 신기한 장치, 즉 투석기를 그렇게 부르게 된 것이다.[11]

이 단어에는 '천재genius의 발명'이라는 뜻이 들어 있다. 요즘의 자동차 엔진이 자동차를 움직이는 심장이듯 이 엔진은 전쟁을 수행하는 심장이었다. 엔진은 군사적인 신기한 장치를 일컫는 단어였고, 이런 상황은 르네상스 시대까지 달라지지 않았다. 엔지니어링은 군사적 용어였다. 16세기를 넘어서면서 사람을 지칭하는 단어로는 '인지니아토르ingeniator' 보다 '엔지니어engineer'가 일반화하기 시작했다.[12]

---

[11] James Kip Finch, *Engineering and Western Civilization*, 1951, p.22.
저자에 의하면 이 단어를 가장 처음 만들어 사용한 사람은 교회 신부였던 테르툴리아누스 Tertullianus였다. 이 기계가 발명된 때는 더 이전인 기원전 350년경이었다. John Rae & Rudi Volti, *The Engineer in History*, 2001, p.24.

엔지니어링이라는 단어는 두 가지 다른 의미로 사용된다. 작업work을 지칭하는 경우와 직업profession을 지칭하는 경우다. 작업일 경우는 기술을 동원해서 실행할 수 있는 능력을 말한다. 설계가 완료된 건물을 짓는다고 하면, 이 짓는 작업이 바로 엔지니어링이다. 직업일 경우에는 특정한 인공 구조물을 설계하는 분야를 의미한다. 여기서의 인공 구조물에서 건물은 대개 제외된다. 건물을 설계하는 것은 건축가라는 직업의 영역으로 분류하기 때문이다. 건물에 관련될 경우는 기술적 부분에 국한된 설계를 일컫는다.

작업으로서의 엔지니어링을 구체적으로 생각해 보자. 할 수 있다는 잠재력을 가진 것과 실제로 수행하는 것은 차이가 크다. 흔히 이론과 실제의 차이라고 하는 것이다. 할 수 있다는 생각만 가지고는 작업을 수행할 수 없다. 실천 과정에는 그 자신감만으로는 감당할 수 없는 수많은 변수가 매복해 있기 때문이다. 기술이 이론이라면 엔지니어링은 현실이다. 기술은 '어떻게'라는 질문에만 대답하면 된다. 그러나 엔지니어링은 누가, 언제, 어디서, 무엇을 그리고 어떻게 하느냐에 모두 대답해야 한다.

여러 사람이 모여 돌을 쌓기 시작하면서 엔지니어링이 필요해진다. 엔지니어링은 돌을 들어올리기 위해 누가, 언제, 어떻게 움직여야 하는지를 조정하는 능력이다. 건설 현장이라고 하면, 누가 언제 재료를 갖고 오고, 누가 어떻게 이것을 실어 올려서, 누가 어떻게 조합하느냐는 문제들이 모두 포함된다.

---

12 A. A. Harms, B. W. Baetz, Rudi Volti, *Engineering in Time*, 2004, p.4.

브루넬레스키가 누구도 완성하지 못했던 〈피렌체 대성당〉의 돔을 설계했을 때, 그가 과시한 것은 돔을 만드는 기술이었다. 돔이 완성되는 순간까지 그가 현장에서 시공을 책임졌다면 그는 엔지니어링의 성취를 보여 준 것이다.

직업으로서의 엔지니어링은 이야기가 좀 다르다. 화약과 대포가 등장하면서 사연이 복잡해졌다. 부수려는 자와 막으려는 자의 경쟁이 훨씬 치열해진 것이다. 그들의 중간에 성벽이 있었다. 어원으로만 본다면 막기 위해 설계하는 자는 건축가였고 부수기 위해 설계하는 자는 엔지니어였다. 이 엔지니어가 수행하는 작업이 엔지니어링이었다.

직업으로서의 엔지니어링은 짓고 만드는 일 중 건축을 제외한, 건축에서도 건축가의 영역을 제외한 여집합이다. 무엇 하나를 제외한 나머지를 규정하는 작업은 유연할 수밖에 없다. 모두를 쓸어 담으면 된다. 엔지니어링은 기술을 수반하는 모든 설계 행위를 지칭하는 것으로 변화하기 시작했다. 건축이 별로 변한 바가 없는 반면, 엔지니어링은 재료·항공·전자·컴퓨터 등의 새로운 종목을 모두 포함하는 분야의 이름이 되었다. 물리적인 구조물이 아닌 추상적인 구조물을 변화시키는 과정도 이 이름으로 표현되기 시작했다. 컴퓨터 엔지니어링, 소셜 엔지니어링social engineering, 밸류 엔지니어링value engineering, 나노 엔지니어링nano engineering, 소프트웨어 엔지니어링softeware engineering 등.

르네상스의 복판이었던 피렌체. 그 역사의 복판에 이 〈피렌체 대성당〉이 있다. 이 돔의 완성이라는 엔지니어링의 성취가 르네상스의 도래를 알리는 신호탄이었다.

학교와 직능단체

직업으로서의 엔지니어는 건축가와 어떻게 연관을 맺고 끊으면서 변화해 왔을까. 직업 분화의 의미는 작업 내용의 변화일 수도 있다. 그러나 정확한 의미는 진입 장벽이 설치되었다는 것이다. 그 진입 장벽이 제도화되었을 경우 그 직업을 전문직professional이라고 부른다. 그 장벽 내부의 사람이 전문가다. 오랜 시간의 숙련으로 능력을 갖추었으되 진입 장벽의 보호를 받지 못하는 사람은 숙련가expert라고 부른다.[13]

전문직 유지의 요체는 사회적 방호벽이다. 아무나 수행할 수 없는 작업이 되는 것이다. 이를 위해 필요한 조건은 교육, 면허 제도 그리고 직능단체의 결성이다. 면허 제도와 직능단체는 직업의 성격에 따라 선택적으로 존재할 수 있다. 그러나 교육은 필수 조건이다. 그 교육은 아카데미라는 제도를 통해 사회적으로 인정된 것이어야 한다. 교육기관은 혈연관계를 통해 유지되던 직업 전승을 사회화시켰다. 입학 조건을 갖추면 누구나 입학할 수 있고, 졸업 후에는 졸업장이라는 공식 문서를 수여하여 교육 이수를 증명하는 것이다. 이 졸업장의 소지 여부가 전문직이 설치하는 첫 번째 진입 장벽이다.

군사 조직이었던 엔지니어링에서 교량, 도로 등을 놓는 집단이 별도로 구성된 것은 1716년 프랑스에서의 일이었다.[14] 1775년에는 국립 교육기관으로 에콜 퐁제쇼세École nationale des pontsetchaussées가 설립되었

---

[13] 우리는 이 역시 그냥 전문가라고 부르기도 한다.
[14] 이름은 Département de pontsetchaussées이었다.

다. 이 학교의 수업에는 요즘의 분류로 토목과 건축 과목이 포함되어 있었다. 교수들은 건축 아카데미의 구성원이었다.

혁명 이후 프랑스에는 화가, 조각가를 위한 아카데미와는 출생 배경이 좀 다른 학교가 설립되었다. 아직도 세계 최고의 엘리트 공학 교육 기관임을 자임하는 학교, 에콜 폴리테크니크École Polythechnique가 바로 그것이다. 에콜 퐁제쇼세도 여기 흡수되었다.

이 기술학교는 혁명정부에 의해 세워졌다. 에콜 데보자르가 왕실과 쟁이들이 이해관계를 맞춘 결과로 탄생했다면, 에콜 폴리테크니크는 공화국의 정신을 구현한다는 의지로 설립되었다. 이 학교는 혁명이 기반을 둔 계몽의 정신 그대로 교육에서 인종, 종교, 성별, 사회적 배경을 전혀 고려하지 않았다. 경쟁은 심했고 지독한 소수 정예 엘리트 학교가 되었다. 그러나 세상의 구석구석을 고치는 것은 선택된 엘리트만으로 이룰 수 있는 일이 아니었다. 결국 이 극소수의 엘리트 교육기관보다 조금 더 대중적이되 성격이 비슷한 기술학교들도 세워졌다.[15]

이들 기술학교에서 가르치는 건축은 이론이 아닌 실무 중심이었다. 건축과 엔지니어링의 구분도 없었다. 교과서는 고전 건물의 실측 도면이 아니라 현실이었다. 나폴레옹의 이집트 원정에 동반한 것은 에콜 데보자르가 아니라 에콜 폴리테크니크의 교수들이었다. 교육하는 건물

---

[15] 널리 알려진 학교가 1829년에 세워진 에콜 상트랄École centrale des arts et manufacturers이었다. 이 학교는 사립학교로 출발했지만 1857년에 국립학교가 되었다. 이 에콜 졸업생의 성취로 가장 영웅적인 것이 바로 〈에펠 탑〉일 것이다. 수학 성적이 모자라 에콜 폴리테크니크에 진학하지 못한 에펠은 에콜 상트랄에 진학하게 되었다. Ulrich Pfammatter, *The Making of the Modern Architect and Engineer: The Origins and Development of a Scientific and Industrially Oriented Education*, 2000, p.160.

종류도 달랐다. 에콜 데보자르에서는 기념비적인 건물을, 기술학교에서는 실용적이고 일상적인 건물과 토목 구조물을 교육했다. 당시에 신전, 관공서는 시장, 주거와 같이 묶일 수 있는 건물 형식이 아니었다.

에콜 데보자르의 건축은 태생에 충실하게 예술이고자 했다. 지나칠 정도로 더욱 더 예술이고자 했다. 아름다운 도면이 중요한 이 학교의 건축은 회화에 가까웠다. 그러나 에콜 폴리테크니크는 군사 과목이 주체제를 이루고 있었다.[16] 군대에서는 역사와 전통도 중요하지만 능률과 실질을 숭상하는 것은 더 중요했다. 시민혁명을 통해 만들어진 에콜 폴리테크니크는 과학혁명에 의해 만들어진 지식을 산업혁명으로 만들어진 세계에 끼워 넣기 시작했다.

그럼에도 에콜 데보자르와 에콜 폴리테크니크의 건축과에서 가르치는 교수들은 여전히 서로 교차했다. 에콜 폴리테크니크의 건축과 교수 상당수가 에콜 데보자르 출신이었고, 에콜 폴리테크니크의 교수들이 에콜 데보자르로 옮겨 가기도 했다. 이 교육제도는 건축가와 엔지니어 구분의 단초를 만들기는 했지만 완성시킨 것은 아니었다. 직업 구분은 직능단체의 결성으로 확립되었다.

교육을 통해 뭉친 이들은 자신의 영역을 확보하기 위해 안전장치를 만들기 시작했다. 면허는 권력의 승인을 얻는 장치고, 직능단체는 단결을 통해 의사를 관철시키는 장치다. 엔지니어와 건축가는 각각 다른 길

---

[16] 이 학교의 체제는 미국의 사관학교인 웨스트포인트에도 상당 부분 이전되었다. 웨스트포인트는 19세기 초반 미국에서 유일한 엔지니어 교육기관이었다. 첫 번째 교수가 이 학교 출신이었고, 동시에 영국에서는 본받을 교육기관이 없었기 때문이다. 19세기 중반에 공과대학들이 설립되기 시작했고 MIT가 그 예다.

을 가서 다른 곳에 서로 넘보기 어려운 성을 쌓았다. 그것은 영국에서 선도된 일이었다.

영국의 엔지니어들은 정부의 보호도 간섭도 없이 잡초 같은 생존력을 스스로 키워 나갔다. 그만큼 적극적이어야 했다. 그 경쟁의 결과물로 산업혁명의 틀을 만들었다. 군사적 목적이 없는 직업으로서의 토목공학자civil engineer라는 간판을 내건 사람은 존 스미턴John Smeaton(1724~1792)이었다. 그리고 그의 직업상 후예들은 1818년에 가서는 토목공학협회Institute of Civil Enigineers를 설립했다. 명분상 건축가, 군사공학자와 다른 직업이 된 것이다.[17] 건축가들도 따로 모였다. 1834년 영국 건축가 협회Institute of British Architects가 설립되었다.[18] 이런 협회를 통해 건축가들은 예술가라기보다 관료에 가까워지기 시작했다.[19] 게다가 1863년에는 건축가가 되기 위해서는 시험에 통과해야 하는 제도도 만들었다.

1840년에는 프랑스에서도 중앙 건축가 협회Société Centrale des Architectes가 설립되었다. 프랑스의 경우는 협회가 생기기는 했지만, 건축가라는 칭호 자체는 배타적인 것이 아니었다. 1942년까지는 아무나 건축

---

[17] John Rae & Rudi Volti, 앞의 책, p.81.

[18] 이 단체는 1866년에는 왕립 영국 건축가 협회Royal Institute of British Architects가 되었다.
프랑스의 에콜 데보자르와 같은 교육제도를 요구하던 영국의 건축가 지망생들은 1847년 스스로 교육 체계를 만들었다. 이것이 지금도 영국의 대표적 건축 교육기관인 AA스쿨 Architectural Association School of Architecture이다.
영국의 건축 직업 관련으로는 John Wilton-Ely, "The Rise of the Professional Architect in England", Spiro Kostof ed., The Architect, 2000, pp.198~199. 참조.

[19] Joseph Rykwert, The Judicious Eye: Architecture against the Other Arts, 2008, p.124. 저자는 건축 협회의 결성이 건축의 문화적 소외에 대한 반응이라고 해설한다.

가라는 이름을 붙일 수 있었다.[20] 게다가 이 협회는 이익집단으로서 직능단체의 모습도 아니다. 아카데미가 공방을 포함하던 이탈리아, 아카데미가 길드와 대립적이던 프랑스에서는 지금도 건축사 면허에 견습 기간을 요구하지 않는다. 아카데미 졸업장만으로 건축사 면허를 주는 것이다.

건축과 토목 엔지니어링의 앞다툰 전문화 경쟁은 미국의 경우를 보면 더욱 선명하다. 대학의 전공 설치 시기는 각각 1868년과 1847년, 직능단체 설립은 1857년과 1852년, 면허 제도는 1897년과 1908년이었다.[21] 건축가와 엔지니어는 앞서거니 뒤서거니 하면서 협회를 설립하고 면허 제도를 신설했다. 이것은 서로 넘을 수 없는 전문화 장벽의 설치를 완료했다는 의미다.

직능단체는 밥그릇이 위태로워지면 머리띠를 두르는 이익집단이다. 건축쟁이들의 대동단결은 길드 시대의 전통이었다. 오히려 자연스럽다고 볼 수도 있다. 그러나 이들은 아카데미를 통해 길드를 버렸다. 그러고는 다시 뭉쳐서 살자고 쟁이 시대의 무기를 들고 나선 것이다. 이 건축 협회들은 생존 방식이라는 점에서는 이전의 길드와 같으나, 아카데미를 전제로 한 점에서는 달랐다. 졸업장을 협회 가입의 전제 조건으로 걸었다. 또 주목할 점은 이들 직능단체의 명칭 앞에 붙는 국가명이다. 길드는 항상 지역 기반으로 조직되었다. 차이라면 지역 기반의 길드가 국가 기반의 길드로 바뀐 것이다.[22]

---

[20] Andrew Saint, *Architect and Engineer: A study in Sibling Rivalry*, 2007, p.433.

[21] Harold L. Wilensky, "The Professioanlization of Everyone?", *American Journal of Sociology*, 70, No.2, Sep. 1964, p.143.

건축사licensed architect[23] 면허의 조건과 효력에 관해서는 국가별 차이가 크므로 단순화할 수는 없다. 그러나 거의 모든 국가에 적용되는 단 하나의 공통점은 건축 학위, 즉 대학 졸업장을 요구한다는 점이다. 지금도 대개의 국가는 건축학과를 졸업한 후 일정 기간 설계 사무소의 수련을 거치고 시험에 합격해야 건축사architect의 명칭을 얻는 제도를 선택하고 있다. 이 제도는 유럽 국가의 절반 정도, 그리고 미국에서 채택하고 있다. 한국도 다르지 않다.

면허 제도는 사회적 공익을 위해 자격을 갖춘 자만 일을 하게 한다는 명분을 갖고 있었다. 화가와 조각가는 면허 제도를 둘 명분을 찾지 못했다.

명분은 명분이되 면허 제도의 현실적 목적은 진입 장벽을 통한 직업 안정성의 확보다.[24] 밥그릇을 움켜쥔 억센 손아귀인 것이다. 이것은 건축사뿐만 아니라 의사, 변호사 등에도 일반적으로 적용되는 사실이다. 면허 제도는 생존 방식으로 보면, 건축가가 예술가보다는 사업가에 가깝다는 점

미국 건축사 협회의 입회증. 이 증서가 요구하는 것은 면허고, 그 면허가 요구하는 것은 수련 기간을 거쳤다는 증명서와 인증된 학교의 졸업장이다.

---

[22] 21세기에 넘어오면서 국가 단위 길드는 국가연합 단위의 길드로 바뀌어 나가고 있다. 그 배경에 세계무역기구WTO가 있다. 길드의 배타적 경쟁 상대가 바뀌어 나가고 있다. 이에 따라 유럽 각국의 면허와 건축 교육제도는 현재 진행형으로 변화 중이다.

[23] 따지자면 건축가는 문화적 용어되 건축사는 법적 용어다. 물론 그렇다고 건축가로 지칭될 경우, 이들의 행위나 작업이 더 문화적이라는 의미는 아니다.

[24] 이들의 배타성은 국가와 지역을 구분하지 않는다. 한국의 경우는 의사·약사의 분쟁, 한의사·양의사의 분쟁이 그 노골적인 모습이다. 법률은 변호사·사법서사·법무사 등이 얽혀 있고, 건축은 건축가·도시 설계 엔지니어·조경가·인테리어 디자이너들이 얽혀 있다. 운동선수의 사회도 예외가 아니다.

을 스스로 드러낸 것이다. 결국 건축은 범주상 예술이기는 하되, 건축가는 직업상 예술가와 사업가 사이의 어정쩡한 위치를 점유하게 되었다. 길드의 조직과 면허 제도의 도입은 건축이 결국 회화나 조각과는 다르다는 점을 스스로 인정한 것이다. 바사리로부터 진행된 공동체 의식화 작업에 금이 가기 시작했다.

신철기 시대

건축가와 엔지니어가 서로 다른 직업으로 분화되는 데는 물리적 요인도 있었다. 그것은 신新철기 시대의 도래였다. 역사책에서 철기 시대가 도래했다고 했을 때 그 철은 도구tool를 만드는 재료였다. 말하자면 구舊철기 시대였다. 그러나 새로운 시대에는 철이 구조재로 사용되기 시작했다. 이것은 신철기 시대였다.

신석기 시대를 이야기할 때 우리는 누가 가장 먼저 돌을 갈기 시작했느냐를 규명하지 않는다. 찾을 수도 없거니와 중요한 것은 돌을 가는 방법을 발견한 때가 아니고 돌을 갈아서 세상이 바뀌기 시작한 시점이기 때문이다. 이런 배경에서 신철기 시대의 도래를 지적하면, 그 시기는 19세기 전반기다. 철로 배나 건물과 같은 구조체를 만들기 시작한 것이다.[25]

---

[25] 철로 만든 배는 철갑선이 아니라 철선을 의미한다. 철갑선은 목재가 구조재다.

수천 년간 건축 재료로 사용된 것은 돌, 나무, 벽돌이었다. 그간 쌓고 허문 경험치로 필요한 구조재의 규모를 짐작해 낼 수 있었다. 그러나 철은 달랐다. 철은 인간이 가공해 낸 첫 번째 건축 구조 재료였다. 필요한 부재部材의 크기를 유추할 만한 경험이 없었다. 기댈 수 있는 것은 계산뿐이었다. 과학적 분석 방법, 즉 구조역학이 필요했고 또 등장했는데, 이것은 건축가들이 새로 공부할 수 있는 영역이 아니었다.

이 계산을 가능하게 해 준 것이 직업으로서의 엔지니어링이었다. 철 구조물을 역학적으로 해석해 낸 이가 바로 에콜 폴리테크니크의 졸업생들이었다. 르네상스 시대에 건축가가 시공 업자와 분화한 것처럼 19세기의 신철기 시대에 건축가와 엔지니어도 분화했다. 그리고 협력해야 했다. 이제 그림은 건축가가 그리고, 계산은 엔지니어가 한다고 업무 영역이 구분되었다. 학교도 나뉘었다. 건축학과는 건축대학에, 엔지니어링은 공과대학에 속하게 되었다.

19세기는 새로운 종류의 건물을 지속적으로 요구하는 시대였다. 기차역, 공장, 사무실 등은 그 이전에는 존재하지 않던 건물이었다. 그 건물들을 구현하는 실천 주체가 건축가인지 엔지니어인지는 중요하지 않았다. 그러나 에콜 데보자르 출신의 건축가들은 질문이 무엇이든 같은 언어로 이루어진 답을 내놓았다. 과연 이 새로운 건물에는 어떤 양식이 적당한가를 계속 묻는 그들의 무기는 역사였다. 그러나 겪어 보지 못한 세상에서 역사적 양식은 크게 도움이 되지 못했다.

기술학교 출신의 엔지니어들은 역사가 아닌 논리와 이성으로 무장하고 있었다. 이들은 자신도 처음 겪어 보는 방식으로 대답하면서 세상을 바꿔 나갔다. 물음이 절박하고 치열할수록 엔지니어들의 성취는 눈부셨다. 상상할 수 없는 길이의 교량, 보도 들도 못한 높이의 탑을 쌓은 이는 엔지니어였다. 그러나 이 시기는 여전히 건축과 엔지니어링이 적절히 타협하던 시기였다. 구조물에 건축적 양식이 덧붙여져야 엔지니어

고딕 형식의 주탑을 지닌 〈브루클린 다리〉. 이 다리를 설계한 엔지니어도 건축의 선입견에서 자유롭지 않았다.

들도 안심할 수 있었다. 〈에펠 탑〉도 〈브루클린 다리〉도 모두 이런 타협의 결과물이다. 새로운 구조물과 함께 새로운 행사도 등장했다.

1851년 5월 런던의 〈하이드파크〉에서 역사적으로 대단히 중요한 행사가 개막되었다. 유례없는 규모의 국제박람회가 개장한 것이다. 제목에 붙은 '국제'가 중요한 것은 이 박람회가 세계시장의 도래를 증명하는 현장이었기 때문이다. 새로운 유통 방식과 시장 규모를 제시하는 이벤트였다. 총과 대포로 지도를 다시 그리기 시작한 제국들이 각각 어떤 수확을 얻었는지를 확인하는 자리기도 했다.

이런 중요한 박람회를 위해 건축 위원회가 결성된 것은 개막이 코앞에 닥친 1850년 1월이었다.[26] 남은 시간 안에 국제박람회를 열 수 있는 건물을 설계하고 준공하고 전시를 마쳐야 하는 일정이었다. 불은 건축쟁이들의 발등에 떨어졌다. 현상 공모가 진행되었다. 당연히 산업화의 최강자 영국의 자존심을 내보이는 수준의 건물이어야 한다는 조건이 붙었다. 경쟁자는 도버해협 건너편의 나라였다.[27] 서둘러 진행된 현상

---

[26] 이 박람회의 일정에 관한 사항은 Patrick Beaver, *The Crystal Palace*, 1970. 참조.
[27] 이전 프랑스의 박람회는 국제박람회라고 해도 실제로는 프랑스 제국과 그 식민지의 박람회였다.

건축 위원회가 제시한 국제박람회장. 이 계획안에 비난이 빗발쳤다.

공모에 응모한 계획안은 245개였다. 그러나 위원회는 마음에 드는 당선작이 없다고 결론을 냈다.

당선작이 없어도 건물은 지어야 했다. 결국 건축 위원회에 속한 건축가 세 명과 엔지니어 두 명이 모여 앉아 계획안을 만들었다. 국가의 자존심은 전통 건축을 재현하는 것으로 지켜질 수 있다는 익숙한 생각이 뚜렷했다. 여러 사공이 이리저리 노를 저은 결과는 누가 보아도 조롱거리일 수밖에 없었다. 이유를 알 수 없는 돔과 아치들이 붙어 있는 그런 계획안이었다. 비난이 쏟아졌다.

대안이 필요했고 과연 필요한 대안을 만든 사람이 등장했다. 그는 건축가도, 엔지니어도 아닌 제3의 인물이었다. 그의 직업 구분이 어려운 이유는 건축도, 엔지니어링 교육도 받지 않은 사람이었기 때문이다. 자격증도 없었고 협회 회원증도 없었다. 그의 이름은 조셉 팩스턴Joseph Paxton (1801~1865)이었다. 그의 직업에 굳이 이름을 붙이자면 정원사였다. 독학을 통해 얻은 지식으로 온실을 지어 본 경험이 있었을 따름이다. 그는 졸업장과 협회 회원증보다 훨씬 강력한 무기를 갖고 있었다. 그것은 자유로움이었다. 오로지 합리적 사고로 무장한 자유로움이었다. 박람회 건물은 이 구원투수가 작성한 계획안에 따라 짓지 않을 수가 없었다. 위원회의 계획안에 쏟아졌던 비난의 내용을 말끔하게 풀어냈기 때문이다.

그가 거쳐 나간 과정은 현란했다. 이미 진행하던 다른 일을 계속하면서 그는 아흐레 만에 계획안을 제출했고, 계획안 승인 후 일주일 만에 시공 도면과 필요한 재료의 물품 내역서를 완성했다. 시공자가 〈하이드파크〉의 대지를 접수해서 설계도서設計圖書[28]대로 준공할 때까지 걸린 시간은 5개월이었다. 요즘으로 치면, 제대로 된 주택 설계 하나 하기에도 빠듯한 기간이었다.

건물은 지어졌다. 재료는 철과 유리였다. 주두柱頭도, 첨탑도 없고, 그래서 어떤 양식에도 해당되지 않는 건물이었다. 그러나 그 결과물은 인류의 누구도 경험해 보지 못한 크고, 밝고, 새로운 구조물이었다. 공원에서 자라고 있던 나무도 고스란히 건물 안에 보존되어 있을 정도의 규모였다. 그래서 그 이름은 〈크리스털 팰리스Crystal Palace〉였다.

정확히 구분하기는 어려워도 바티칸의 〈성 베드로 성당〉을 짓는 데는 적어도 다섯 명이 넘는 쟁쟁한 건축가들이 수장으로 참여했다. 착공에서 준공까지는 100년 넘는 기간이 필요했다. 그러나 이 새로운 구조물은 1년도 되지

소셉 팩스턴. 그는 작위를 받아 조셉 팩스턴 경 Sir Joseph Paxton이 되었다.

---

[28] 공사의 시공에 필요한 설계도와 시방서 및 이에 따르는 구조계산서와 설비 관계의 계산서.

〈크리스털 팰리스〉의 내부. 이것은 인류가 경험해 보지 못한 크고 밝은 공간이었다.

않는 기간에 단 한 사람의 계획에 맞춰 지어졌다. 담고 있는 것은 종교가 아니라 상업이었다.

박람회는 세상이 바뀌었음을 보여 주는 거대한 진열장이었다. 이 박람회의 개막식에는 50만 명이 운집했다. 역사상 전례가 없는 축제였고, 내부에 3만 명을 수용할 수 있는 건물은 새로운 시대가 왔음을 알리는 신호탄이었다. 모인 이들은 모두 새로운 세계의 목격자가 되었다. 건축의 미래에 대한 낙관이 박람회의 동력이었다. 제국과 포획자에게 이것은 말 그대로 신세계新世界였다. 멋진 신세계.

〈크리스털 팰리스〉의 교훈은 명확했다. 건축가가 역사적 양식에 대한 지식이 아니라 이성과 합리성으로 재무장해야 하는 시대가 왔다는 것이었다. 〈크리스털 팰리스〉는 철과 유리를 통한 새로운 건축의 세계를 보여 주었다.

그러나 이것이 건축가의 사회적 지위에 대한 질문에 답해 주는 것은 아니었다. 건축이 물질적 재료에 의해 규정되는 작업이라는 공격에서 벗어나기 위해서는 여전히 다른 대안이 필요했다. 그리고 드디어 건축가들이 발견한 새로운 건축 재료가 있었다. 그것은 철이나 유리가 아니었다. 공간이었다.

공간,
건축을 구원하다

20세기 초, 건축에 관심이 많던 미술가들이
추상적 개념인 공간을 건축에 도입했다.
건축에서 사용되는 공간의 개념은
'건축적 공간'이라고 영역을 한정해야 한다.
여기서 '건축적'이라는 관형사는 물질을 전제로 구현되고,
인간적 규모 human scale를 갖고 있다는 의미로 해석되어야 한다.
건축적 공간은 그냥 비어 있음이 아니고,
물질에 의해 규정된 비어 있음의 조직 체계다.
이는 없음을 뜻하는 0이 아닌, 1의 존재 방식을 규정하는 10에서의 0과 같다.
공간 개념을 통해서 건축은 그 복판에 존재하는 인간을 발견하기 시작했다.
그것은 단순한 자연인이 아니라 조직된 인간, 즉 사회다.
건축은 사회와 밀접한 연관이 있음이 선명하게 두드러지게 되었다.

방과 공간

건축은 공간을 다루는 예술이다.

혹은 건축의 가치는 공간의 창조에 있다. 이것은 구원의 문장이다. 건축이 감내해야 했던 물질적 비난의 설움을 씻어 내는 중요한 문장이다.

'건축은 예술이다'라는 문장이 성립되는 데는 긴 노정이 필요했다. '건축은 공간을 다룬다'는 문장이 만들어지는 과정도 단순하지는 않았다. 이 문제에 관한 한 누가, 언제가 처음인지를 규명하는 것은 특히 쉽지 않다. 그것은 자료의 부족과 분실 때문이 아니다. 이런 주장이 시작된 곳은 독일이고, 독일어에서 공간space을 지칭하는 단어가 '라움Raum'이고, 이 단어는 공간뿐 아니라 방의 의미도 갖고 있기 때문이다. 방을 지칭하는 다른 단어에는 '치머Zimmer'가 있다. 이것은 명확히 물리적인 방을 지칭한다. 규모로 본다면 라움보다 더 작고, 우리가 일반적으로 생활하는 방을 구체적으로 지시하는 단어다. 우리 집에 방이 세 개 있다고 하면 그 방이 치머다.

이에 비해 라움은 훨씬 더 광범위하게 쓰이는 단어다. 방 번호를 지칭하는 경우부터 수학적·철학적 공간을 지칭하는 경우까지를 모두 포괄할 수 있다. 문장을 들여다보자.

건축은 공간Raum을 만드는 작업이다.
건축은 방Raum을 만드는 작업이다.

공간을 만든다면 우아하게 들리는 문장은 방을 만든다면 별 볼일 없는 일상으로 돌아온다. 공간은 초월적이고 방은 현실적이다. 공간은 추상적이고 방은 물질적이다. 그래서 이 라움의 의미 규명은 중요하다. 건축가에게 필요했던 것은 물질의 의미가 완전히 탈색된 추상적 개념이기 때문이다. 이 단어가 방을 지칭하는지 공간을 지칭하는지를 규명하려면 문맥을 읽는 수밖에 없다. 건축에 관심은 있었으나 호의적인지는 알 수 없었던 그 철학자들의 글을 읽어 보자.

> 이제 건물이 나무집이냐 돌집이냐의 구분이 충분하지 않다는 점이 드러났다. 주거, 궁전 혹은 신전 등의 용도에 의해 공간Raum을 규정하는 방식도 마찬가지다. 이 공간들은 두툼한 덩어리를 파내서 만들 수도 있고 반대로 벽과 지붕을 조합해서 만들 수도 있는 것이다.[1]

> 우주와 비교하면 미미한 크기이기는 하지만, 우리는 공간einen Raum을 통해서도 수학적인 숭고함을 느낄 수 있다. 직접 와 닿고 한꺼번에 인지가 되는 규모를 통해 우리는 우리의 몸이 거의 무한히 작아짐을 느끼게 된다. 이런 것은 우리가 감지할 수 없는 텅 빈 공간leerer Raum을 통해서는 느낄 수 없고, 로마의 〈성 베드로 성당〉이나 런던의 〈성 바오로 성당〉의 높고 큰 돔과 같이 끝없이 커 보이되 인지가 될 수 있는 것들을 통해서 느낄 수 있다.[2]

---

[1] G.W.F. Hegel, trans. F.P.B. Osmaston, *The Philosophy of Fine Art*, 1920, Vol. III. p.29.
  헤겔은 이 외에도 건축을 설명하는 데 라움을 계속 등장시킨다. 이러한 강의록은 다음과 같다.
  G.W.F. Hegel, trans. Henry Paolucci, *Hegel: On the Arts*, 1979, p.80.
  G.W.F. Hegel, trans. F.P.B. Osmaston, *The Philosophy of Fine Art*, 1920, Vol. III. p.110.
  G. W. F. Hegel, *Vorlesungen über die Philosophie der Kunst*, 1998, p.208, pp.42~44, p.231.

이것은 각각 헤겔과 쇼펜하우어의 글이다. 영문 번역본에서는 '라움Raum'을 모두 '공간space'으로 번역하고 있다. 그러나 이들을 문맥으로 본다면, 헤겔의 공간은 물리적인 방에 가깝다. 쇼펜하우어의 '텅 빈 공간Raum'은 방과 공간의 중간 지점, 그리고 우주와 비교한 '공간Raum'은 완벽히 추상적인 공간으로 이해하면 옳을 것이다. 이들 철학자의 글에서도 물질성과 추상성은 혼재되어 있다. 중요한 것은 문맥이다.

방이 공간으로 진화하는 과정은 아주 천천히 진행되었다. 이 과정 역시 세 단계 정도로 나누어 이해할 수 있다. 우선 라움이 평면적으로 장소를 지칭하는 것이 아니고 입체적인 의미를 얻은 것이다. 다음으로 라움은 구체적인 물질성을 떼어 낸 채 완벽한 추상성을 갖게 되었다. 마지막으로 이 추상적인 라움이 건축에서 가장 중요한 가치로 부상하게 되었다. 이제 그 과정을 짚어 보자. 그래서 그 결과로 건축이 얻게 된 것은 도대체 무엇이 있는지를 확인해 보자. 건축가의 자존심 말고 다른 것이 혹시 있는지.

방의 진화

입체적인 개념을 건축에 완전히 결합시킨 것으로 대체로 지목되는 사람은 고트프리트 젬퍼Gottfried Semper(1803~1879)다.[3] 르네상스 시대까지

---

[2] Arthur Schopenhauer, trans. E. F. J. Payne, *The World as Will and Presentation*, 1958, Vol.I, §40, p.206.

는 평면과 입면의 비례가 관심사였던 만큼 건축 이론의 내용은 평면적이었다. 젬퍼에게 입체적인 개념의 가장 중요한 구성 요소가 바로 방이었다. 그것은 덩어리로서의 형태, 즉 매스mass나 볼륨volume과는 분명 대칭되는 개념이었다. 그러나 여전히 물리적인 개념이었다. 예를 들어 자신의 마지막 강의에서 젬퍼는 세계를 장악한 로마의 정신이 건축을 통해 표현되어 있다고 설명한다.

고트프리트 젬퍼. 그는 '불온한 사상' 때문에 독일을 떠나 이국에서 생애 대부분을 지냈고, 건물보다 강의와 이론에 집중해야 했던 불운한 건축가다.

> 로마의 건물에서 다양한 크기의 여러 공간Raum들은 중심의 거대한 공간을 감싸고 형성되어 있다. 이것은 각 부분이 서로를 지지하고 강화해 준다는 조화와 협력의 가치를 표현하는 것이다.[4]

영문으로는 역시 '공간space'으로 번역되었지만, 이 라움은 방으로 이해해도 아무 문제가 없다. 문맥으로 보면 오히려 물리적인 방으로 해석하는 것이 더 자연스럽다. 이전의 저작에서도 젬퍼는 공간을 중요한 개념으로 언급한다. 그러나 이들은 모두 방으로 해석해야 할 것들이다. 젬퍼에게 라움은 '벽돌과 돌을 통해 방어와 보호를 위해 만든 결과물'[5]을 지칭한다.

---

[3] Cornelis van de Ven, *Space in Architecture*, 1980, p.71.
Harry Francis Mallgrave, *Modern Architectural Theory*, 2005, p.196.

[4] Gottfried Semper, trans. Harry Francis Mallgrave and Wolfgang Herrmann, "On Architectural Style(1869)", *The Four Elements of Architecture and Other Writings*, 1989, p.281.

[5] Gottfried Semper, trans. Harry Francis Mallgrave and Wolfgang Herrmann, "Style in the Technical and Tectonic Arts or Practical Aesthetics(1860)", 앞의 책, 1989, pp. 254~255.

강의록과 글을 통해 그는 동시대 다른 지역의 건축가와 조금 다른 관심사를 보여 준다. 그는 건축양식의 취사선택에 큰 관심이 없었다. 그의 시작점은 어떻게 물질과 재료를 조직하는가였다. 그리고 마지막으로 성취해야 할 것은 이들의 단순 조합을 뛰어넘되 사회적 가치가 반영된 건축이었다.

기술과 사회에 관한 탁월한 관찰과 논리는 그의 후기 저작에서 발견되는 가치다. 젬퍼의 의미는 체계적이었다는 것이다. 공간을 규명하려는 입장에서 해석의 모호함은 있어도 그의 주장은 비슷한 시대 다른 누구의 것보다 조직적이었다.

고딕 성당은 입체적이었지만, 이를 설득할 만한 이론이 없었다. 르네상스 건축은 이론이 있었지만, 건물을 입체적 사고를 통해 거론하고 있지 않았다. 이제 이론과 입체가 맞물리기 시작했다. 그 입체는 볼륨이 아니라 방이라는 개념으로 설명되기 시작했다.

라움이 공간으로 번역되려면, 이 단어가 다른 추상적인 단어와 함께 사용되든지 물리적 방과 관계없는 분야에서 다뤄졌어야 한다. 시간과 병치倂置된다면 그것은 방이 아니고 공간이다. 미술에서 이 단어가 사용된다면 방이 아니고 공간일 수밖에 없다.

라움 진화의 중간 과정에 있는 사람으로는 조각가 슈마르조August Schmarsow(1853~1936)를 들 수 있다.[6] 그는 예술로서 건축의 가치가 '라움을 만드는 것Raumbildung'에 있다고 단언한다.[7] 그러나 아직 진화의 중간

---

[6] Cornelis van de Ven, 앞의 책, p.90.

[7] August Schmarsow, *Grundbegriffe der Kunstwissenschaft*, 1998, p.184.

단계라는 딱지가 붙는 것은 그의 공간이 아직도 물리적 방으로 해석될 여지를 남기고 있기 때문이다.

그의 건축적 라움은 네 개의 벽과 지붕을 지닌 물리적 개념이었다. 그러면서도 조각과 관련된 라움은 틀림없이 추상적 공간이었다. 이들은 같은 책 안에서 병존했다. 바로 이 부분이 슈마르조를 중간 단계의 인물로 지적하게 한다. 또한 그의 공간은 볼륨, 선과 등가의 가치이며 절대 권력적 가치로 부각되지 못했다.

실물 재료를 다뤄서 건물을 만들어 내는 건축가 중에서 자신들의 작업을 이 공간이라는 개념으로 포착한 건축가를 비슷한 시기에 찾기는 어렵다. 공간은 건축가들에게는 지나치게 추상성이 강한 개념이었다. 공간을 통해 건축을 거론한 건축가로 알려진 사람은 베를라헤Hendrik Petrus Berlage(1856~1934) 정도였다.[8] 그의 강의록을 읽어 보자.

베를라헤. 그는 건축에 대한 깊은 성찰과 완성도 높은 건물을 통해 네덜란드 현대 건축의 기초를 닦은 건축가다.

> 건축은 공간적인 구획Raumumschließung의 예술이다. 따라서 우리에게 중요한 것은 어떤 방법으로 공간을 만드는가 하는 점이다. 그리고 바로 이 이유로 인해 건물의 외부 형태만 강조되어서는 안 된다는 것이다. 공간의 구획은 바로 벽체에 의해 이루어진다. 공간, 혹은 이들의 조합은 바로 이 벽체가 조합된 방식을 통해 외부에 표현되는 것이다.[9]

---

[8] Harry Francis Mallgrave, *Modern Architectural Theory*, 2005, p.219.
　저자는 베를라헤 이전에 공간을 거론한 건축가로 스위스 출신의 한스 아우어Hans Auer (1847~1906)를 지목한다.

그러나 여기서의 라움은 여전히 물질적인 방의 의미를 완전히 벗어나지 못하고 있다. 건축가에게 공간은 기존의 사고에서 보면 당혹스러울 만큼 추상적 개념이었다. 건축가들은 아직 머뭇거리고 있었다.

이 시기는 다른 언어권에서도 건축의 공간이 등장한 시대였다. 영어에서도 이미 19세기 중반에 공간space이라는 단어가 사용되었다. 예를 들면 존 러스킨은 지붕은 넓건 좁건 공간을 덮는 것이라고 한다.[10] 그러나 여기서도 공간은 구체적이고 물리적인 방의 의미를 갖고 있다.

프랑스어권에서는 쇼아지Auguste Choisy(1841~1909)가 공간espace의 개념을 사용한 예를 볼 수 있다. 그러나 그의 공간은 젬퍼나 러스킨과 마찬가지로 물리적인 방의 의미가 강한 것이었다. 추상적으로 비어 있는 부분을 지칭하는 단어로 사용한 것은 그냥 '비어 있는 것le vide'이었다.[11]

진화의 완성

건축적 라움을 추상적 공간 개념으로 집대성한 사람은 헤르만 죄르

---

[9] Hendrik Petrus Berlage, trans. Ian Boyd Whyte and Wim de Wit, *Thoughts on Style: 1886-1909*, 1996, p.152.
    Hendrik Petrus Berlage, *Gedanken über Stil in der Baukunst*, 1905, p.52.
    'Raumumschließung'은 공간적 둘러싸임으로도 번역할 수 있다.

[10] John Ruskin, *The Stones of Venice*, 1960, Chapter Ⅲ. Ⅰ.

[11] Reyner Banham, *Theory and Design in the First Machine Age*, 1960, p.66.

겔Herman Sörgel(1885~1952)이었다. 그는 《건축 미학Architecktur Ästhetik》에서 비트루비우스부터 칸트를 거쳐 당대에 이르는 이론들을 일목요연하게 정리했다.[12] 그리고 나서 당시 건축의 개념을 정리하는 가장

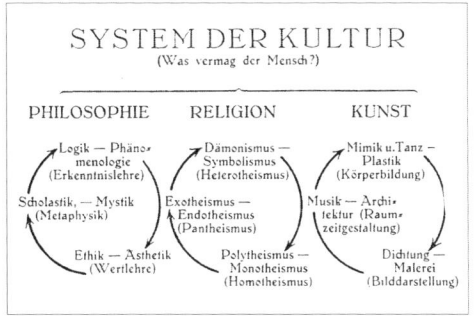

헤르만 죠르겔이 정리한 도표. 건축과 추상적 공간의 관계가 오른쪽에 보인다.

중요한 틀로 선보인 것이 바로 공간이었다. 이제 공간은 더 이상 오해의 소지가 없는 추상성을 확보한 건축의 개념으로 선보이기 시작했다. 공간, 시간, 음악, 미술, 건축이 모두 조합된 개념에 이른 것이다.

이후 공간이라는 개념이 건축에 도입되는 데 출동한 주력부대는 건축가가 아닌 미술가들이었다. 공간 개념에 관한 한 미술가들은 과감했다. 공간이 미술의 중요한 가치인데, 건축이 이와 다를 바 없다고 주장하는 사람들도 등장했다. 이들은 바사리가 미술과 건축을 묶은 도구였던 디제뇨 대신 공간의 개념을 들고 나왔다. 입체파 화가들은 사과는 사과지만 먹음직스런 사과는 아니고, 이렇게도 보이고 저렇게도 보이는 사과를 한 화면에 그려 놓았다고 주장하기 시작했다. 이것은 공간의 문제였다. 이렇게 보는 것과 저렇게 보는 것은 동시에 이루어지는 사건도 아니었다. 캔버스에 시간도 개입되기 시작했다.

1919년은 유럽에서 갑자기 공간과 시간이라는 단어가 유행어가 되어 버린 해였다. 불을 지핀 분야는 물리학이었다. 태양의 중력이 빛도

---

[12] Herman Sörgel, *Architecktur Ästhetik: Theorie der Baukunst*, 1998(original: 1921). 코넬리스 반데벤의 주석은 1918년 출간된 문헌을 기록하고 있다. Cornelis van de Ven, 앞의 책, p.254.

군복 차림의 반 두스뷔르흐.

굴절시킨다는 내용을 포함한 아인슈타인Albert Einstein(1879~1955)의 일반상대성이론이 관측 결과 옳다고 판명된 해였다. 이 이론의 이해 여부와 관계없이 아인슈타인은 대중 스타가 되었고, 공간과 시간은 서로 맞물린 개념이 되었다.[13]

미술과 건축을 넘나들며 작업했던 사람들은 완벽히 추상화된 공간을 통해 건축을 규정하기 시작했다. 네덜란드 '더 스타일De Stijl'의 멤버들이 그 주인공이었다. 이들은 대개 건축에 할 말이 많은 화가들이었다.[14] 선과 사각형만 몇 개 늘어놓은 채 텅 비어 보이는 그들의 그림에서는 그만큼 비어 있는 곳이 부각되었다. 이 집단의 리더 격인 반 두스뷔르흐Theo van Doesburg(1883~1931)는 공간이 건축의 중요한 개념이라는 점을 명확히 한다. 그의 단어는 절대로 방이 아닌 공간이었다. 그의 글에서는 공간의 반대말이 매스, 볼륨, 덩어리와 같은 개념으로 정리되기 때문이다.

건축의 가장 순수한 표현 방법은 양의 가치인 면, 매스 그리고 음의 가치인 공간Raum이다. 건축가는 면, 매스를 내부 공간Inneräumen, 공간Raum의 관계와 대비시킴을 통해 자신의 예술적 경험을 표현하게 된다.[15]

---

[13] 탐사 결과가 발표된 후 6년간 유럽에서 상대성이론에 관해 나온 책만 해도 600권이 넘었다. Walter Isaacson, *Einstein: His Life and Universe* (audiobook), 2007, p.152.

[14] 예를 들어 몬드리안은 1923년에 "회화는 건축보다 열등한 것으로 여겨져야 하는가? Muß die Malerei der Architektur gegenüber als minderwertig gelten?"라는 글을 남겼다. 현대판 《파라고네》라고 해야 할 이 글의 결론은 그냥 통합되어야 한다는 것이다. Piet Mondrian, "Neue Gestaltung", *Bauhausbücher*, 5, p.65.

공간과 건축의 연결은 국지적 현상은 물론 아니었다. 영국의 제프리 스콧Geoffrey Scott(1884~1929)은 건축가나 건축 이론가는 아니었지만 건축에 관한 중요한 비판을 남겼다. 1914년 출간된 저서에서 그는 볼륨, 공간, 선을 건축의 기본적 요소로 지적했다.[16]

공간이 건축의 절대적인 가치로 자리를 잡는 데도 조직과 매체가 필요했다. 여기서도 바우하우스가 등장한다. 예술이라는 구원 프로젝트의 방향을 거스르고 쟁이, 즉 장인으로 돌아가야 한다는 것이 바우하우스의 이념이었다. 그러나 장인은 장인이되, 우아하고 유식한 장인들이 되어야 했다. 자신들의 사회적 위상을 위한 균형추로 필요한 것은 이런 추상적 개념이었다. 바이마르Weimar 개교 당시 바우하우스에는 건축과가 없었다. 집을 완결된 협력의 형태로 표방한 집단치고는 좀 의아한 상황이었다. 건축가라고 할 만한 사람도 그로피우스밖에는 없었다.

바이마르 정부에 우파가 집권하면서 사회주의자, 좌파 예술가의 집합소였던 바우하우스가 견뎌 낼 수 없는 것은 당연했다. 결국 학교는 1925년 아직 좌파가 집권하고 있던 데사우Dessau로 옮기게 되었다. 15년 남짓의 바우하우스 역사에서 이 시기가 핵심기였고, 가장 중요한 시기였다. 건축과도 이 시기에 생겼다.

바우하우스의 건축에서 공간을 부각시킨 공로는 모호이너지László Moholy-Nagy(1895~1946)에게 돌아가야 할 것이다. 모호이너지는 바우하우스에서 담당했던 시각 미술 수업을 토대로 1929년에 책을 한 권 저술

---

[15] Theo van Doesburg, trans. Janet Seligman, *Principles of Neo-Plastic Art*, 1969, p.15. 원본 출간은 1925년. 코넬리스 반데벤은 1919년에 출간된 원고를 인용한다.

[16] Geoffery Scott, *The Architecture of Humanism*, 1969, p.157.

했다. 그 책의 목차를 보자.

    1. 교육
    2. 재료
    3. 볼륨(조각)
    4. 공간(건축)[17]

모호이너지는 조각의 재료가 청동이나 나뭇조각이 아닌 볼륨이며 건축의 재료는 돌이나 나무가 아닌 공간이라고 주장하고 있다. 그는 공간Raum이라는 단어 앞에 붙을 수 있는 마흔 개가 넘는 형용사를 예로 든다. 수학적, 물리적, 기하학적, 절대적, 영화의, 균질한 그리고 심지어는 무한까지. 이쯤 되면 이 단어는 절대로 방이 아니고 공간이 되는 것이다. 그리고 그 공간은 건축에서 여러 개 중 하나가 아닌, 단 하나의 절대 가치로 군림하게 되었다.

공간의 전파

이제 필요하고 남은 것은 공감대를 형성하는 일이었다. 이 과정을 거

---

[17] I. Erziehungsfragen, II. Das Material, III. Das Volumen(Plastik), IV. Der Raum (Architekur).
    László Moholy-Nagy, trans. Daphne M. Hoffmann, *The New Vision: From Material to Architecture*, 1946, p.156. 원본인 *Von Material zu Architektur*의 출간 연도는 1929년.

슬러 올라가게 되면 바우하우스의 폐교를 만나게 된다. 1930년대 나치가 독일을 장악하면서 바우하우스의 폐교는 시간문제였다. 이들 눈에 이 좌파 집합소가 곱게 보일 리 없었다. 결국 그 주요 구성원들은 독일을 떠나야 했다. 바우하우스의 초대 교장이었던 그로피우스는 하버드 대학, 마지막 교장이었던 미스 반데어로에는 일리노이 공과대학IIT, Illinois Institue of Technology[18]의 학장 자리를 얻어 미국으로 이주했다.

모호이너지. 그도 바우하우스 폐교 이후 미국으로 이주했다.

이들의 이주는 보자르풍 일색이었던 미국 대학의 건축 교육을 완벽히 바꿔 놓는 기폭제가 되었다.

　미스 반데어로에는 바우하우스에 대한 절박한 애착을 갖고 있었다고 보기는 어렵다. 그러나 설립자였던 그로피우스는 바우하우스맨이었다. 그는 공방을 표방한 예술 학교를 주장한 장본인이었다. 그러나 미국 건축은 그로피우스를 당황시킬 만한 사회적 차이점을 갖고 있었다. 미국에는 공방이 없었다. 미국의 건설 산업은 예나 지금이나 공장 제조업의 한 부분이다. 공장에서 생산된 부재들을 카탈로그에서 선택해서 조합하면 그게 건물로 완성되는 식이다. 규격화·표준화는 미국 산업의 근간이고 주문생산을 표방하는 장인의 세계와는 다른 것이었다. 그로피우스는 유연한 사람이었다. 이미 독일에서부터 대량생산 산업에 관심이 있던 그는 공방이 아닌 공장을 받아들였다. 미국에서 그로피우스의 관심은 공장 생산 체제를 통한 건축이었다. 공방이든 공장이든 그로피우

---

18 미스가 이주했을 때의 학교 이름은 '아머 공과대학Armor Institute of Technology' 이었다.

공간, 건축을 구원하다　215

스의 입장에서 일관된 것이 있다면, 그것은 기술에 대한 관심이었다.

건축은 발전하는 것이고 그 발전의 동력은 기술이라는 절대 신념을 지닌 건축학자가 그로피우스의 주위에 한 명 있었으니 그가 기디온이다. 그는 그로피우스의 초청으로 하버드 대학에서 당시 건축의 경향에 관해 강의를 했고, 그 강의록을 바탕으로 1941년에 두툼한 책을 출간했다. 20세기 건축의 가장 중요한 역사서가 된 그 책의 제목이 바로 《공간, 시간, 건축Space, Time and Architecture》이다.

공간이라는 주제와 관련하여 이 책에서 중요한 것은 내용보다는 제목이다. 이 책에서 공간은 가장 중요한 주제도, 일관된 주제도 아니다. 공간이 거론된 부분은 궁색한 느낌까지 준다. 그의 서술은 입체파 화가의 논리가 건축에 적용된 수준을 크게 벗어나지 않는다. 시점이 이동하면서 체험되는 건축의 시대가 왔다고 해서 공간과 시간이 함께 등장한 것이다. 더구나 이것은 이미 이전의 슈마르조가 충실히 지적해 놓은 내용이기도 했다.

사실 그의 화두는 공간이 아니고 기술이었다. 기디온의 분석은 정확한 것이었다. 그러나 바우하우스가 공방을 껴안을 때 이의 균형을 잡을 개념이 절실했던 것처럼 기디온에게도 공간은 기술의 균형추였다. 이 책이 내용을 통해 기술을 건축의 가치로 지적했다면, 제목을 통해 공간을 건축의 구호로 자리 잡게 했다. 공간은 전복적 대안이었고 극적인 돌파구였다.

이 추상적이고 우아하고 아름다운 단어는 철학자들의 질문에 대해 내밀 수 있는 가장 비물질적인 대안이었다. 심지어 칸트도 선험적인 개념으로 보고 그냥 넘어가자고 한 주제가 공간이었다. 사실 건축은 새로운 개념의 도입보다는 기술과 사회의 변화에 의해 바뀌고 있었다. 그러나 건축 이론가들은 공간으로 건축을 해석하는 말과 책을 쏟아 내기 시작했다. 공간이라는 개념을 빼고 건축을 설명하는 것은 유행에 뒤진 수준을 넘어 불경스럽게 여겨질 정도였다.

건축에서 'Raum'은 'space'가 되었다. 이제 이 'space'가 '공간空間'이 되어 우리에게 수입된 과정을 살펴보자. 한국의 문집文集에서도 공空과 간間이 인접해서 등장하는 경우를 찾을 수 있다. 고전 문헌에서의 공간은 대개 구체적인 그곳을 가리키는 것들이다. 사례를 보자.

> 興廢論人果屬天。空間變滅幾雲煙。
> ─흥하고 망하고를 인간으로서 논하니 과연 그것은 하늘에 달린 일이고, '빈터'는 사라져 연기가 되었네.[19]

> 屍身負置於命得所接之廊底者。只取其空間云爾。則參以事理。
> ─시신은 명득이가 머문 곳에다 져다 두었는데, 단지 '빈자리'가 있어서 그랬을 뿐이라 하니, 사리를 봐서도 참작할 수 있을 듯합니다.[20]

여기서 사용된 공간의 의미는 '빈자리'에 가깝다. 문맥에 따라 책을 낼 때는 '빈칸', 집을 설명할 때는 '빈방', 장소를 가리킬 때는 '빈터'를 가리키는 것으로 번역되는 것이다. 이들이 우리가 생각하는 추상적 개념으로 해석되기는 어렵다. 중국의 《사고전서四庫全書》를 뒤져 봐도 등

---

[19] 김안국金安國, 《모재집慕齋集》, 〈次開城十絕韻〉, 1574. 한국고전번역원의 자료 검색에 의하면, 16세기 후반의 이 문장은 '空間'이라는 두 글자가 등장하는 최고본最古本이다.
[20] 정조正祖, 《홍재전서弘齋全書》 卷百三十九, 〈審理錄五〉. 1814.

장하는 공간의 개념은 크게 다르지 않다.

주목할 것은 불교의 개념이다. 시작과 끝 대신 윤회를 이야기하는 불교에서는 무無, 극極, 허虛, 공空, 간間과 같은 문자로 표현되는 개념이 많다. 모두 존재하지 않는다는 추상적 의미다. 시간과 공간의 구분은 여기서는 별 의미가 없다. 이들은 서양의 물질적 개념과 달리 심상의 개념이었다. 건축적 공간과는 더욱 다른 것이었다.

이제는 번역이 필요해졌다. 일본의 개화기는 새로운 사회 현상과 문제를 이해하는 방법에 대한 놀라운 학문적 활동이 벌어진 때였다. 사실 현재 우리 주위의 거의 모든 추상적 개념의 한자어 명사들은 이때 일본에서 번역한 것이다. 개화civilization, 사회society, 현상phenomenon, 문제problem, 이해understanding, 방법method, 학문learning, 활동activity, 사실fact, 현재present, 추상abstract, 개념concept, 명사noun, 번역translation 등.

'space'의 번역어로 '공간空間'을 결정한 것은 일본 근대 철학의 아버지라고 불리는 니시 아마네西周(1829~1897)였다. 그는 'philosophy'의 번역어로 '철학哲學'이라는 단어를 만든 장본인이기도 하다. 'time'을 '시간時間'으로 번역한 것도 역시 그였다. 그는 1879년 간행된 《심리학心理学》에서 《관자管子》의 '경중갑輕重甲'[21]에 등장한 단어 '공간'을 차용해서 그 번역어로 사용한 것이다.[22] 니시는 원전의 의미가 정확히 무엇인가에 구애받지 않았다. 비슷하고 무난한 단어라면 번역어로

---

21 그가 '관포지교管鮑之交'의 그 관중管仲이다.
　　북곽北郭에서 벌어지고 있는 경제난의 타결 방법에 대한 환공桓公의 질문에 관자가 답한다. 가진 자들의 매점매석을 금하게 할 것을 권유한 후에 나오는 문장은 "若此則空閒有以相給資"이다. 해석하면 "이와 같이 한다면 빈 사이가 생겨서 서로 넉넉히 보탬이 될 것입니다" 정도될 것이다. 聞, 閒, 間은 혼용될 수 있는 문자였다.

선정했다. 이 번역은 1881년 이노우에 데쓰지로井上哲次郎(1855~1944)의 《철학자휘哲學字彙》에 담겨 수용되면서 오늘에 이르게 되었다.[23] 그렇게 우리는 '공간'을 얻게 되었다. 이 시점에서 좀처럼 해결되지 않는 문제가 떠올랐다. 그것은 공간이라는 단어가 갖는 극단적 추상성에 내재된 문제였다. 공간은 무엇인가.

공간의 정체

태초에 공간이 있었다.

즉, 아무것도 없었다. 그리하여 창조가 필요했다. 창조의 결과는 세계였고 완성은 인간이었다. 그 인간이 건축을 만들었다. 건축은 다시 공간을 다룬다고 한다. 그렇다면 건축은 아무것도 다루지 않는 것인가.
돌, 벽돌, 콘크리트가 뭐냐고 묻는다면 질문의 속뜻을 파악해야 한다. 답이 자명하기 때문이다. 가서 보고 만져 보라면 된다. 그러나 공간은 만져 볼 수 없다. 공간은 그 추상성, 비물질성 때문에 건축 개념으로

---

[22] space와 time이 각각 空間과 時間으로 번역되는 과정에 관한 내용은 森岡健二, 《近代語の成立》, 1969, pp 159~181, 참조. 비슷한 시기인 1872년과 1882년에 초판과 2판이 간행된 柴田昌吉·子安峻, 《英和字彙》는 지금 관점에서 보면 이들을 혼용해서 번역하였다. space는 間, 廣, 空所, 空間, 時間으로, time은 時, 廣, 時代, 時間 등으로 번역한다. 그러나 최종적으로 이 두 단어의 번역어로 결정된 것은 니시의 제안대로 각각 空間과 時間이었다.

[23] 1912년 '영독불화 철학자휘英独仏和哲学字彙'라는 이름으로 3판까지 출판되었다. space의 번역어는 '공간'이 되었다.

도입되었다. 그러나 공간은 바로 그 이유 때문에 실체를 규정하기도 어렵다. 이런 질문에 대한 가장 손쉬운 답은 선문답을 하는 것이다. 건축은 존재한다. 공간도 존재한다. 더 이상은 물을 필요도 알 필요도 없다. 따라서 답할 필요도 없다.

그러나 질문은 답을 필요로 한다. 건축학자들의 책을 읽어 보자. 우선 서양 건축사가 계보의 종손인 펩스너Nikolaus Pevsner(1902~1983)의 이야기를 들어 보자. 그는 건축의 역사는 인간이 어떻게 공간을 형성해 왔는가의 역사라고 단언한다.[24] 그러나 공간이 도대체 무엇인지에 대해서는 설명하지 않는다. 공간이 뭔지 모르는 자가 있느냐고 반문할 듯하다.

공간 개념 보편화의 공신 기디온의 의견을 들어 보자. 그는 공간이 무엇인가를 설명하지 않고 그냥 보여 주려고 한다. 즉 역사적 발전을 통해서 공간을 해설하려 한다. 그는 공간을 통한 건축 발전의 단계를 그리스 이전 시기, 로마 이후 시기 그리고 현재 진행형의 세 시기로 나눈다. 첫 번째 시기는 공간을 외부에 두는 볼륨으로서의 건축기였다. 이집트, 그리스 시대의 건축이 바로 이것이다. 두 번째 시기는 실내 공간이 중요한 시기로서 로마 시대부터 바로크 시기까지다. 세 번째 공간 개념이 형성되고 있는 것은 바로 현재로서, 〈시드니 오페라하우스Sydney Opera House〉나 〈도쿄 요요기 체육관国立代々木競技場, Tokyo Yoyogi Sports Complex〉 같은 건물이 그 예에 해당된다는 것이다.[25]

---

[24] Nikolaus Pevsner, *An Outline of European Architecture*, 1963, p.15.

[25] Sigfried Giedion, *Architecture and the Phenomena of Transition*, 1971, p.3.

〈시드니 오페라하우스〉와 〈도쿄 요요기 체육관〉. 두 건물 모두 현대건축의 기념비이자 도시의 상징물로 자리 잡았다.

현대건축에 대한 그의 신념은 충분히 공감할 수 있는 것이다. 수천 년간 서양 건축을 구속하고 있던 고전 건축, 역사에 대한 멍에를 내던진 첫 시기에 대한 평가는 중요하다. 그러나 그의 설명은 도식적이다. 공간을 통한 그의 시대 구분은 역사를 전반기, 후반기 그리고 지금으로 나누는 정도로 허탈한 것이다.

다른 이론가의 논의도 공간 자체만큼이나 허무하다. 브루노 제비 Bruno Zevi(1918~2000)는 《공간으로서의 건축Architecture as Space》이라는 제목의 저서로 유명한 사람이다. 그는 건축의 이론적 역사는 공간 인식의 역사라고 단정한다. 그러나 그는 당황스럽게도 같은 책에서 "아직도 우리에게는 만족스런 건축 역사서가 없다. 그 이유는 우리가 아직도 공간을 통해 생각하는 데 익숙하지 않기 때문이다"[26]라고 고백한다.

그가 파악하는 공간의 의미는 벽으로 둘러싸인 내부 공간이다. 그렇다 보니 그는 오벨리스크, 분수, 교량, 개선문 같은 것들은 물론 〈파르테논 신전〉까지도 건물의 목록에서 제외해야 했다. 결국 그래서 내부

---

[26] Bruno Zevi, trans. Milton Gendel, *Architecture as Space*, 1957, p.22.

공간이 없는 건물은 건축사가 아닌 도시사에서 다뤄야 한다는 당황스런 결론에 이르게 된다.[27] 그가 공간을 구분하는 방식 역시 실망스러울 정도로 단순하고 형식적이다. 그의 공간은 두 종류다. 기하학적 질서를 가진 공간, 뚜렷한 질서가 부각되지 않는 유기적인 공간.

공간의 저서로 우리에게 알려진 다른 이론가는 노르베르그슐츠Christian Norberg-Schulz(1926~2000)다. 《실존, 공간, 건축Existence, Space & Architecture》이라는 무거운 제목의 책에서 그는 공간이 선험적으로 존재한다고 전제한다. 이 점에서는 칸트와 다르지 않다. 다른 점이라면 노르베르그슐츠가 지칭하는 공간은 구체적 환경이라는 것이다.

그는 인간의 존재가 결국은 실존적 공간의 창조, 즉 주변 환경에 자신을 투영하여 그 대상을 의미 있게 만드는 작업에 의해 규정된다는 결론에 이른다.[28] 사회와 문화의 조직체로서 인간에 대한 그의 견해는 충분히 공감할 수 있다. 우리는 공간을 점유함으로써 존재하기 때문이다.

그러나 그의 책이 건축에 필요한 공간 개념을 제공한다고 보기 어렵다. 그의 공간은 사후 평가며 결과물이다. 정확히 단어를 구분한다면 그가 지칭하는 대상, 즉 실존적 공간은 공간이 아니고 바로 '장소place'다.

이제는 그간 침묵하고 있던 사람들의 이야기를 들어 보자. 건축사가나 비평가가 아니고 실제로 재료를 다뤄 선물을 짓는 건축가들이다. 그들인들 공간이 명료할 리 없다. 공간은 그냥 거기 존재한다.

---

[27] 같은 책, p.32.
[28] Christian Norberg-Schulz, *Existence, Space & Architecture*, 1971, p.114.

> 건축은 공간으로 구현된 시대정신이다.[29]
> 건축은 의미 있게 공간을 만드는 작업이다.[30]
> 나는 공간이 무엇인지 안다고 주장하지 않는다. 생각하면 할수록 혼미해지기만 한다.[31]

이 문장들은 모호하다. 과연 혼미하다. 시작도 끝도 없는 어느 지점, 아무것도 없는 텅 빈 곳에서 건축가들은 공간을 놓고 번뇌하고 있다. 공간은 무엇인가. 좀 더 다양한 의견을 들어 보자.

> 공간은 아무것도 없는 것이다. (…) 건축은 공간이 지닌 최고의 가치를 보여 주는 예술이다. 건축은 삼차원의 비어 있음으로 우리를 감싸는 것이다.[32]
> 공간이라고 부르는 이 건축적인 '비어 있음'은 도대체 몇 차원의 존재인가?[33]
> 건물은 공간이라고 부르는 이 모호한 허공을 특별한 방식으로 만들어 내고 공명시키는 것이다.[34]
> 만일 공간이 건축의 가치라면 그간의 건축 활동은 태반이 의미 없는 장식이었던가. 그러면 도대체 우리는 무얼 짓겠다고 나선단 말이냐.[35]

---

[29] Philip C. Johnson, *Mies van der Rohe*, 1978, p.191.
[30] Louis I. Kahn, "Space and the Inspiration", Robert Twombly, ed. *Louis Kahn: Essential Text*, 2003, p.223.
[31] Peter Zumthor, *Thinking Architecture*, 2006, p.22.
[32] Geoffery Scott, 앞의 책, p.168.
[33] Bruno Zevi, 앞의 책, p.28.
[34] Peter Zumthor, 앞의 책, p.22.
[35] Roger Scruton, *The Aesthetics of Architecture*, 1979, p.43.

이들은 대체로 공간을 형태form, 덩어리mass, 물체solidity와 대척점에 있는 개념으로 파악한다. 형태가 구체적이고 물질적인 의미를 갖다 보니 공간은 그 반대개념으로서 항상 비어 있는 것으로 인식되곤 한다. 아니, 그렇게 인식되어야 했다.

공간에 관한 논의는 순환과 반복을 계속하고 있다. 공간의 추상성이 필요했던 건축은 공간을 규정하는 테두리까지 지워 버리고 극단적인 추상으로 내달았다. 허공으로 치달았다. 달리기에 바빠 결승점을 넘은 채 캄캄한 밤중까지 트랙을 계속 달리는 육상 선수 같았다. 이제 공간이 건축의 위대한 가치임에 틀림은 없으나 그 의미를 규정할 수 없는 상황에 처하게 되었다.

이 가운데 주목할 만한 방법으로 공간에 대해 질문한 사람이 베르나르 츄미Bernard Tschumi(1944~)다. 그는 공간을 한 문장으로 표현하고 끝내겠다는 이들과 좀 다르다. 그는 비트겐슈타인이 《논리 철학 논고Tractatus Logico-Philosophicus》에서 보여 준 기발하고 숨 막히는 논리 전개 방식을 공간에 덮어씌운다. 차이점이라면 비트겐슈타인의 주제가 세계인 반면, 츄미의 주제는 공간이라는 것이다. 그의 질문은 다음과 같이 시작한다.

> 1.0 공간은 모든 물질적 존재들이 포함되어 있는 물질적 존재인가?
> 1.1 만일 공간이 물질적 존재라면 그것은 경계를 갖고 있는가?
> 1.11 만일 공간이 경계를 갖고 있다면 공간의 외부에는 다른 공간이 존재하는가?
> 1.12 만일 공간이 경계를 갖고 있지 않다면 그 존재는 무한하게 확장되는가?[36]

츄미의 질문은 공간에 관해 신선한 출발점을 제공한다. 문제는 그것이 질문이라는 점이다. 좀 더 논리적이고 구체적인 질문이다. 답은 여전히 오리무중이다.

다양한 공간

건축가, 건축 이론가, 건축 역사학자의 책을 통해 답을 얻을 수 없다면 다른 방법을 모색해야 한다. 세상이 변했다. 인터넷을 검색해 보자. 영어 검색엔진에서 'space'를 검색하면 인공위성, 별, 은하계와 같은 단어들이 앞장서서 나온다. 사용 빈도로 보면 이것은 천체물리학 용어인 것이다. 'function'이 수학에서 기능이 아닌 함수로 번역되듯 'space'는 공간이 아닌 우주로 번역된다.

천체물리학 다음으로는 수학이 나온다. 기하학의 배경이 공간인 것은 자명하다. 데카르트 이후로는 좌표와 변수로 구성되는 공간도 수학의 중요한 개념이 되었다. 공간은 지리학에서도 거론된다. 물론 지리학에서 사용하는 공간은 장소를 만들기 위한 전제 조건이다. 공간이 추상적인 것이라면 장소는 구체적이다. '집'은 공간이지만 '나의 집'은 장소다. 인간적인 흔적이 존재하는 것은 장소가 되는 것이다.[37]

공간은 이 책의 첫 질문, '무엇인가'와 관계가 있다. '공간은 무엇

---

[36] Bernard Tschumi, *Questions of Space*, 1990, p.13.

인가' 라는 질문은 역시, 그걸 묻는 너는 도대체 무엇이냐는 것이다. 공간은 존재에 대한 두 가지 답변 체계, 종교와 철학의 주제였다.

종교는 묻는다. 존재는 무엇인가. 이 질문은 그 존재 이후에 무엇이 있는가를 두렵게 묻는 것이다. 죽은 다음의 나는 어디서 무엇이 되어 누구와 만나게 되느냐. 여기 답하기 위해서는 존재 이전을 설명할 수 있어야 한다. 사망 이후의 세계가 존재하려면 태생 이전의 세계가 있어야 한다. 말세가 있으려면 창조가 있어야 한다. 창조를 관장한 주체가 있다면 그는 말세 이후도 책임질 것이다. 그렇다면 우리는 현세에도 그를 믿을 수 있다. 존재 이전과 이후를 설명할 수 있다면 존재는 그때 설명이 가능하다.

세계가 부재不在에서 존재存在로 이전되는 순간을 종교가 통칭하는 단어는 바로 창조다. 그 창조 이전 세계의 상태를 해설하는 개념이 바로 공간이다. 그 공간은 '없음', '비어 있음', '어두움', '혼돈' 같은 의미다.[38] 창조 이전과 이후의 세계를 구분하려면 시간도 개입되어야 했다. 종교에서 시간과 공간은 같은 개념은 아니지만 같이 다니는 개념이다.

창조자로서의 신을 상정하지 않는 문화권에서는 이 공간의 개념이 좀 달라진다. 신이 인격적 존재였던 고대 그리스 시대가 바로 그 예다. 이들은 천체 외부, 창조 이전의 세계를 상정할 수 없었다. 아무것도 없는 것에서 뭔가가 만들어진다는 것도 가능한 이야기는 아니었다. 타고

---

[37] 그래서 가스통 바슐라르Gaston Bachelard의 《공간의 시학》은 내용에 비춰 보면 '장소의 시학'이 제목으로 더 어울린다.

[38] 힌두교의 창조는 좀 독특하게 이 방향이 반대로 설정되어 있다. 완성에서 혼돈으로.

남은 재가 다시 기름이 되고, 죽은 뒤에는 다시 태어나니 시작과 끝은 맞물려 있다. 믿을 것은 자신 밖에 없고 의지할 것은 앞서 성불成佛한 존재들이다. 이것은 불교의 입장이다.

이번에는 철학이 묻는다. 존재는 무엇인가. 이 답은 '아무것도 없는 곳에 존재가 있다' 일 수가 없다. 질문은 그 존재는 어디에 있는가다. 이 답에도 공간이 필요하다. 철학의 공간은 존재가 다른 존재와 어떤 관계를 갖고 있는가, 어떤 위치에 있는가를 답하기 위한 개념이다. 그 관계가 절대적인지 혹은 상대적인지가 칸트 이전까지 공간에 관한 철학자들의 논쟁 주제였다.

플라톤도 존재를 묻는다. 그 역시 창조의 개념을 부인하지는 않는다.[39] 그러나 그에게 존재 이전의 설명이 중요한 문제는 아니었다. 중요한 것은 창조 이전이 아니라 창조가 시작되었다는 것 자체다. 그에게 창조 이전을 묻는다면, 그의 대답은 허공이 아니고 혼돈이었다. 플라톤에게 처음을 지칭하는 단어는 '아르케$\alpha\rho\chi\acute{\eta}$(arche)'고 여기서 만들어 낸 질서는 로고스다.

플라톤에게서 우리가 생각하는 것과 비슷한 개념의 공간을 찾기는 어렵다. 가장 유사한 단어는 '코라$\chi\acute{\omega}\rho\alpha$(chora)' 정도다.[40] 오늘날 방이라는 의미로 번역될 만한 이 단어는 후대의 철학자들과 번역자들의 머리를 싸매게 하는 애매한 단어였다. 그러나 일단 공간이 아니라는 점은 뚜렷하다.

---

[39] 창조자에 관한 플라톤의 입장에 관해서는 Plato, *Timaeus*, 30a~37b. 참조.
[40] 같은 책, 52a~52d.

아리스토텔레스의 단어들은 우리가 사용하는 공간의 개념과 유사하되 일치하지는 않는다. 그의 단어로 주목할 만한 것이 '토포스τόπος (topos)'다. 아리스토텔레스가 명료하게 설명한 비유는 물병이다. 물을 쏟아 버리면 그 내부를 공기가 채우게 된다. 이처럼 어떤 유동적 물체가 채워질 수 있는 가장 내부의 규정 조건, 말하자면 물병의 내부 벽면을 지칭하는 단어가 바로 토포스다.[41] 이 토포스를 번역한다면, 공간과 장소의 중간 어디쯤이 될 것이다.

비어 있음, 즉 허공을 지칭하는 단어는 따로 있다. '케논κενόν(kenon)'이 바로 그것이다. 그러나 이 단어도 종교적인 비어 있음의 의미와는 조금 다르다. 케논은 어떤 움직임이 일어나기 위한 배경의 의미를 갖고 있다.[42]

종교와 철학의 공간관은 이 상태로 모호하게 유지되었다. 새로운 공간관이 필요해진 것은 이들의 자리에 과학이 들어선 이후였다. 이제 새로운 공간의 개념에 관해 철학과 자연과학을 함께 묶어 놓은 두 사람, 데카르트와 라이프니츠의 이야기를 각각 들어 보자.

존재하는 것이 전혀 없는 공간, 즉 허공이 철학적인 관점에서 존재할 수 없음은 명확하다. 어떤 객체의 길이, 폭, 깊이를 연장할 수 있다면 우리는 그것이 존재한다고 판단할 수 있다. 공간은 비어 있다고 이야기한다. 그러나 공간도 확장이 가능하다는 사실이 명확하므로 공간 안에

---

[41] Aristotle, *Physics*, Ⅳ, 1, 208~212.

[42] Murad D. Akhundov, trans. Charles Rougle, *Conceptions of Space and Time: Sources, Evolution, Directions*, 1986, p.88.

는 객체가 존재한다.[43]

> 내가 생각하는 것은 시간이 상대적인 것처럼 공간도 상대적이라는 점이다. 사건들의 순차 배열을 시간이라고 한다면 사건들의 동시 배열을 공간이라고 한다. (…) 공간 안에 어떤 물체가 존재하지 않는다면 그 공간이 다른 공간과 다를 이유가 없다. 그런 공간은 신이 부여한 존재의 의미를 갖고 있을 수가 없다.[44]

이들은 공간을 비어 있음으로 해석하지도, 절대적인 것으로 해석하지도 않고 있다. 특히 라이프니츠는 공간이 상대적인 관계라는 점을 누구보다도 뚜렷하게 강조한 사람이다.

칸트는 아예 공간에 대해 규정하려고 하지도 않는다. 칸트가 선험적 a priori인 것으로 선정한 두 개의 개념이 공간Raum과 시간Zeit이었다.[45] 칸트의 공간 개념은 비어 있는가, 상대적인가와 같은 문제에 초점이 맞춰져 있지 않다. 그가 규정하는 공간은 감각 이전의 의미다. 논의는 공간

---

[43] René Descartes, trans. Valentine Rodger Miller, and Reese P. Miller, *Principles of Philosophy*, 1984, p.46, 47. 마지막 문장은 다소 모호하다. 공간은 존재한다고 해석할 수도 있다. 데카르트는 몇몇 서신을 통해 아무것도 없는 공간을 부인한다는 점을 강조한다.

[44] H. G. Alexander, *The Leibniz-Clarke Correspondence*, 1956, p.25, 26.
뉴턴의 대리인 격이 된 클라크와 라이프니츠의 이 서신 논쟁에서 공간에 관계된 주제는 그것이 상대적이가 절대적인가지, 비어 있느냐 채워져 있느냐가 아니었다. 뉴턴은 절대적 공간관으로 유명하다. 그의 공간이 상대적이라면 우리가 고등학교 시절 배운 물리는 공허해진다. 실제로 상당히 공허해진 것은 아인슈타인에 의해서다.

[45] Immaunel Kant, trans. Norman Kemp Smith, *Critique of Pure Reason*, 1929, §1~§4. 칸트의 《순수 이성 비판》 서술의 출발점은 바로 이 공간과 시간의 개념이다. 《순수 이성 비판》을 쓰기 전까지 칸트의 공간 개념은 계속 변해 와서 간단히 규정하기는 어렵다.

이 무엇인가가 아니라, 공간이 존재한다는 것을 받아들인 그 다음부터 가능한 것이고 또한 시작되어야 한다. 칸트는 자신의 공간 개념이 물체나 물질과 어떤 관계를 갖고 있는지 명확히 하지는 않는다. 그러나 아리스토텔레스와 같은 테두리 내부의 개념은 아니고 좌표 체계에 가까운 것임은 틀림없다.

수학자, 과학자들에게 공간은 현상을 설명하는 배경이다. 수학적 공간은 수학자가 규정하는 것이다. 공간은 이미 자신이 전개할 논리를 전제로 규정된다. 극좌표 공간을 전제하고 직교좌표를 늘어놓을 수 없는 것이었다. 그 좌표는 좌표점을 차지하는 존재를 전제로 하고 있다. 물리학에서의 공간도 비어 있음을 지칭하는 것이 아니다. 그 안의 천체, 물체들이 어떻게 존재하는가를 규정하는 배경이다.

문제는 이들이 같은 단어를 사용하지만 모두 다른 대상을 지칭하고 있다는 것이다. 정리가 필요하다. 우리가 논의하려는 대상은 그냥 공간이 아니다. 공간은 분야에 따라 너무나 다른 의미와 내용을 갖고 사용되는 개념이기 때문이다.

그래서 우리에게는 그 앞에 분야를 한정하는 관형사가 하나 더 필요하다. 우리가 알고자 하는 공간은 바로 '건축적' 공간이다. 지금까지 찾아본 일반적인 공간 개념이 그 앞에 '건축적'이라는 단어를 붙이면 어떻게 달라지는지 알아보자.

건축적 공간

건축적 공간은 무엇인가. 공간을 건축과 연관시킨 이들은 도대체 어떤 생각을 갖고 있었을까. 반 두스뷔르흐와 모호이너지의 글을 읽어 보자.

> 일반인들은 현대의 예술가들이 쓰는 것과 완전히 다른 의미로 공간을 이해한다. 그들이 생각하는 공간은 기껏해야 비어 있거나 측정이 가능한 표면 정도다. (…) 공간은 선, 색채, 면 등에 의해 형성되는 관계를 말한다.[46]

공간을 정의하려는 것은 소모적인 작업임에 틀림없다. 그럼에도 물리학적인 정의는 정의의 출발점이 될 수 있다. 즉 공간은 물체들의 위치 관계다. 따라서 공간의 창조는 물체들의 관계성을 창조한다는 것이다.[47]

반 두스뷔르흐는 자신의 이야기가 오해되는 것을 두려워했던 모양이다. 그래서 친절하게 그림을 통해 설명한다. 그는 선, 면, 볼륨, 공간, 시간과 같은 것이 양의 가치 positive 라면 비어 있음, 재료와 같은 것들이 음의 가치 negative 인 것으로 구분한다. 모

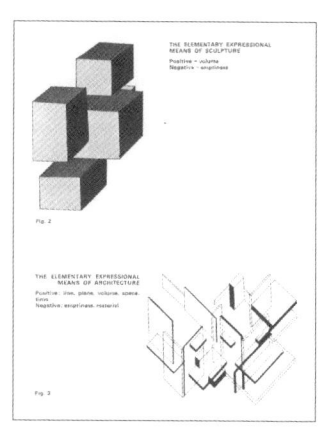

반 두스뷔르흐가 정리한 조각과 건축의 표현 재료. 선, 면, 볼륨, 공간, 시간이 나열되어 있다.

---

[46] Theo van Doesburg, 앞의 책, p.7.
[47] László Moholy-Nagy, 앞의 책, p.156.

호이너지도 이 점에서는 뚜렷하다. 그것은 허공이 아니다. 공간은 존재하는 것들이 허공을 점유함으로 만들어 내는 관계다.

건축적 공간 논의가 허무해지는 순환 고리는 공간을 허공void으로 파악하는 것이다. 허공은 아무것도 없는 것이다. 따라서 측정할 대상도 없고 단위도 없다. 티끌도 번뇌도 없다. 시간으로 치면 시작도 없고 끝도 없다. 건축적 공간이 허공이 아니라는 설명은 하이데거에게서도 단서를 찾을 수 있다.

> 공간Raum은 인간이 어딘가에 숲을 베어 내고 정착할 곳을 만들었을 때 그 장소를 지칭한다. 공간은 무언가를 하기 위해 경계 내를 비워 내는 것을 의미한다. 건물을 만드는 것은 공간을 만들고 조합하는 것이다.[48]

정리를 하면 이렇다. 종교적 공간은 아무것도 없이 비어 있는 상태였다. 과학적 공간은 자신의 논리를 전개하기 위해 설정한 배경이다. 수학적 공간도 다르지 않다.

건축적 공간이 철학적 공간과 다른 점은 실재한다는 것이다. 철학적 공간은 만져 보는 대상이 아니다. 그러나 건축적 공간은 물질적 방법으로 구현된다.

건축적 공간이 수학적 공산과 다른 점은 실재하면서 계량의 단위를 갖고 있다는 것이다. 수학적 공간은 숫자를 매개로 표현된다. 하지만

---

[48] Martin Heidegger, trans. David Farrell Krell, "Building Dwelling Thinking", *Basic Writings*, 1977, p.356, 360.
　실제로 동사 räumen은 '비우다, 청소하다', einräumen은 '장소를 정리하다, 공간을 만들다' 정도의 의미를 갖고 있다.

단위가 없다.

건축적 공간이 천문학적 공간과 다른 점은 실재하고 계량이 가능하되 그 단위로 인간을 사용한다는 것이다. 천체물리학적 공간은 빛이 일년 동안 진행한 거리를 단위로 사용한다. 건축적 공간은 이와는 사용하는 잣대가 다르다.

건축적 공간은 비어 있음과 물질적 경계를 모두 포함하는 개념이다. 방이라는 단어가 벽과 그 벽이 둘러싼 내부를 포함하는 것과 같다. 건축적 공간은 존재와 부재를 동시에 포용하는 단어다. 건축적 공간은 비어 있음이 존재하는 방식을 의미한다. 즉 건축적 공간은 비어 있음 자체가 아니고 비어 있음이 조직된 체계다. 건축적 공간은 부재를 규정하는 존재의 방식이다.

이해를 쉽게 하기 위해 예를 들어 보자. 공간과 가장 유사한 개념은 아마 산술적인 0일 것이다. 우선 0은 부재를 의미한다. 숫자는 존재하지만 그 존재가 의미하는 것은 아무것도 없는 부재다. 이 경우 0은 허공이다. 이 0은 종교적이다.

그러나 0은 단순히 부재만을 의미하지는 않는다. 존재를 규정하기도 하고 존재에 의해 규정되기도 한다. 풀어서 말한다면 0은 자신 외의 다른 것이 있음을 규정하기도 하고 그 있음의 상태를 규정하기도 한다는 것이다. 10을 보자. 여기서 0은 그 자리에 아무것도 없다는 부재를 의미하지만 앞에 있는 1의 존재 방식을 규정하기도 한다. 1에 의해 규정되기도 한

두 지폐의 액면가를 결정하는 것은 바로 '0'이다.

공간, 건축을 구원하다　233

다. 10과 100을 차별화하는 것이 0이다. 이 0은 철학적이고 건축적이다. 혼자 존재하는 0은 허공이지만 10에서의 0은 공간이다.[49]

건축에서 존재하지 않는다는 개념은 무의미하다. 건축적 공간은 부재를 의미하지 않는다. 허공이 구획되면 공간이 된다. 공간이 존재에 의해 규정된 것이라면 이제 벽체도 의미가 생성되고 벽체를 구성하는 기술도 의미가 생성된다. 결국 건축의 통합적 의미로서 공간을 발견할 수 있는 것이다. 우리는 츄미의 질문에도 답할 수 있다.[50]

> 1.0 공간은 모든 물질적 존재들이 포함되어 있는 물질적 존재인가? 그렇다.
> 1.1 만일 공간이 물질적 존재라면 그것은 경계를 갖고 있는가? 그렇다.
> 1.11 만일 공간이 경계를 갖고 있다면 공간의 외부에는 다른 공간이 존재하는가? 그렇다.
> 1.12 만일 공간이 경계를 갖고 있지 않다면 그 존재는 무한하게 확장되는가? 그렇지 않다.

건축적 공간의 가치

지금까지 공간이라는 개념이 건축에서 왜 필요했고, 어떻게 형성되

---

[49] 유럽에서도 지상과 인접해 있는 층은 1층이 아니고 0층이다. 이 경우에도 0은 층이 없음, 즉 부재를 의미하지 않는다.
[50] 츄미 자신도 공간을 규정한다는 것은 경계를 만든다는 것임을 뚜렷이 한다.

었고, 그리고 그 의미가 무엇인지가 설명이 되었다. 그렇다면 그 공간의 가치는 무엇인가. 철학과 과학, 수학적 공간이 배경의 의미를 갖는다면 건축적 공간은 무엇을 위한 배경인가. 허무한 비물질적 구조를 빙자한 물질적 구조를 만드는 것이 건축의 가치인가.

건축은 공간이라는 개념을 통해 중요한 것을 발견하게 된다. 멀쩡한 쇠를 금으로 바꾸어 놓겠다고 하다가 화학의 기초를 만든 것처럼, 후추 사 오는 뱃길을 새로 찾아오겠다고 나섰다가 아메리카를 발견한 것처럼 건축은 의외의 것, 새로운 것, 더 중요한 것을 발견했다. 건축의 가치가 아름다운 비례를 찾는 것이 아니라 비어 있음을 조직하는 데 있다고 하면, 그래서 이루어진 것을 공간이라고 한다면, 그 조직된 비어 있음을 통해 건축가들이 발견한 것은 무엇인가.

그 비어 있음을 통해 담는 것, 그것은 바로 인간이다. 건축은 벽체로 구획된 공간의 한복판에 존재하는 인간을 발견했다. 이 발견은 건축의 새로운 존재 의미였다. 건축적 공간은 목적이고 대상이면서 동시에 인간을 위한 배경이다.

인간의 발견은 새삼스런 문장이 아니다. 바로 르네상스의 가치였기 때문이다. 그렇다면 건축이 공간을 통해 발견한 인간은 르네상스의 인간과는 다른 의미인가. 다르다면 어떻게 다른가.

르네상스가 역사를 통해 발견한 인간은 신과 대비되는 존재였다. 지적인, 그러나 추상적인 존재였다. 시민사회가 도래하기 전의 구체적 인간은 익명성의 군집 개체crowd였다. 잘해야 숫자에 지나지 않았다. 저잣거리의 무지렁이거나 민초거나 어린 백성이었다. 공방의 장인들도 그런 민초에 지나지 않았고 예술가가 되겠다고 나선 몇몇 인물의 존재가 신기한 시기였다. 집합적 인간이 역사의 전면에 부각된 것은 18세기 이후 세상을 바꾸는 주체로 인민people의 힘이 과시된 다음이었다. 그러나 이들은 조직된 주체라기보다는 그냥 결집된 다수의 힘이었다. 뭉쳐 있는 단위였다.

건축가의 눈에도 이 인간의 존재가 부각되지 않고 넘어갔을 수는 없었을 것이다.[51] 그러나 아직 건축가들이 건축을 통해 바라보는 인간의 모습은 원칙론적인 것이었고 공상적인 그림을 통해서 표현될 뿐이었다. 인간에 대한 관심이 구체적인 건축 행위로 표현된 것은 기능과 공간이 새로운 가치로 부각된 20세기의 일이었다. 역사책에서 드러나는 20세기는 뭉쳐 있는 인간이 아니라 조직된 인간의 시대였다. 건축이 발견한 것은 사회 구성의 조직 주체로서의 인간individual이다. 이들의 모임은 기명성記名性을 지닌 권력의 주체public이기도 했다. 피와 살을 갖고 있고 자신의 머리로 생각하는 인간이 건축적 공간을 채우는 주체였다.

건축적 공간의 의미가 비어 있음이 조직된 방식이라면 그 안에서 발견된 인간도 조직된 인간이다. 그 조직된 인간의 체계가 사회다. 건축이 얻게 된 두 개의 화두, 기능과 공간이 갖는 가장 중요한 공통분모는 조직된 인간이고 사회였다. 인간을 닮으려던 건축은 이제 인간을 담기

---

[51] 타푸리Manfredo Tafuri(1935~1994)는 심지어 아카데미에서 한가하게 월급 받는 사람들의 눈에도 사회의 계몽적인 변화와 건축가의 정치적 입장 변화는 자명했다고 주장한다. Manfredo Tafuri, trans. Barbara Luigia La Penta, *Architecture and Utopia: Design and Capitalist Development*, 1976, p.12.
《백과전서》에서도 증보판의 저자인 줄처는 공무원처럼 월급을 받는 공공 건축가pensioneés du public가 존재해야 한다고 이미 주장했다. Helen Rosenau, *Social Purpose in Architecture: Paris and London Compared, 1760~1800*, 1970, p.13.

시작했다.

 지금까지 건축과 관련을 맺고 있는 예술, 기술, 기능, 공간과 같은 개념이 도대체 왜, 어떻게 건축과 고리를 걸게 되었는지가 설명되었다. 이제는 그 고리들을 모두 엮어 전체 그물의 모습을 정리할 단계다. 그 그물망이 이 책의 처음에 등장했던 질문에 대답하는 방식이다. 바로 그 무겁고 흔한 질문.

건축은 무엇인가.

 대답에 앞서 그 대답이 필요한 사람들, 건축가의 등장을 살펴보자.

건축가, 존재를 드러내다

고대 문서에 등장하는 건축가는
건물을 설계하는 사람을 지칭하는 단어가 아니었다.
조직적인 어떤 작업을 계획·지휘하는 사람을 통칭했다.
이런 의미는 르네상스 시대에 이르기까지 크게 변하지 않았다.
그러나 프랑스의 아카데미 설립 이후 그 뜻이 축소되어
건축가는 건물을 계획하는 사람을 가리키기 시작했다.
건축의 의미도 건물을 전제로 하게 되었다.
여기서 건물이란 환경 조정을 목적으로 정착한
인간적 규모의 구조물을 말한다.
건축과 건물이 다른 점은 생산양식의 조건에서
자유로운 가치가 있느냐에 달렸다.
용도를 잃었을 때도 존재 가치가 있다면,
그 건물을 건축이라 부를 수 있다.
이제 건축이 무엇인가라는 질문에 대한 답을 정리할 수 있다.

건축가

여기 모인 구성원 여러분은 더 나은 세상을 만드는 건축가architect들입니다. 여러분의 손에 미래가 달려 있습니다. 이 회의의 노력으로 우리는 고난을 겪던 인류 존엄이 정의와 평화를 얻게 되리라는 것을 알고 있습니다.[1]

1945년 4월 25일, 미국 샌프란시스코에 세계 각국의 대표들이 모였다. 후에 국제연합UN이 되는 국제기구의 설립을 위한 회의였다. 여기서 환영 연설을 한 사람은 미국 대통령 트루먼Harry Truman(1884~1972)이었다. 건축가로서는 이런 비유가 영광일 수밖에 없다. 미래, 인류, 세계, 정의, 평화가 건축가라는 단어로 집약되어 표현된 것이다.

2001년 9월 11일, 한때 세계에서 가장 높은 건물이었던 미국 뉴욕의 〈세계무역센터World Trade Center〉 두 동이 한꺼번에 무너져 내리는 사건이 벌어졌다. 이 테러에 대한 수사 보고서 한 구절에도 건축가가 나온다.

9·11테러의 건축가architect로서 칼리드 세이크 모하메드Khalid Sheikh Mohammed는 전형적인 테러 사업가의 모습을 보여 주고 있다. 그는 알카에다의 구성원이 되기 위해 가시밭길을 걸었다.[2]

건축가는 일반적으로 건물을 짓는 과정에 관계된 사람이다. 그러나 이번에는 건물을 붕괴시킨 사람이 건축가로 지칭되고 있다. 그렇다면

---

[1] http://www.ibiblio.org/pha/policy/1945/450425a.html

[2] http://govinfo.library.unt.edu/911/report/911Report_Ch5.htm

과연 건축가는 무엇인가. 혹시 이런 비유가 원래 건축가라는 단어의 의미는 아닌가.

오늘날 건축가는 두 가지 조건을 통해 규정된다. 첫째, 건물을 지을 수 있는 계획안을 제공한다. 건물을 실제로 짓는 사람은 시공 업자다.[3] 건축가들은 연속극이나 영화에 등장하는 모습 그대로 우아하게, 예전에는 잉크 펜을 움직여서, 요즘은 컴퓨터 마우스를 움직여서 도면을 만든다. 그리고 시공자가 도면대로 건물을 짓지 않는다고 불평한다.

둘째, 전문 직업이다. 건축가는 분업화된 전문 직종이 필요할 만큼 건설 수요가 있는 사회를 바탕으로 탄생한 직업이다. 그리고 진입 장벽을 둘러 세운 직업의 하나다. 우리의 역사책은 〈불국사〉는 김대성이 창건創建했다고, 〈경복궁〉은 대원군이 중건重建했다고 서술한다. 그러나 이들은 건축가가 아니다. 그렇다고 시공 업자도 아니다. 농부도 자신이 사는 집을 계획할 수 있다. 그러나 농부는 농부지 건축가가 아니다. 그 이유는 농부는 농사로 먹고살지만 집을 계획해서 먹고살지 않기 때문이다. 그렇다면 건축가의 모습은 도대체 어떤 것이었고 어떻게 변해 왔는지 찾아보자.

우선 서양의 'architecture'가 어떻게 '건축建築'이 되어 우리에게 왔는지 살펴보자. '건축'을 'architecture'에 대응하는 번역어로 선택한 것도 메이지明治 시대 일본의 역할이었다. 그전까지 일본에서 사용한 단어는 '조가造家'였다. '배를 만든다'는 뜻의 조선造船과 같은 계열의 단어였다.

한국의 경우도 다르지 않았다. 지금의 건축과 가장 가까운 단어는

---

[3] 실제로는 시공 업자도 아니고 기술자, 인부들이다.

'조영造營' 정도였다. 그러나 집을 짓는다는 행위를 묶는 추상명사가 존재했다고 보기 어렵다. 문헌에 등장하는 문장은 '〈숭례문〉을 짓는다', '〈경복궁〉을 짓는다'처럼 구체적으로 대상을 짓는다는 행위의 표현이었다. 초상을 그리고 산수를 그리는 것이지, 그림을 그리는 것이 아니었던 것과 같다.

일본의 학자들은 이 독특하고 예술적 냄새가 강한 영어 단어 'architecture'를 표현하기에 적당한 새 단어가 필요하다고 판단했다. 그들은 기술적 의미가 강한 '조가' 말고 이 단어에 맞는 새 번역어를 원했다. '건축'이 처음으로 쓰인 것은 1862년에 편찬된 《영화대역수진사서英和対訳袖珍辞書》에서였다. 이때 제안된 것은 '건축학建築学'이었다. 이후 한동안은 '조가'와 '건축'이 혼용되었다. 그러나 1894년 건축가 이토 주타伊東忠太(1867~1954)가 '조가'를 버리고 새로운 단어 '건축'으로 번역어를 통일할 것을 제안하였다. 제안의 구체적 내용은 조가학회造家学会의 이름을 바꾸자는 것이었다.[4]

결국 1897년 일본의 조가학회가 건축학회로 이름을 바꿈으로써 건축은 공식 단어로 채택되었다. 1898년에는 도쿄 제국 대학의 조가학과造家学科가 건축학과建築学科로 이름을 바꾸었다.[5] 이 단어는 더욱 확고

---

[4] 그의 논문 제목은 "아키텍춰의 원래 의미를 논하고 그 번역어를 선정해 우리 조가학회의 명칭 변경을 바람アーキテクチュールの本義を論じて其の訳字を選定し我が造家学会の改名を望む"이었다. 이 과정은 八束はじめ,《思想としての日本近代建築》, 2005, p.45, 46. 혹은 鈴木博之,《伊東忠太を知っていますか》, 2003, p.15, 16. 참조.

[5] 학과 명칭은 건축학과로 바뀌었지만 소속은 공과대학에서 변하지 않았다. 이 소속이 경성제국대학, 서울대학교를 거쳐 전승되었고 이 체계가 오늘날 한국의 많은 건축학과가 공과대학에 속해 있게 된 바탕이 되었다.

한 지위를 확보하게 된 것이다. 그리고 '건축'은 건물 짓는 일을 지칭하는 'architecture'의 번역어로 쓰이게 되었다. 이 'architecture'는 그리스어에서 시작되어 라틴어를 거쳐 전파되었고 일본에서 모습을 바꿔 결국 한국, 중국에까지 전해진 단어다. 바로 이 책의 제목이 그 흔적을 안고 있다. 이제 'architecture'의 뿌리를 캐 보자.

아키텍톤

프랑스 〈루브르 박물관〉과 영국 〈대영 박물관〉에는 똑같이 무릎에 파피루스를 펴 놓고 의자에 앉아 있는 동일인의 인물상이 하나씩 소장되어 있다. 기원전 27년이 아닌, 기원전 27세기경 이집트 제3왕조기에 피라미드를 디자인한 현자賢者로 일컬어지는 그의 이름은 임호텝Imhotep이다.

건축 역사책을 읽으면 그는 건축가다. 그러나 엔지니어링 역사책을 읽으면 엔지니어다. 그렇다면 그는 누구인가. 그의 직업은 무엇인가. 피라미드는 건물인가 아닌가. 그를 똑 부러지게 건축가에 해당하는 단어로 지칭한 문헌 근거는 없다.

ⓒ 대영 박물관, 루브르 박물관

〈대영 박물관〉과 〈루브르 박물관〉의 두 임호텝에서 주목할 점은 의자에 앉아 있다는 것, 무릎에 파피루스를 펴놓고 있다는 것이다. 이것이 그의 사회적 신분을 설명하는 중요한 내용이다.

건축가, 존재를 드러내다 243

인류가 문자를 통해 기억하는 가장 오래된 건축가는 누구인가. 그 이름은 역시 인류가 기억하는 가장 오래된 역사가, 헤로도투스Herodotus(기원전 484경~기원전 425)가 기록하고 있다. 그의 《역사Histories》에 건축가, 즉 아키텍톤άρχιτέκτων(architekton)이 등장한다.

기원전 6세기 중반 당시 문명의 중심 사모스 섬에서 수원지는 도심의 산 반대편에 있었다. 헤로도투스는 돌산을 뚫고 완성한 길이 1킬로미터 정도의 급수 터널을 언급한다. 터널의 아키텍톤으로 지칭된 사람은 유팔리누스Eupalinus였다.[6] 다행스러운 것은 아직도 이 터널이 잘 보존되어 남아 있다는 것이고, 당황스러운 것은 어떻게 보든 이것이 우리가 아는 건물의 종류가 아니라는 점이다. 그래서 엔지니어링 역사책에서는 유팔리누스도 건축가가 아니고 엔지니어다.

사모스 섬에서 헤로도투스가 기억하는 건축가의 업적은 두 개가 더 등장한다. 다음 작업은 항구의 방파제[7]고, 세 번째는 신전이다. 헤로도투스는 이 신전이 사모스 섬에서 가장 아름다운 건물이었다고 기록한다. 그러면서 이 신전을 건립했던 아키텍톤은 '로에쿠스Rhoecus'라는 이름을 갖고 있었다고 설명한다.[8] 결국 기록을 통해 남아 있는 역사의 첫 아키텍톤은 바로 유팔리누스라고 해야 할 것이다.

헤로도투스는 뒤에 만드로클레스Mandrocles라는 아키텍톤을 하나 더 기록한다. 그의 업적은 이번에는 다리다.[9] 600척의 배를 연결하여 만든 이

---

[6] Herodotus, *The Histories*, 3.60.1~3.

[7] 원문의 '조마 χῶμα(xoma)'는 고대 그리스어 사전에서 물막이 댐 정도로 설명된다. Henry George Liddell, Robert Scott, *A Greek-English Lexicon*, 1996.

[8] Herodotus, 앞의 책, 3.60.4.

부교 역시 누가 뭐래도 요즘의 건물은 아니다. 다수결로 한다면 아키텍톤이 단지 건물을 만드는 사람이 아니라는 데 표가 더 많다. 그렇다면 도대체 이들 아키텍톤은 무얼 하던 사람들인가. 이 아키텍톤이라는 그리스어 단어가

건축가의 업적, 사모스 섬의 급수 터널. 산의 양쪽에서 뚫기 시작하여 중간에서 관통시켰다는 점에서 설계, 측량, 시공의 경이로움을 보여 준다. 그래서 《역사》에 수록될 수 있었다.

지칭하는 것은 무엇인가. 건물을 설계하는 사람으로 현재 사용하는 단어인 건축가와 이 아키텍톤은 어떤 차이가 있는 것일까.

이 단어를 해부해 보자. 아키텍톤은 '아키archi'와 '텍톤tekton'이 붙어서 이루어진 단어다. 여기서 아키는 접두어다. 텍톤 τέκτων(tekton)의 가장 일반적인 번역은 목수木手, carpenter다. 목수는 나무를 깎고 다듬어 문짝, 장롱, 책상 등을 만드는 사람이다. 가끔 가다 배나 집을 만들고 짓는 사람이기도 하다. 목수는 '무엇을'이 아니고 '무엇으로' 만드느냐에 의해 규정된다. 재료는 나무고 연장통에는 톱과 대패가 들어 있어야 한다.

그러나 고대 그리스의 텍톤은 좀 다른 의미를 갖고 있었다. '무엇으로' 만드느냐는 중요하지 않았다. 뭔가를 만드는 사람을 통칭하는 단어였다. 텍톤은 배도 만들고 활도 만들고 그리고 집도 만들었다. 나무로 만든다는 좁은 의미로만 사용된 단어는 아니었다. 물론 고대 그리스 시

---

9 Herodotus, 앞의 책, 4.87.1~89.3. 이 구조물은 '댐γέφυραν(gepuran)', 혹은 '부교σχεδία(skedia)'로 표현되어 있다. 그러나 문장 전반을 보면 부교가 옳을 것이다. Henry George Liddell, Robert Scott, 앞의 책.

대에 가장 흔하면서 가공이 손쉬운 재료는 나무였다. 집도 나무로 지었다. 집을 짓는 사람도 텍톤이었다.[10]

지금 남아 있는 석조 그리스 신전들의 형식이 목구조에서 출발했다는 것은 널리 알려진 사실이다. 재료가 바뀌었어도 집 짓는 자는 여전히 텍톤이었다. 거기에는 돌을 자르는 사람, 나무를 다듬는 사람도 섞여 있었을 것이다. 그래서 고대 그리스의 텍톤을 목수라고 번역하는 것은 무난하기는 하되 정확하지는 않다. 마치 요즘의 컴퓨터를 계산기라고 번역하면 이상한 것과 같다.

고대 그리스어에서 텍톤이 뭔가를 만드는 사람을 통칭했다면, 구체적으로 건물 짓는 사람의 호칭은 무엇이었을까. 그냥 '집 짓는 자$_{οικοδόμος}$(oikodomos)'[11]였다. 그리고 집 짓는 일은 그냥 '집 짓는 일$_{οικοδομική}$(oikodomike)'[12]이었다.

아키텍톤에서 무게중심은 아키$_{ἀρχι}$(archi)에 몰려 있다. 이 접두어의 의미는 '으뜸, 처음, 최고, 근원' 정도다. 수석 디자이너, 헤드 코치, 주임신부, 수간호사, 선임하사에서 수석, 헤드, 주임, 수, 선임에 해당하는 단어였다. 말하자면 수습, 말단, 신임의 반대가 되는 의미였다.

이 접두어는 방향을 설정하거나 작업을 지휘하는 사람을 일반적으로 지칭했다. 규모가 큰 작업에서, 여러 관련자들의 작업을 조성하는

---

[10] 텍톤의 용례는 많으나 호메로스의 《일리어드》만 펴 봐도 목수만 지칭하지 않는다는 점이 명확하다. 배 만드는 자는 Homer, *Iliad*, 13.390, 15.411., 활 만드는 자는 4.110., 집 짓는 자는 6.315., 그리고 그냥 손재주 좋은 자는 5.59. 참조.

[11] Aristotle, *Physics*, II, 195b., *Nicomachean Ethics*, VI.IV, 3., *Metaphysics*, IX. 1046b. 등.

[12] Plato, *Republic*, III, 401a., IV.438d., *Sophist*, 266c.

사람에게 붙이는 일상어였다. 그릇쟁이, 조각쟁이, 땜쟁이, 직물쟁이의 우두머리에게도 자연스럽게 붙이는 것이었다.[13] 외과 의사를 지칭할 경우도 있고, 배 만드는 사람을 지칭할 경우도 있다. 가치관을 세우는 사람이라는 의미에서 철학자를 비유하기도 했다. 심지어는 도적의 두목이 되기도 했다.[14]

아키텍톤은 텍톤의 대장, 감독이었다. 작업의 방향을 계획하는 사람이고 계획이 실행되도록 챙기는 감독관이었다. 그러나 고대 그리스 시대에 텍톤들 사이에서 별도의 아키텍톤이 선임되어야 하는 경우가 많은 것은 아니었다. 책상 하나 만드는데 굳이 여러 텍톤이 들러붙고 거기서 별도의 감독을 선정할 필요가 없는 것은 자명하다.

계획자, 감독자가 필요하려면 여러 텍톤이 동원되고 이들 사이의 작업 분담을 위한 계획도 요구될 정도의 사업 규모가 되어야 했다. 건물을 짓는다면 그냥 주택 수준이 아니고 정부 발주의 신전 정도 규모가 되어야 했다. 그때 아키텍톤이 필요했을 것이다. 고대 그리스 시대에 신전 짓는 일은 요즘 아파트 짓듯이 시도 때도 없이 진행되는 사업이 아니었다. 그런 만큼 아키텍톤을 전문으로 할 사람이 필요하지도, 존재하지도 않았다. 사업이 시행되면 주위에서 가장 적당한 사람이 총책임자로 지목되었다. 아키텍톤은 텍톤과는 다른 능력이 필요했다. 아키텍톤은 계획과 지휘 능력을 갖춘 사람이어야 했다.[15] 해당 작업의 경험이

---

[13] Alison Burford, *Craftsmen in Greek and Roman Society*, 1972, p.94. 이들의 이름은 각각 archikerameus, archilatypos, archichalkourgos, archhyphanteus이었다.

[14] 외과 의사는 Aristotle, *Politics*, 1282a., 배 만드는 사람은 Aristotle, *Athenian Constitution*, 46.1., 철학자는 Aristotle, *Nicomachean Ethics*, 1152.b., 도적의 두목은 Flavius Josephus, trans. H.St.J. Thackeray, *The Jewish War*, 1997, I, p.204. 참조.

있으면 더할 나위 없었다. 그러나 때로는 관리 능력이 뛰어난 사람이 그냥 선출, 임명되기도 했다.[16]

아키텍톤은 직업, 직종이 아니고 직책의 호칭이었다. 작업 지휘자였다. 완장을 차고 호각을 문 사람이었다. 그의 직업이 무엇이든 관계가 없었다. 텍톤의 의미가 넓은 만큼 아키텍톤도 단지 집을 짓는 작업의 총감독을 제한적으로 지칭하는 것은 아니었다. 규모가 큰 사업의 지휘 감독자를 일반적으로 지칭하는 단어였다. 물론 가장 규모가 큰 사업은 공공 건설 사업이었다. 그래서 헤로도투스의 아키텍톤은 지하 수로와 다리, 그리고 건물 건설의 계획자였고 총감독이었다.

아키텍톤은 계획을 세우고 이에 따라 동원된 텍톤들의 손을 조정하는 작업을 했다. 텍톤이 아키텍톤으로 승진하면 달라지는 점이 있다. 손에서 연장을 놓는다는 것이다. 아키텍톤은 손을 쓰는 자리가 아니고 머리를 쓰는 자리였다. 관리자가 되는 것이다. 아키텍톤은 작업의 향방과 성패를 결정짓는 가장 중요한 사람이었다.[17]

아키텍톤을 요즘의 건축가로 번역하기 어려운 이유의 다른 하나는 고대 그리스 시대의 직업 구분이 현대와 많이 달랐기 때문이다.[18] 게다가 이들은 우리의 구분을 따라 한 가지 직종에 전업해서 살지도 않았다. 요즘의 조각가라면 미술대학을 졸업해야 하고, 조각품으로 전시를

---

[15] Aristotle, *Poetics*, 1456b11., *Metaphysics*, 5.1013a14.

[16] Aristotle, *Athenian Constitution*, 46.1.

[17] Aristotle, *Metaphysics*, 1.981a30.

[18] 고대 그리스의 직업에 관해서는 Alison Burford, *The Greek Temple Builders at Epidauros*, 1969, p.144, 145. 참조.

해야 하되 공연히 그림을 그리려 들어서 남의 영역을 침범하면 곤란하다는 암묵적 테두리를 주위에 두르고 있다. 다른 분야도 다르지 않다. 그러나 고대 그리스 시대에 이 테두리는 당연히 뚜렷하지 않았다.

더구나 건물 구분도 달랐다. 신전은 집과는 같은 종류로 묶여서 인식되지 않았다. 건축이라는 추상적이고 집합적인 개념이 존재하지 않던 상황에서 신전은 집보다는 조각상에 더 가깝게 느껴졌을지도 모를 일이다.

고대 그리스 시대의 신전 건축 과정에 대한 기록은 명확하지 않다. 도면에 의존해서 건물을 짓지 않았다는 점은 뚜렷하다.[19] 조선 시대를 거쳐 지금까지 목수들이 도면 없이 건물을 지었던 것과 다르지 않다. 이들에게는 정형화되어 전승되는 코드가 존재했던 것이다. 도면이 새로 필요할 만큼 신전의 형식이 다양하게 분화하지 않았음은 남아 있는 유적들이 증명한다.

결정해야 하는 것은 신전 형식 정도였다. 결정이라기보다는 선택이었을 것이다. 이 선택은 정치인이 했거나 식자층의 위원회가 했을 것이다. 형식이 정해지면 나머지는 사소하다고 할 만한 일이었다. 그 사소한 일은 전승을 통해 짓는 방식을 알고 있는 텍톤들과 이들을 추스를 아키텍톤의 몫이었을 것이다. 아키텍톤이 해결해야 할 가장 중요한 결정 요소는 비례였다.

사람을 지칭하는 단어가 아니라 작업 혹은 능력을 지칭하는 단어의

---

[19] Sprio Kostof, "The Practice of Architecture in the Ancient World", Spiro Kostof, ed., *The Architect: Chapters in the History of the Profession*, 1977, p.11.

등장을 찾으려면 헬레니즘 시대의 알렉산드리아에 가야 한다. 바로 기원전 3세기경에 히브리어에서 그리스어로 번역된 《70인역 구약성서 Septuagint》가 그 출전이다.

이 단어는 여러 재료와 지혜를 모아 무엇인가를 만들어 낼 수 있는 작업 능력 αρχιτεκτονειν(arcitektonein)이었다.[20] 다뤄야 할 재료로는 금, 은, 구리, 쇠, 나무 등을 모두 망라했으니 여전히 재료에 의해 규정되는 단어는 아니었다. 이 문헌에서 지어야 할 대상은 성막이었다. 건물이라기보다는 유목민의 텐트 및 그 내부 용품에 가까웠다. 그러나 여전히 이 능력은 여러 작업자를 지휘할 능력이었다.

변방의 텍톤

인류 역사상 가장 유명한 목수는 로마가 유럽을 지배하고 있을 때 등장했다. 제국의 변방에서 태어난 이 목수는 신묘한 손재주가 아니고 당시로는 위험한 세계관으로 추후에 이름을 떨쳤다. 그는 변방하고도 나사렛이라는 시골 출신이었다. 이름은 동네에서는 흔한 예수였다. 당시의 히브리 지방은 로마제국의 통치 하에 있었지만 알렉산더 이후로 헬레니즘 문화권에 속해 있었다. 그리스어가 일상어였다.

공회당synagogue에서 토론을 벌인 어린 예수를 보고 사람들이 놀라

---

[20] *The Septuagint LXX*. Exodus 35:32.

영어 번역본 성서에 근거하여 영국의 존 밀레이(John Millais (1826~1899)가 그린 요셉 일가의 작업장 모습. 복판의 어린이가 예수고, 요셉은 조수들과 문짝을 만들고 있다. 테이트 미술관 소장.

는 모습은 신약성서의 두 곳에서 표현된다. 이때 직업이 등장한다. 텍톤의 아들, 혹은 텍톤이 아니냐는 것이다.[21] 전문 기술 교육기관이 없는 상태에서 직업의 가족 상속은 자연스럽고 당연한 것이었다.[22]

예수는 과연 번역어 의미 그대로 나무 다듬는 목수였을까. 신약성서는 2000년 전 이 지역의 문화를 증명하는 중요한 역사서이기도 하다. 그리스어로 서술된 이 고대 문서를 들여다보자.

복음서를 살펴보면 예수는 목수와 관계있는 단어를 사용하지 않는다. 나무, 목재, 망치, 톱과 같은 단어가 전혀 등장하지 않는 것이다. 못이 등장하기는 하는데 그것은 예수를 처형했던 십자가에 못을 사용했다는 구절일 뿐이다.

이에 비해 건물 전반에 관한 표현은 다양하게 등장한다. 집을 지을 때 기초는 모래 위가 아닌 바위 위에 놓아야 하며 그렇지 않을 경우 예상되는 재앙은 이런 것들이 있다.[23] 집을 지을 때는 예산에 맞춰 계획을

---

[21] 《마태복음》 13:55에서는 '텍톤의 아들 $\tau\acute{\epsilon}\kappa\tau o\nu o\varsigma\ \upsilon\acute{\iota}\acute{o}\varsigma$', 《마가복음》 6:3에서는 '텍톤 $\tau\acute{\epsilon}\kappa\tau\omega\nu$' 으로 나온다. 라틴어의 《불가타성서Vulgate Bible》에서는 '장인의 아들 fabri filius', '장인 faber'으로 번역되어 있다. 이 단어가 목수가 된 것은 영어 번역의 힘이다.

[22] 고대 그리스, 로마의 직업 상속에 관해서는 Alison Burford, 앞의 책, p.82~87. 참조. 당시의 유대 문화권도 이와 상황이 크게 다르지 않았을 것이다.

[23] 《누가복음》 6:48~49, 《마태복음》 7:24~26. 복음서에서도 '집 짓는 사람'은 대체로 '오이코도메오 $o\iota\kappa o\delta o\mu\epsilon\omega$(oikodomeo)', '주택'은 '오이키아 $o\iota\kappa\iota a$(oikia)', '건물'은 '오이코도메 $o\iota\kappa o\delta o\mu\eta$(oikodome)'로 표기된다.

세워야 하고 그렇지 않았을 때 발생할 수 있는 사건은 이렇다,[24] 집 짓는 자가 내버린 돌이 나중에는 머릿돌이 될 수도 있다는 내용들이다.[25] 건축에 대한 경험과 자신이 없이는 쉽지 않은 해설과 인용이다.

가장 주목할 대목은 제자들이 건물에 관한 평을 부탁하는 부분이다. 건물의 이름이 드러나지는 않는다. 돌로 지은 그 건물은 일반적인 집과 달랐던 모양이다. 제자들이 물었다. "보십시오, 어디서 온 돌로 만든 어떤 건물입니까?"[26] 제자들이 건물에 관해 의견을 물을 정도면 건축에 관한 스승의 식견은 분명 범상치 않은 수준이었을 것이다. 로마인이 사용하고 있었을 법한 이 건물에 대한 대답은 좀 섬뜩하다. 그것은 돌 위에 돌 하나도 남기지 않고 쓸어버릴 시기에 관한 언급이다.

그러나 스승께서는 질문자들이 무안하게 이처럼 퉁명스런 답변만을 던져 놓지는 않았을 것이다. 성서에는 말귀를 제대로 알아듣지 못하는 답답한 제자들에 대한 기록이 여기저기 나온다. 스승은 무지렁이 제자들에게 건축 연도, 건축 양식, 건축 방법 등을 자세히 설명해 주셨을 것이다. 복음서의 저자들은 이 전문적인 설명을 받아 적기 어려웠든지 전체 맥락에서 중요하지 않다고 생략했을 것이다.

이 지역의 텍톤은 고대 그리스의 경우와 마찬가지로 목수가 아니고 뭔가를 만드는 사람의 통칭이있다. 게다가 그리스와 달리 히브리 지역

---

[24] 《누가복음》 14:28~30.

[25] 《마태복음》 21:42, 《마가복음》 12:9, 《누가복음》 20:17. 이 인용의 원문은 《시편》 118:22의 것이다.

[26] 이 일화는 독특하게 세 복음서에서 중복 언급된다. 《마태복음》 24:1, 《마가복음》 13:1, 《누가복음》 21:5.

은 나무가 많은 지역도 아니었다. 실제로 신·구약성서에서 등장하는 나무는 태반이 땔감의 용도다. 그래서 의구심이 생길 수밖에 없다. 히브리 지역에서는 나무만 다듬는 목수가 존재할 정도로 직업 분화가 뚜렷하지 않았을 것이다. 정황으로 보아 예수라는 텍톤이 만들던 것은 집이었을 터다. 이 텍톤은 대패와 톱을 갖추고 문짝과 의자를 만드는 목수는 아니었을 것이다.

나무가 적은 것은 비가 적기 때문이다. 비가 적다는 것은 경사 지붕을 만들어 목재를 보호해야 했던 그리스와 조건이 다르다는 것이다. 그래서 이 지역 건물의 지붕은 주로 평지붕이었다. 유적의 모습으로나 현재의 모습으로나 모두 보행이 가능한 것이다. 지붕의 구조재는 목재 대들보지만 마무리 재료는 점토나 벽돌이었다.[27] 그래서 유대인은 지붕을 일상생활의 공간으로 사용했다.[28] 신약성서에 나오는 일화에는 옥상을 사용하는 건

예수의 고향, 나사렛 풍경. 비가 많은 동네는 과연 아니다.

---

27 남의 눈의 티끌은 흉보면서 자신의 눈에 들어 있는 보는 알지 못하느냐는 비유의 그 대들보다. 《마태복음》 7:3~5, 《누가복음》 6:41~42.

28 《마가복음》 2:3~5, 《누가복음》 5:18~20에는 '지붕κεραμος(keramos)'을 통해 환자를 집안으로 들이는 이야기가 나온다. 이 지붕은 점토로 마감된 지붕을 의미하고 이 평지붕으로 통하는 출입구를 통해 환자를 건물 내부로 날랐다는 의미다. 지붕을 뜯어내거나 구멍을 냈다는 의미는 아니다.
《사도행전》 1:13에 등장하는 마가의 다락방도 120명이 모였다는 점을 고려하면 다락'방'이라기보다는 옥상 '공간'을 의미하는 것으로 보는 편이 합리적이다.

건축가, 존재를 드러내다 253

물의 예가 종종 등장한다.

그렇다면 예수가 아키텍톤이 아니었던 이유는 무엇일까. 그는 로마의 시민이 아니었다.[29] 총괄 지휘자, 감독자가 필요한 정도의 대규모 건물은 분명 로마 시민의 몫이었을 것이다. 일제강점기에 총독부 발주 건물을 조선인이 설계했다고 생각할 수 없는 것과 다를 바가 없다. 그는 식민지 건축쟁이였을 것이다.

성서에 아키텍톤αρχιτεκτων(architekton)이 등장하는 것은 사도 바울의 편지에서다.[30] 지혜로운 아키텍톤이 기초를 놓으면 후대의 누군가가 그 위에 집을 짓는다는 것이다. 여기서의 아키텍톤은 역시 건물의 가장 중요한 방향을 결정하는 사람이다. 아키텍톤은 여전히 크고 중요한 건물에서 전체적인 지휘자가 따로 필요할 경우에나 등장하는 직책이고 단어였다.

라틴어 건축가

라틴어를 사용하고 있던 로마제국의 본도에서 아키텍톤은 어떻게 변해 있었을까. 라틴어로 건축가 árchitéctus, árchitécte가 등장하는 가장 오래된

---

[29] 로마의 시민은 혈족을 전제로 한 단어는 아니다. 사도 바울은 유대인이었고 로마 시민이었다. 예수는 그냥 유대인이었다.
[30] 《고린도전서》 3:10.

문헌은 희곡작가 플라우투스Titus Maccius Plautus(기원전 254경~기원전 184)의 작품들이다. 그리스의 연극을 번안한 것으로 알려진 플라우투스는 그래서 그리스어와 라틴어의 중요한 고리를 제공하는 사람으로 평가 받는다. 플라우투스에게도 건축가는 집을 짓는 사람이 아니었다. 세상의 총괄자를 포함하여 작업의 계획자 그리고 감독자의 의미를 갖고 있다.[31]

로마 시대는 그리스 시대에 비해 모든 것이 커지고 복잡해졌다. 다스려야 할 땅의 규모만 커진 것이 아니고 지어야 할 건물의 규모도 커졌다. 콘크리트라는 새로운 재료도 등장하고 아치라는 신기한 구조 방식도 등장했다. 덩달아 생각의 규모도 커졌다. 키케로Marcus Tullius Cicero(기원전 106~기원전 43)가 표현하는 건축가의 영역은 폭이 넓다.

> 위대한 스승 플라톤은 도대체 어떤 혜안을 가졌기에 이처럼 방대하고 정교하게 구성된 우주의 신성한 구조를 파악해 낸 것일까? 우주를 만드는 데는 어떤 도구와 장비가 사용되었고 도대체 어떤 건축가architecti가 그 작업을 수행했을까?[32]

> 처음에는 자연의 현상이 관찰자들을 어리둥절하게 만든다. 그러나 자연 현상의 배경에는 일관되고 정교한 자연의 법칙이 존재하고 이를 통해 그들은 이 외계의 신성한 존재와 함께 이 위대하고 거대한 구조체의 통치

---

[31] 세상의 총괄자는 Titus Maccius Plautus, *Amphitruo*, 1, proloque.
추상적인 사업의 계획자와 배를 건조하는 사업의 계획자는 Titus Maccius Plautus, *Miles Gloriosus*, 3.3.
벽에 못을 실제로 박는 시공자의 반대 개념으로서 건축가는 Titus Maccius Plautus, 앞의 책, 4.4. 참조.
[32] Marcus Tullius Cicero, trans. H. Rackham, *De Natura Deorum*, Ⅰ, Ⅷ, 19.

자, 조정자, 즉 건축가architectum가 존재한다는 사실을 깨닫게 된다.[33]

> 건축가들architecti이 집의 하수구를 뒤로 빼서 집주인의 눈과 코를 성가시게 하지 않는 것처럼 자연은 인체의 장기들을 서로 적절히 떼어 놓고 있는 것이다.[34]

이 문장들에서 건축가는 여전히 세상의 창조자에서 건물 짓는 자까지, 작업의 계획 감독에 관계된 주체를 일반적으로 지칭하는 단어다. 건축가가 아니고 건축architectura이라는 추상명사를 가장 먼저 사용한 사람도 키케로로 알려져 있다. 그의 만년인 기원전 44년에 아들에게 쓴 글을 읽어 보자.[35]

> 그러나 높은 수준의 지적 능력이 필요하고, 따라서 사회적 가치가 적지 않은 직업으로는 의학이나 건축architectura, 혹은 교직을 들 수 있다. 이들은 적절한 사회적 위치에 있는 이들에게는 적당한 직업이라고 할 것이다.[36]

키케로는 이전까지 저잣거리에서 원가를 숨긴 채 이익을 남겨야 하

---

[33] 같은 책, II, XXXV. 90.
[34] 같은 책, II, IVI, 141.
[35] 이 단어는 키케로가 그리스어를 기반으로 만들어 낸 것으로 추측하는 의견이 있다. Vitruvius, *Ten Books on Architecture*, trans. Ingrid D. Rowland, 1997, p.13.
그러나 그리스어로 추상명사인 '건축άρχιτεκτονία(architektonia)'이 등장한 것은 라틴어 건축의 등장 이후인 기원후 2세기 정도로 보는 견해가 좀 더 많고 이는 그리스, 라틴어 사전을 통해서도 확인이 된다.
[36] Marcus Tullius Cicero, trans. Walter Miller, *De Officiis*, Book I, 151.

는 별 볼일 없는 직업들을 거론하고 있었다. 세리稅吏, 사채업자, 생선장수, 푸주한, 무용수 등. 그리고 이들보다는 나은 직업으로 건축을 지목하고 있다. 물론 여기서도 건축은 건물 짓는 작업에만 관련된 좁은 의미는 아니었다. 이 부분을 정확히 번역하면, '병을 고치는 일, 무언가를 만드는 작업을 감독하는 일, 가르치는 일' 정도가 옳을 것이다.

이 문장에서 알 수 있는 것은 드디어 이 감독의 직책이 직업으로 분화할 정도가 되었다는 것이다. 건설 사업이 그만큼 많아졌다는 의미이기도 하다. 물론 여전히 직책만을 지칭하는 경우도 있었다. 문제는 이 문장에 붙은 '적절한 사회적 위치'라는 유보적인 단서다. 정치 엘리트로서 자신의 아들이 택할 직업으로서는 적절치 않으나 시정잡배市井雜輩들보다는 낫다는 가치판단이 배어 있다.

키케로의 글에도 불구하고 기원후 1세기 중엽에 이르기까지 라틴어 단어 건축가는 완전히 정착된 단어는 아니었던 것으로 보인다. 그리스어 건축가는 세네카Lucius Annaeus Seneca(기원전 4경~기원후 65)의 편지에서도 아직 사용되는 단어였다.[37]

라틴어 단어 건축가는 키케로와 거의 동시대에 집필된 다른 책에서도 사용되었다. 그 책은 집필 후 1400년이 지나서 다시 발견되었다. 그리고 그 시대의 영향력에 힘입어 오늘날 유럽 문화권에서 폭넓게 사용하는 건축architecture이라는 단어가 확고히 자리를 잡게 되었다. 그 책의 저자가 비트루비우스고 그 시대가 르네상스였다

---

[37] Nikolaus Pevsner, "The Term 'Architect' in the Middle Ages", *Speculum*, Vol.17, No.4, Oct. 1942, p.549.
이때 사용된 단어는 '아키텍토네스αρχιτεκτονες(architectones)'였다.

직업으로서의 건축가가 필요해진 시대임을 증명하는 유적, 로마의 포럼.

비트루비우스의 책에서도 건축이 건물 짓는 일을 제한적으로 지칭하는 것은 아니었다. 비트루비우스는 건축이 포괄하는 작업으로 건물, 시계, 기계를 만드는 일을 나누어 서술하고 있다.[38] 실제로 그의 열 권의 책 가운데 7권까지는 건물 짓는 일에 관계된 내용이다. 그러나 8권은 물, 9권은 시계, 10권은 기계를 다루고 있다. 그가 제시한 건축가의 조건이 그처럼 방대하고 다양했던 것은 건축가가 건물 짓는 일뿐 아니라 모든 만드는 작업을 총괄하는 직책이었기 때문이다. 비트루비우스에게도 여전히 가장 큰 구조물은 자연이었다.

> 천체는 육지와 바다를 축으로 회전한다. 이 축을 만든 건축가architectata가 바로 자연이다.[39]

라틴어 건축가는 중세에 들어서면서 출현 빈도가 줄어든다.[40] 물론 완전히 사라지지는 않았다. 직책을 지칭하는 의미도 변하지 않았다. 건축가는 성당의 건립 방향을 지정하는 신학자를 지칭하기도 하고 때로는 지붕 수리공을 지칭하기도 했다.[41] 토마스 아퀴나스Thomas Aquinas(1225경~1274)의 방대한 저술에도 건축가가 등장한다. 여기서 그의 건축가 역시 건물 짓는 일의 감독자에서 세상의 창조자까지를 아우르는 단어였다.[42]

---

[38] Vitruvius, Book I, 3.1. 이들은 각각 'aedificatio, gnomonice, machnatio'다.

[39] Vitruvius, Book IX, 1.2.

[40] 중세의 'architect'의 용법에 관해서는 Nikolaus Pevsner, 앞의 글. 참조.

[41] 'tecture'의 어원은 라틴어 'tectum'으로서 지붕, 덮개의 의미를 갖고 있었다. 그래서 건축가architector는 지붕공roofer의 의미로 쓰이기도 했다.

그것은 마치 건축가architectores는 건물을 짓는 데 실제로 자신의 손을 동원하는 것이 아니고 다른 사람들이 그 작업을 하도록 하는 것과 같다.[43]

따라서 지혜는 모든 정신적 활동을 판단하는 능력을 갖고 있고 방향을 지시한다. 따라서 이들 전체를 건축architectonica한다고 할 수 있다.[44]

이에 비해 구체적으로 건물 짓는 자는 별도로 취급되고 있다. 라틴어에서 건물 짓는 자를 지칭하는 단어는 '건물 짓는 자aedificat'였다. 건물 짓는 일은 '건물 짓는 일aedificatoria'이었다. 토마스 아퀴나스를 다시 읽어 보자.

따라서 집domus의 형상은 짓는 사람aedificatoris의 마음속에 형성된 것으로서 물질을 통해 집domum의 형상으로 구현되는 것과 유사한 것이다.[45]

우리는 건물 짓는 사람aedificatorem이 머릿속의 생각으로 시작한다는 점에 의해서 집dumus을 시작하는 사람이라고 부를 수 있다.[46]

---

[42] 기독교 문화권에서 건축가architect라는 단어는 창조자로서의 신을 지칭하는 경우에 많이 사용되었다. 특히 중세 신학자들에게서 이 경향은 더욱 심했다. 건축가라는 단어의 신학적 사용에 관해서는 Joseph Rykwert, "On the Oral transmission of Architectural Theory", Tomado de AAVV: Les traités d'Architecture de la Renaissance, 1988, p.15, 16.

[43] Thomas Aquinas, Summa Theologiae, 1a.112.4. 비슷한 용례는 1a.66.5(architectorica)., 1a.93.3(architectore).
　　중세의 같은 상황에 대해서는 Teresa J. Frisch, Gothic Art, 1140~c.1450: Sources and Documents, 1971, p.55.

[44] Thomas Aquinas, 앞의 책, 1a2ae.66.5.

[45] Thomas Aquinas, 앞의 책, 1a.15.2.

[46] Thomas Aquinas, 앞의 책, 1a.27.2. 이와 비슷한 용례는 1a.23.7., 1a.14.16.

건물 짓는 건축가

르네상스 시대에도 때로는 직업을, 때로는 직책을 일컫는 건축가의 개념은 변하지 않았다. 만들고 짓는 일의 계획과 감독 책임자라는 의미도 변하지 않았다. 두 번째 건축 이론서인 알베르티의 책은 도시에서 굴뚝에 이르기까지 실제로 뭔가를 짓는 일에 관한 서술이다. 그래서 그 제목은 《De re aedificatoria》였다. 정확히 해석하면 '건물 짓기에 관하여'다. 《건축십서I dieci libri dell'architecttura》라는 제목을 달기 시작한 것은 1546년의 이탈리아어 번역본부터였다.[47]

16세기에 건축이 지칭하는 분야는 좁혀지기 시작했다. 쟁이들의 본격 이론서를 쓴 세를리오의 《건축총론》은 명실상부하게 건물만 들어 있는 건축책이었다. 조금 뒤에 출간된 팔라디오의 《네 권의 건축책I quattro libri dell'architettura》도 내용은 크게 다르지 않았다.

바사리의 쟁이들 위인전에서 건축가는 화가, 조각가와 비교되고 있다. 즉 화가, 조각가가 직업이라면 건축가도 직업이다. 물론 특정인이 단 한 가지 직업에만 종사하는 것은 아니었다. 이 세 직업에서 모두 업적을 남긴 미켈란젤로가 바로 그 예다. 그러나 바사리가 창조주를 표현한 것도 여전히 '시간과 자연의 섯스런 건축

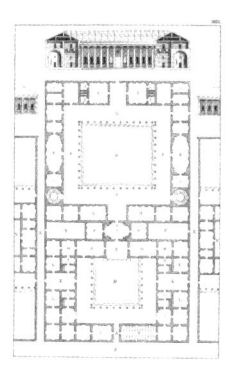

팔라디오의 《네 권의 건축책》은 이런 건축 도면으로 가득하다.

---

[47] 알베르티 건축서의 번역과 출판 과정에 대해서는 Leon Battista Alberti, trans. Joseph Rykwert, Neil Leach, Robert Tavernor, *On the Art of Building in Ten Books*, 1998, XVIII~XXIII.

the Divine Architect of Time and Nature'였다.⁴⁸

건축이 건물 짓는 일만을 지칭하는 것으로 확실하게 변한 것은 프랑스의 아카데미 덕분이었다. 건축 아카데미Académie d'architecture, 왕실 건축가Architecte du roi, 건축 학위Diplôme d'architecte의 호칭⁴⁹을 통해 건축가는 직책이 아닌 직업으로서, 그리고 건물과 관련된 직업을 지칭하는 것으로 제도적 인정을 받게 되었다.

프랑스 아카데미를 통해서 '이런 일을 하는 사람을 건축가로 부른다'는 '건축가는 이런 일을 하고 이런 교육을 받아야 한다'로 바뀌게 되었다. 여기서 이런 일이 건물 짓는 일이었고 건축가는 그중에서도 계획을 하는 직업이었다. 에콜 데보자르 외에 새로운 에콜들이 속속 설립되면서 교량이나 일반적인 건물을 포함한 구조물은 다른 기관을 통한 교육 대상이 되었다.⁵⁰ 보자르에서 건축가는 왕, 국가, 종교를 위한 건물을 디자인하고 도면을 그리는 사람이 된 것이다. 그런 것이 건축architecture이었고 일상적인 건물은 그냥 건물batiment이었다.

'건축Architektur'이라는 단어가 독일에 수입된 것은 18세기였다.⁵¹ 이 단어는 크고 기념비적이되 조직적인 작업에 일반적으로 적용되는 용어였다. 물론 그런 건물을 짓는 작업이 포함되었다. 주택과 같은 작고 일상적인 건물을 짓는 작업은 그냥 '집짓기 혹은 집 짓는 기술Baukunst'이었다.⁵²

---

[48] Giorgio Vasari, trans. Julia Conaway Bondanella and Peter Bondanella, *The Lives of the Artists*, 1991, p.3.

[49] Donald Drew Egbert, *The Beaux-Arts Tradition in French Architecture*, 1980, p.20.

[50] 같은 책, p.42.

[51] Harry Francis Mallgrave, *Modern Architectural Theory*, 2005, p.228.

칸트는 '건축Architektur'에 대해 명확한 입장을 밝힌다. 그것은 건물 짓는 기술이 아니라 구조체를 엮어 내는 기법이다. 여기서의 구조체는 당연히 지식과 사고의 조직 체계다.[53] 《순수 이성 비판》의 마지막 꼭지는 아예 제목이 '순수 이성의 건축Die Architektonik der reinen Vernunft'이다. 그러나 여기 어디에도 물리적으로 집 짓는 이야기는 등장하지 않는다. 칸트가 사용한 '건축가Architekt'라는 단어도 자연과 그 질서의 창조자를 지칭하는 것이었다. 그의 《판단력 비판》을 읽어 보자.

> 위대한 건축가Architekt가 그가 항상 그러했듯 그가 자연의 형상을 직접 창조했다는 사실을 당연하게 여기더라도…….[54]

> 우리가 지닌 이성의 유일한 원칙은 대자연의 메커니즘을 이 세계의 지적인 창조자가 만든 건축적Architektonik 방식으로 해석하는 것이다.[55]

헤겔이 단어의 사용에서 그나마 칸트와 다른 점은 건축과 집짓기를 혼용하고 있다는 것이다. 물론, 헤겔의 미학 관련 저술은 직접 쓴 것이 아니고 청강생들이 강의를 받아 적어 출간한 것이므로 정교한 어휘 선택을 비교하기는 어렵다. 쇼펜하우어에 이르면 이 혼용의 정도가 좀 더 심해져서 건축Architektur과 집짓기Baukunst는 임의로 교차해서 사용되는

---

[52] 현대에는 두 단어가 큰 차이 없이 혼용된다.

[53] Immanuel Kant, trans. Norman Kemp Smith, *Critique of Pure Reason*, 1929, A832/B860.

[54] Immanuel Kant, trans. Werner S. Pluhar, *Critique of Judgement*, 1987, p.410.

[55] 같은 책, p.438.

단어가 된다.[56]

이제 건축architecture이 지칭하는 영역은 건물 짓는 것으로 줄어들었다. 세상의 창조와 같은 추상적인 작업은 비유적 의미로 받아들여지게 되었다. 건축이라는 단어의 의미가 건물 짓는 일oikodomei, aedificatoria, batiment, Baukunst로 축소되면서 건축가의 작업 영역은 당연히 건물 계획으로 좁혀졌다. 뒤집어서 이야기하면 예전의 건축쟁이들이 이 단어의 배타적 사용권을 획득했다고 할 수도 있다.

건축가라는 단어의 작업 영역이 축소된 만큼, 건축쟁이들이 건축가라는 단어의 사용에 관한 독점권을 확보한 만큼 이 단어의 가치도 달라졌다. 건축은 새로운 가치를 함유하는 단어가 되었다. 건물과 전혀 다른 가치를 지녔다는 건축, 그 가치는 도대체 무엇일까. 그것이 바로 이 책에서 대답하려는 질문의 의미일 것이다.

---

[56] 쇼펜하우어도 건축을 설명하는 데 전반적으로 'Architektur', 'Baukunst', 'Gebäude'를 혼용한다. 그는 바로 연속되는 문장에서도 이런 단어들을 섞어서 쓴다. 이런 사용의 예는 Arthur Schopenhauer, trans. E.F.J. Payn, *World as Will and Presentation*, Vol. I, §40. 참조. 예를 들면 "건축의 미학적 아름다움ästhetisch-architektonishe Schönheit"과 "건축의 아름다움das Schöne in der Baukunst"이라는 표현이 바로 인접한 문장에서 사용된다.

건축,
가치를 찾아내다

건축법에는 허가, 착공 신고, 사용 승인 등의
절차가 소상하게 규정되어 있다.
어떤 행정 절차를 거쳐 건물을 지어야 하는지 설명한다.
그러나 왜 건축을 하는가, 건축이 무슨 의미가 있는가
등의 질문에 대한 답은 쏙 빠져 있다.
우리에게 진정 필요한 것은 건축의 가치다.
건축의 생산양식이 요구하는 것은 용도다.
공간이 용도와 결합하여 이루어진 단위 조직체가 방room이다.
즉 공간이 구체적인 인간을 담고 나면 방이 된다.
결국, 건축은 공간을 통해 인간의 생활을 조직하는 작업이다.
건축의 존재 이유는 공간을 통해
인간의 생활을 재조직하는 데 있다.
이것이 바로 건축의 의미고 가치다.

만들다와 짓다

건축물의 건축

이 짧은 문장에는 건축이라는 단어가 두 번이나 등장한다. 야반삼경 夜半三更에 문고리를 만져 보듯 뜬금없는 이 문장은 법적 용어다. 한국의 건축법 제2장의 제목이 바로 '건축물의 건축'이다. 여기에는 허가, 착공 신고, 사용 승인, 감리 등의 절차가 규정되어 있다. 어떤 행정절차를 거쳐 건물을 지어야 하는지를 설명하는 대목이다.

다시 이 문장을 잘 들여다보자. 앞의 '건축'은 집합 보통명사다. 여기서 '물物'은 지칭하는 대상이 물리적 구조체임을 명확히 하기 위해 붙여진 접미사다. 그냥 건물이라고 해도 된다. 건축법은 친절하게도 이 '건축물'을 "토지에 정착하는 공작물 중 지붕과 기둥 또는 벽이 있는 것과 이에 부수附隨되는 시설물, 지하 또는 고가의 공작물에 설치하는 사무소·공연장·점포·거고居庫·창고 기타 대통령령이 정하는 것"[1]이라고 정의하고 있다.

뒤에 나온 건축은 동사의 명사형이다. 건축법은 역시 친절하게 "건축물을 신축新築·증축增築·개축改築·재축再築 또는 이전移轉하는 것"[2]이라고 설명하고 있다. 건축법을 통해 우리는 우리가 필요했던 건축에 대해 확실히 알 수 있게 되었다.

---

[1] 건축법 제2조(정의) ①의 2항.
[2] 건축법 제2조(정의) ①의 9항.

여기서의 건축물, 건물은 분류를 위한 개념이다. 여기에는 가장 중요한 것이 알토란같이 빠져 있다. 그것은 바로 가치다. 도대체 왜 건축을 하는가, 건축이 무슨 의미가 있는가 등의 질문에 대한 답이 쏙 빠져 있다. 우리에게 진정 필요한 것은 가치다. 우선 법규책을 덮고 지금까지의 이야기를 바탕으로 건물이 무엇인지를 검토해 보자. 도대체 어떤 구조물이 건물인가.

여기서 다시 비트겐슈타인을 상기하지 않을 수 없다. 그는 '구멍이 있는 경계는 경계가 없는 것'이라고 경고한다. 그러므로 그 경계에 구멍이 있다거나 모호하다고 인정하기보다 경계가 두껍다고 표현해 보자. 건물이라는 단어의 경계는 두꺼운 경계다. 바로 그 경계 위에 걸쳐 있는 구조물도 있을 것이다. 우리는 그 두꺼운 경계를 얇게 하기 위해 노력하면 된다. 경계의 두께가 얇을수록 좋은 정의다. 구멍이 드러나서 경계가 사라지지 않을 정도로 얇아지면 될 것이다.

이야기의 순서를 찾자. 언어는 동사에서 시작했을 것이다. 동굴벽화, 암각화를 처음 그린 사람들도 동사로 의사소통을 했을 것이다. 먹자, 놀자 그리고 이제 그리자. 우리가 알고자 하는 작업도 동사에서 시작했을 것이다. 짓자build.

그 다음으로 명사가 나왔다면 그것은 사람을 지칭했을 것이다. 노는 자player, 그리는 자painter, 짓는 자builder. 그리는 자가 그려서 만들어 낸 것, 짓는 자가 지어서 만들어 낸 것을 지칭하는 보통명사는 후에 생겼을 것이다. 그림painting, 집building. 행위를 지칭하는 추상명사는 이 행위가 수없이 행해져서 이들을 집합적으로 지칭해야 할 필요가 생겼을 때에야 등장했을 것이다. 놀이playing, 그리기painting, 짓기building.

이제 이 순서를 따라가 보자. 동사에서 시작하자. '짓다'와 '만들다'는 다르다. '옷을 만든다'와 '옷을 짓는다'를 비교해 보자. 옷감을 잘라 둘둘 말아 감고 다닐 수 있게 했다면 그 옷은 만든 것이다. 그러나 '짓는다'는 여러 가지의 재료와 부재가 어떤 방식으로 조합되는 과정을 거친다는 의미다. 즉 재단과 함께 재봉을 거친다는 뜻이다. 삯바느질로 가족을 부양하던 옛날이야기 속 할머니들은 옷을 지었다. 짓기 위해서는 행동을 하기 전에 충실한 계획을 짜 놓아야 한다. 행동의 결과와 그 형태에 대한 확신이 섰을 때 작업은 시작된다. 짓자.

시도 짓는다. 시는 외마디 감탄사가 아니다. 임의의 단어들을 되는대로 모아 놓은 것도 아니다. 시는 많은 단어들을 조합, 조직하는 것이다. 소설도 짓는다. 그래서 시와 소설을 쓴 사람은 '만든'이가 아니고 '지은'이다. 책의 저자는 지은이다.

'만든다'는 어떤 물체에 외형적 변화를 가해 다른 물체로 변환시킨다는 것이다. '짓는다'는 특히 단위를 조직적으로 조립한다는 의미가 강하다. 사용 재료가 추상적일 경우 '만든다'와 '짓는다' 사이에는 회색 영역이 넓다. 그러나 물질적 재료의 경우 구분은 훨씬 더 명료하다.

짓기 위해서는 전체를 구성하기 위한 각 개체의 가공이 선행되어야 한다. 조직과 조립은 '짓다'의 필요조건이고 '만든다'의 충분조건이다. '짓는다'는 '만든다'의 부분집합이다. 어떤 '만들기'는 '짓기'가 된다.

시, 음악, 건물은 구조체 structure다. 이들은 모두 짓는 것이다. 그러나 이들은 재료와 생산과정이 다르므로 그 과정을 표현하는 단어들도 조금씩 다르다. 시와 음악을 머릿속에서 짓는 과정은 '구성한다 compose'고 표현한다. 시는 이 구성이 바로 결과물이다. 그러나 음악은 연주 play의 단계를 한 번 더 거친다.

건물도 짓기 위해서는 머릿속에서 먼저 지어야 한다. 이 과정이 디자인design이다. 그리고 그 디자인의 결과물을 물리적으로 구현하는 과정이 '짓는다build'는 것이다. 옷, 시, 음악, 건물이 모두 다른 방식을 거쳐 지은 결과물이라면 건물은 다른 구조물들과 어떻게 다른가.

건물과 구조물

건물은 지은 결과물이되 건축적 방식으로 지은 것이다. 건축적 방식의 '건축적'은 건축적 공간의 '건축적'과 크게 다르지 않다. 공간을 만든 목적, 즉 지은 목적을 추가해서 그 조건을 다시 정리하면 다음과 같다.

첫째, 건축적 방식은 환경 조정調整을 목적으로 한다. 뜨거운 태양 아래서 단지 그늘을 만드는 소극적 방법에 그친다 하더라도 건축적 방식은 환경을 조절하려는 의지를 갖고 있다. 이것은 살아 있는 인간을 담든, 죽은 인간을 담든, 혹은 물건을 담든 공통적으로 건물에 요구된다.

둘째, 건축적 방식은 정착해 있다. 건물은 위치와 크기로 표현되는 장소를 물리적으로 점유하고 정착해 있다. 움직일 수 있는 구조물이라도 결국 정착을 목적으로 하는 것이라면 그것은 건축적 방식이다. 정착은 당연히 물질적 재료를 요구한다. 건물에 색채가 필요할 경우 그것은 물질적 재료를 통해 표현된다. 소리가 건물을 만들 때 고려되는 중요한 변수일 수 있으나 건물이 되기 위해서는 물질적 매개가 필요하다. 물질적 재료를 사용하지 않고 지은 것은 장소를 점유하지도, 정착해 있지도 않으므로 건물로 분류되지 않는다.

셋째, 건축적 방식은 인간적 규모를 갖고 있다. 건축적 공간에서 규정된 바로 그런 규모다. 그 규모는 인간의 크기를 통해 계량할 수 있는 규모다. "인간은 만물의 척도"라는 문장을 기계적으로 적용하면 건축에 꼭 맞는다.[3] 천체물리학적 공간은 인간의 크기를 통해 계량할 수 없다. 인간의 단위 크기보다 작은 규모를 통해 계량하는 것도 건축적이라고 보기 어렵다. 건물 모형은 건축 행위의 과정에서 필요하지만 건축적 방식으로 지은 것은 아니다. 따라서 건물이 아니다.

이 세 조건을 한 문장으로 조합하면 다음과 같다.

카이로의 오벨리스크. 돌 하나로 몸통을 만들었다.

건물은 환경 조정을 목적으로 정착되도록 지은 인간적 규모의 구조물이다.

이제 검증해 보자. 인간의 첫 주거의 비유가 동굴이다. 최초의 인간이 동굴에서 살았을 수는 있다. 그러나 동굴은 건물이 아니다. 동굴은 짓는 것이 아니기 때문이다.

오벨리스크는 돌이라는 물질적 재료로 만들었다. 그리고 인간적인 규모를 갖고 있다.

---

[3] 이것은 플라톤을 통해 널리 알려진 프로타고라스Protagoras(기원전 490경~기원전 420경) 의 주장이다. Plato, *Theaetetus*, 152a.
　물론 원래 이 문장의 의미는 인간이 판단의 주체라는 것이지 인간의 물리적 크기를 지칭하는 것은 아니다. 그러나 건축가는 이 척도를 줄자의 의미로 생각하곤 한다.

제대로 재단한 돌을 쌓아 '지은' 〈기자의 피라미드〉와 자연석을 쌓아 '만든' 경주 〈천마총〉.

　더구나 특정한 장소에 정착해 있다. 그러나 오벨리스크는 환경 조정의 목적이 없다. 더욱이 대개의 오벨리스크는 단일 석재로 이루어져 있다. 오벨리스크는 지은 것이 아니다. 건물이 아니고 구조물이다.

　이집트 〈기자Giza의 피라미드〉와 경주의 〈천마총〉을 비교해 보자. 이들은 모두 무덤이다. 사람을 위한 구조물이지만 죽은 사람을 위한 구조물이고 그 죽은 몸은 모두 사라졌다. 따라서 남은 것을 단순히 말하면 돌무더기다. 두 무덤은 모두 돌이라는 물질적 재료를 통해 인간적 규모를 갖고 세워졌다. 이들은 사자死者가 남긴 육신의 보전이라는 목적에 필요한 환경을 만든 것이다. 여기까지는 같다.

　지은 것이 되기 위해서는 부분 개체들이 전체의 적극적·조직적 구성원이 되어야 한다. 즉 각 구성 재료와 부재들이 전체를 이루는 부분이 되도록 가공되고 제대로 된 위치를 지정 받아야 한다. 피라미드의 돌들은 그 적극적인 전체의 구성원이다. 따라서 피라미드는 건물이다. 〈천마총〉을 이루는 돌들은 부분 개체들이기는 하지만 전체를 이루기 위해 조직되지 않았다. 쌓아 올렸을 뿐이다. 〈천마총〉은 지은 것이 아니고 만든 것이다. 〈천마총〉은 건물이 아닌 구조물이다.

　역사적으로 집과 항상 비슷한 크기를 유지하면서 발전해 온 것이 있

건축, 가치를 찾아내다

다. 조선造船으로 번역되는 배의 건축naval architecture이다. 배도 짓는 것 ship building이다. 그 안에 갖추고 있는 것도 건물과 다르지 않다. 화장실, 침실도 포함되어 있다. 조선은 건축보다 훨씬 더 강력하고 혹독한 외적 조건에 대응해야 한다. 그런 만큼 기술의 변화에 신속하게 대응해 왔다. 세상을 움직이는 힘이 노동력에서 동력으로 바뀌었을 때, 선박은 주저 없이 엔진을 달았다. 건물과 가장 큰 차이는 움직인다는 점이다. 배는 구조물이다.

여객기 안에는 화장실이 있다. 대륙을 횡단하는 여객기 안에는 침대도 있다. 인간적인 규모를 갖고 환경을 조절하는 내부 조건을 갖고 있다. 그러나 비행기는 이동을 전제로 존재한다. 정지 상태에서도 결국

유람선은 내부에 침실, 상가, 엘리베이터 등이 있다는 점에서 건물과 다를 바 없지만, 움직인다는 점 때문에 건물과는 구분된다.
〈자유의 여신상〉. 사람이 들어갈 수 있는 규모지만 건물은 아니다.

비행기는 이동을 목적으로 존재한다. 여객기는 건물이 아니다.

〈에펠 탑〉은 정착해 있다. 그러나 환경을 조정하기 위해 지은 것이라고 볼 수 없다. 〈에펠 탑〉의 아래서 뜨거운 태양을 피할 수도 있고 〈자유의 여신상〉 내부에서 비를 피할 수도 있다. 그러나 이 구조물들은 이를 전제로, 즉 이런 내재적 용도를 위해 만들어진 것이 아니다. 〈에펠 탑〉도 〈자유의 여신상〉도 건물이라기보다는 구조물이다.

유목민의 텐트는 정착하기 위해 이동하는 것인지, 이동하기 위해 정착하는 것인지 뚜렷하지 않다. 이 대답이 모호한 정도만큼 텐트가 건물인지 여부도 모호하다. 텐트는 건물을 규정하는 두꺼운 경계 위에 발을 걸치고 있다.

건물과 건축

이제 건물과 건축을 구분하는 가치를 확인할 때가 되었다. 책의 처음으로 돌아가자. 이 책은 질문에서 시작하였다.

건축은 예술인가.

건축이 예술이라면 다음 질문이 기다린다. 특정한 논증에 대한 반박으로 치사하기는 해도 가장 효과적인 방법은 극단적인 반례를 드는 것이다.

저 건물이 예술 작품인가.

주위의 저 수많은 그리고 별 볼일 없는 상자들이 과연 예술 작품인가. 저 아파트와 상가들이 우리가 알고 있는 피카소, 베토벤의 작품들과 비교될 수 있는가.

대답은 당연히 '아니다'다. 여기서 이야기는 평가적인 것으로 바뀐다. 회화가 예술이라고 해서 모든 그림을 예술 작품으로 볼 수는 없다. 서예가 예술이라고 해서 어린 시절 석봉이 불 꺼 놓고 쓴 글씨를 예술 작품으로 볼 수는 없다는 것이다. 우리가 이발소에서 본 그 진지하고 절실한 인생도人生圖를 예술 작품이라고 부르지 않는 것과도 같다.

건축은 이런 평가적 질문, 즉 이런 건물을 어찌 예술 작품이라고 부르겠느냐는 질문에 대해 일찌감치 답변을 마련해 왔다. 그것은 차별화 전략이었다. 바로 건축architecture과 건물building을 나누는 것이었다. 건축은 예술이되 건물은 그렇지 않다는 것이다. 어떤 건물은 건축이 된다.

이제 구분선을 찾아보자. 예술적 가치가 있는 건축과 일상적인 건물을 어떻게 구분하느냐는 것이다. 건물 유형에 따른 가치 분화는 블롱델에서 시작되어 오늘도 이어지고 있다.[4] 펩스너는 〈링컨 성당Lincoln Cathedral〉은 건축이고 자전거 보관소는 건물이라고 나눈다.[5] 문제는 구

---

[4] 건축을 단순한 건물과 차별화한 첫 전략가는 블롱델Jacques-François Blondel로 알려져 있다. 그는 건축이라는 자신의 직업에 대한 자존심과 자부심으로 똘똘 뭉친 사람이었다. 그는 건축이 창조적인 예술 작업이며 단순한 집짓기의 결과로서의 건물과는 구분되어야 한다고 선을 그었다. 좀 더 구체적으로는, 견고하고 사용이 편하고 보기 좋고 위생적인solide, commode, agréable, sain 조건을 충족시켜 지은 것이 건축이라는 주장이었다.

[5] Nikolaus Pevsner, *Outline of European Architecture*, 1965, p.15.

분선이 뚜렷하지 않다는 점이다. 〈링컨 성당〉이 건축이고 자전거 보관소가 건물이라면 자전거 보관소가 건축이 될 수 있는 길은 없을까. 과연 자전거 보관소는 신분 상승의 기회가 원천 봉쇄된 채 이 땅에 지어지는 걸까.

그 구분선은 지금까지의 논리에 근거해서 간단히 그을 수 있다. 바로 용도다. 어떤 용도를 갖고 있

〈링컨 성당〉. 중요한 것은 이 안에서 미사를 보느냐가 아니고, 채석장의 돌을 재단하여 이렇게 바꿔 놓았다는 것이다. 보이는 것은 건물이지만, 마음속으로는 이 성당을 지은 사람들을 만나야 한다.

느냐가 아니라 건물을 평가하는 데 용도 자체의 의미가 있느냐 없느냐는 것이다. 용도가 생산양식에 의해 규정되는 것이라면 생산이 마무리된 건축은 용도에서 자유로울 수 있다. 즉 어떤 구조물, 건축적 구조물에서 용도가 사라졌을 때 존재의 의미가 없다면 그것은 건물이다. 그러나 용도가 사라졌더라도 존재의 의미가 있다면 그것은 건축이다.

〈링컨 성당〉은 미사 집전에 쓰이지 않아도 존재의 의미가 있다. 그러나 대개 자전거 보관소는 사용되지 않는 경우 존재의 의미가 없다. 그때 자전거 보관소는 건물이다. 반면 자전거 보관소가 용도가 없더라도 존재의 의미가 있다면, 그것은 건축이다. 〈모나리자〉와 〈아이다〉는 기록과 꽃다발이라는 각각의 용도와 무관하게 존재의 의미를 갖고 있다. 이들은 위대한 예술 작품이다.

이제 이 논리를 새로 부각된 건축의 가장 중요한 개념들을 통해 확인해 보자. 추상적 개념인 공간은 구현되기 위해 생산양식과 결합한다.

건축의 생산양식이 요구하는 것이 용도다. 공간이 용도와 결합하여 이루어진 단위 조직체를 지칭하는 이름이 방room이다. 즉 공간이 구체적인 인간을 담고 나면 방이 된다. 방은 생물로 따지면 세포고 물질로 따지면 원소다.

용도가 사회적으로 규정되는 만큼 방도 사회적, 역사적, 관습적이다. 그 예는 바로 방이라는 단어 자체에서 찾을 수 있다. 방房은 룸room을 번역한 단어지만, 이 둘은 내용상 개념이 다르다. 방은 좌식坐式 생활을, 룸은 입식立式 생활을 암시한다. 따라서 룸을 번역하는 가장 좋은 단어는 사실 방이 아니고 실室이다. 화장실, 욕실, 사장실, 조리실 등에서 확인할 수 있듯 실은 그 앞에 구체적인 용도를 적시한다.

그러나 방이라는 단어에는 제한된 용도를 구체적으로 지칭하는 함의가 들어 있지 않다. 다만 그것은 조직상의 위치, 위계 정도를 지칭할 뿐이다. 방의 용도는 포괄적이고 열려 있다. 그러나 마루와 구분이 되는 만큼 완전히 열려 있는 것도 아니다. 방은 실보다 훨씬 더 동양적이고 좌식적인 공간을 지칭하는 단어다.

방의 영역은 바닥을 통해 규정된다. 그것은 신발을 벗고 바닥에 앉을 수 있다는 행위로 규정된다. 이에 비해 룸은 벽을 통해 규정된다. 벽이라는 물리적인 구조체를 통해 그 너머와 구분된다. 방과 룸의 공통점은 결국 지붕을 통해 완성된다는 것이다.[6] 방이건 룸이건 지붕이 없어지는 순간 그 조합은 건물이기를 그치고 폐허가 된다. 지붕은 환경의

---

[6] 한글 '지붕'의 어원은 집이다. 그리고 이미 지적한 대로 'tecture'의 라틴어 어원은 지붕을 지칭하는 'tectum'이다. 지붕은 집을 완성한다.

조절을 전제로 한 정주定住의 조건에서 가장 기본적인 요구 조건이기 때문이다.

방, 혹은 룸이 조직된 집합체가 건물이라면 공간이 조직된 집합체는 건축이다. 그래서 어떤 구조물의 내재적 용도가 사라졌을 때 존재의 의미가 없다면 그것은 건물이 되는 것이다. 그러나 내재적 용도가 없다고 해도, 단지 역사적인 가치가 아닌 건축적 가치를 통해 존재의 의미가 있다면 그것은 건축이다. 그것은 용도와 결합되지 않고 가치만 존재하는 단어인 공간으로 이루어져 있기 때문이다. 그리하여 지붕이 없어진 폐허 〈파르테논 신전〉도 위대한 건축으로 남아 있는 것이다.

건축의 조립

건축은 무엇인가.

질문은 이것이었다. 건축의 가치로 가장 오래되었고 끈질기게 남아 있던 것은 비트루비우스의 세 가지 요소(firmitas, utilitas, venustas)다. 이를 조합하여 문장을 만들면 이렇게 될 것이다.

건축은 사람이 살기 편한 것을
튼튼하고 오래가면서 아름답게 만드는 작업이다.

2000년을 군림하던 비트루비우스의 가치도 변했다. 철학자들의 질문, 사회의 변화에 따라 변했다. 그것은 건축쟁이들의 사회적 구원 프로젝트의 결과물이기도 했다. 이제 건축은 새로운 개념을 얻었다. 기능, 공간, 예술이 바로 그것들이다. 문장은 이렇게 쓸 수 있다.

건축은 기능적 목적에 의하여 공간을 만드는 예술이다.

여기 포함된 단어들은 단어 자체가 아니고 이들이 지니고 있는 건축적 가치 때문에 중요하다. 이 가치들을 다시 상기해 보자. 기능은 인간의 생활을 조직하는 방식이다. 공간은 비어 있음이 조직되어 있는 상태다. 이제 우리의 명제는 다음과 같이 바뀐다.

건축은 인간의 생활을 조직하기 위하여
공간을 조직하는 예술이다.

공통항을 소거해서 문장을 정리하면 다음과 같다.

건축은 공간을 통해 인간의 생활을 조직하는 예술이다.

문장의 마지막에 붙은 '예술'이라는 단어를 들여다보자. 건축은 범주로나 가치로나 건물과의 차별화를 통해 이미 예술로 규정되어 있는 단어이므로 '예술'이라는 말 또한 반복적이다. 따라서 소거할 수 있다.

건축은 공간을 통해 인간의 생활을 조직하는 작업이다.

건축은 역사적 배경을 갖고 있다. 건축가는 이미 지어진 수많은 건물과 도시에 새로운 제안을 하게 된다. 인간의 생활은 이미 어떤 방식으로 조직되어 있다. 따라서 옳은 표현은 조직이 아니고 재조직이다. 창조적 아이디어에 근거한 새로운 조직이다. 문장이 이르게 되는 결말은 다음과 같다.

건축은 공간을 통해 인간의 생활을 재조직하는 작업이다.

공간을 통하는 것은 수단이다. 인간 생활의 재조직은 목적이다. 건축의 존재 이유, 존재 의미, 존재 가치는 인간의 생활을 재조직하는 데 있다. 이것이 바로 건축의 의미고 가치다. 그 조직자가 바로 건축가다. 국제연합의 개막 연설에서, 테러의 수사 보고서에서 건축가가 비유로 사용되곤 하는 이유는 그들이 조직자였기 때문이다.

'건축이 무엇이냐고 스스로 묻는 너는 누구냐'는 질문에 이렇게 대답할 수 있다. 건축가는 인간의 생활, 인간의 체계, 즉 사회가 이렇게 재조직되어야 한다고 제안하는 사람이다. 건축이 그려내는 사회는 전복적 사회가 아니고 비판적 사회다. 건축가의 도구는 공간, 즉 건축적 공간이다. 건축가의 무기는 비판적 성찰에 근거한 상상력이다. 사회에 대한 분석과 비판에서 시작해서 상상력으로 대안을 만들어 나가는 것이 건축가의 모습이다. 이것이 역사를 통해 건축가가 발견한 자신의 존재 의미다. 몇 세기에 걸쳐 사회적으로 의미 있는 존재이기를 원해 온 이들이 결국 찾아낸 모습의 현재형이다.

이제 이 책은 마무리를 해도 좋을 결론에 이르렀다. 그러나 실천이 없는 슬로건은 여전히 공허하다. 책을 마치기 전에 실천의 방법을 찾아보자. 이 생활의 조직으로서 건축의 의미, 건축의 가치를 건축가가 어떻게 실천할 수 있는지 정리해 보자. 건축가가 어떤 생각의 순서, 생각의 단계를 거쳐 그 '계획하는 자'로서의 '건축가'의 모습을 완성할 수 있는지, 그들이 만들려는 건축은 어떤 사회적 근거와 의미를 가질 수 있는지가 다음 두 꼭지의 내용이다.

의미,
건축으로 번역되다

건축에서 가장 먼저 이행되어야 하는 것은 아이디어의 발견이다.
특정 건물이 왜 존재해야 하는가에 대한 대답이다.
아이디어는 서술을 통해 존재한다.
구현되는 과정에서 재료, 자본과 같은 물리적 제약 조건에 간섭을 받는다.
최소의 자원으로 건축 행위를 이행해야 한다는 아이디어는
사회적 존재의 아이디어와 부정교합을 이룰 수밖에 없다.
이러한 문제를 다스리면서 각 아이디어가 충실하게
본래의 의미를 유지하도록 결과물을 조정해 나가는 과정이 디자인이다.
디자인은 가시적 형상을 통해 존재한다.
아이디어가 없는 상황에서 형태의 조작을
실현해 나가는 과정은 스타일링이다.
스타일링의 근거는 이성적 판단이라기보다는 감성적인 취향이다.
물론 스타일링의 결과물도 가시적 형상을 통해 존재한다.

아이디어

자전거는 황소가 되었다.

　자전거는 이생의 용도를 소진하고 고철 야적장으로 실려 가려던 참이었다. 피카소가 그 자전거에서 안장과 핸들만 빼내서 새로 조합했다. 그 자전거는 자신이 황소가 될 수 있으리라고는 꿈에도 생각지 못했을 것이다. 이 고철 덩어리는 새로운 존재의 의미를 얻었다. 그것을 부르는 이름이 '아이디어Idea'다.[1] 이 고철에게 아이디어를 부여한 사람이 피카소다. 그는 위대한 창조자였다.

　건축의 존재 의미, 건축의 아이디어는 무엇인가. 그것은 모순의 존재와 자각에서 출발한다. 건축과 사회는 필연적으로 모순 관계에 있을 수밖에 없다. 건축가의 제안이 고정적 구조물로 구현되는 데 비해 사회는 유동적 유기체이기 때문이다. 성장하는 십 대에게 철 지난 옷이 맞지 않는 것처럼 지어진 건물은 변화, 진화하는 사회에 맞지 않는다. 이것은 건축의 숙명이고 건축가의 기회다. 건립되려는 건축은 변화의 의지

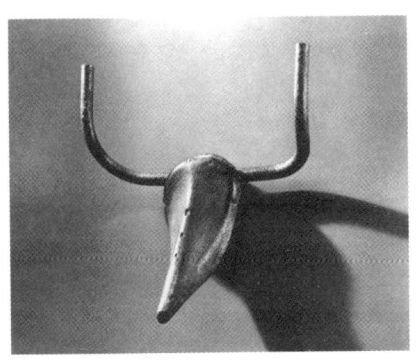

피카소의 〈황소의 머리〉.

---

[1] 여기서는 몇 가지 철학적 용어가 사용된다. 이 용어들은 시대와 철학자에 따라 다른 의미로 사용되었으므로 일관된 틀이 있지는 않다. 이 책에서는 그럼에도 이들의 일반적인 용법과 크게 어긋나지 않는 범위 내에서 사용한다. 용법의 중요한 변천과 용례는 주석으로 설명한다.

를 갖는 반면 완성된 순간 고착화의 숙명을 갖는다. 새로운 건축은 재조직을 요구한다.

건축가는 그 시대와 건물이 이루고 있는 모순 관계를 지속적으로 드러내고 대안을 제시하는 주체다. 각 시대의 건축은 그 시대의 사회를 배경으로 존재해야 한다. 노예와 시민이 분리된 사회에서 만들어 내던 건물은 시민사회의 이상을 담지 못한다. 〈경복궁〉을 구조물로 재현한다고 해도 그것이 〈경복궁〉이 아닌 이유는 우리가 공화국에 살고 있기 때문이다. 고대광실高臺廣室 아흔아홉 칸 주택이 이 시대와 모순 관계에 있는 이유는 우리가 사회적 불평등을 부정否定하기 때문이다. 건축적 아이디어는 변화한 사회에서 그 건물 형식이 갖춰야 할 새로운 존재 의미를 드러내는 것이다. 아이디어는 질문에서 시작한다. 무엇인가.

건축적 아이디어는 추상적이되 서술적이다. 형태도 없고 크기도 없다. 아이디어는 존재의 현상을 재현하는 것이 아니고 존재의 이유를 찾아내는 것이다. 토마스 아퀴나스를 다시 읽어 보자.

> 집은 건축가aedificatoris의 마음속에 먼저 존재한다.
> 이것이 지칭하는 것은 바로 집의 아이디어idea domus다.[2]

건축적 아이디어가 플라톤의 이데아와 다른 점은 변화한다는 것이다. 우리에게 필요한 우리의 모습, 우리가 공간을 통해 조직해야 할 사회가 바뀌기 때문이다. 건축적 아이디어가 플라톤의 이데아와 또 다른 점은 외부에 존재하지 않는다는 것이다. 그것은 건축가의 머릿속에 존재한

---

[2] Thomas Aquinas, *Summa Theologiae*, Ia. 15, 1.

다.[3] 건축의 아이디어는 모방의 대상이 아니다. 창작의 동인動因이다.

아이디어는 우리가 옳다고 믿고 있던 것들이 결국 옳지 않았음을 밝혀 깨우치는 작업이다. 아이디어는 좋은 것을 넘어 필요한 것이 되기 위한 조건이다. 그것이 필요한 이유는 좋거나 아름다워서가 아니라 옳기 때문이다.

건축가가 건축가인 이유는 자신의 아이디어를 건축적 방식으로 표현하기 때문이다. 혹은 건축적 방식으로 구현될 수 있도록 제안하기 때문이다. 건축가는 자신의 아이디어를 문자를 통해서 전달하거나 표현하지 않는다. 건축가의 구현의 매체는 건물이거나 건축적 계획안이다. 건축가는 혁명을 위한 전단을 뿌리지 않고 건물로 표현되는 도면을 그린다. 이것이 바로 건축가가 정치가, 선동가, 혁명가와 차별화되는 지점이다.

아이디어는 구현되기를 기대한다. 구현의 방식에 의해 계획안에 그치기도, 건물이 되기도 한다. 계획안이 구체적인 구조물로 실천되려면 어떤 재료를, 어떻게 조합하여, 누구의 자본을 동원해서, 어떤 이해관

---

[3] 칸트는 아이디어를 이성적Rational 아이디어와 예술적Aesthetic 아이디어로 구분한다. 이 아이디어는 구체적인 형태를 갖고 있지는 않되 구체적 형태를 갖게 할 수는 있다. 구체화된 것을 지칭하는 단어가 'concept'다. Harold Osborne, *Aesthetics and Art Theory*, 1970, p.190.
 헤겔은 추상적 개념Begriff, concept이 실재Realität, reality와 만나서 형성되는 게 아이디어Idee, idea라고 규정한다. 그 아이디어는 존재를 더욱 존재의 의미에 가깝게 만드는 것이다. 헤겔의 아이디어는 플라톤에서 나온 단어다. 그러나 플라톤의 아이디어가 오직 이상으로만 존재하는 데 비해 헤겔의 아이디어는 존재, 즉 현실적 내용이 결합된 의미로 사용된다는 점에서 차이가 있다.
 칸트와 헤겔은 아이디어가 구체적이고 감각적인 단계에 이르되 현상real과 대비되는 것을 아이디얼Ideal로 구분한다. 이 책에서 사용하는 '건축적 아이디어'라는 용어는 철학적 관점에서는 아이디얼에 가깝다.

계를 따르는가와 같은 새로운 질문을 만나게 된다.

건축 재료는 물체다. 무게를 지닌 물체는 지구의 중심으로 향한다는 물리 법칙을 따른다. 그러나 이들 재료는 모두 이전에 갖지 못한 새로운 존재의 의미를 갖고 싶어 한다.

칸이 설계한 〈엑시터 도서관Exeter Library〉의 부분. 벽돌은 아치 중에서도 이렇게 평평하게 쌓는 아치가 가장 어려운 도전이라고 대답할 듯하다.

루이 칸Louis I. Kahn(1901~1974)이 벽돌에게 무엇이 되고 싶은지 물었을 때 벽돌의 대답은 아치였다. 그것은 아치가 벽돌에게 새로운 존재의 의미를 갖게 하기 때문이다. 아치는 쌓는 방식으로 사용되는 재료의 새로운 존재의 의미였다. 새로 발견된 벽돌의 존재 의미, 아이디어는 건축의 역사를 바꿨다.

유리에게도 물어보자. 유리야, 너는 무엇이 되고 싶으냐. 유리는 자신의 무게를 스스로 버텨 보고 싶어 할 것이다. 기둥이 되고 싶다고도 대답할 것이다. 다른 것을 비춰 주는 데 머물지 않고 스스로 영상을 만들어 보이고 싶다고 대답할 수도 있다. 건축가가 너는 창틀에 끼워져서 존재해야 하는 재료라고 단정해 버린다면 유리는 낙담할 것이다. 그때 유리는 이전에 존재한 수많은 유리들과 다를 바가 없기 때문이다.

이전에 없었던 새로운 존재의 의미를 찾는 것, 그것이 재료의 아이디어다. 이들은 기존의 물리적 한계를 극복하면서 드러난다. 이 한계를 극복하기 위해 찾아낸 필요하고 가능한 방법이 기술이고, 이를 실현시키는 것이 엔지니어링이다.

재료를 조합하기 위해서는 노동력이 필요하다. 동력일 수도 있다.

의미, 건축으로 번역되다

재료와 노동력을 동원하려면 자본이 소요된다. 자본의 가치는 계량화에 있다. 모든 것을 숫자로 치환해서 비교를 가능하게 한다. 자본의 아이디어는 그만큼 간단하고 뚜렷하다. 강력하다. 최소한의 소비를 지향하는 것이다. 이 소비의 대상은 자본으로 치환되었지만 결국은 자원과 에너지다. 최소한의 소비, 이것은 자본주의사회만이 요구하는 특별한 조건이 아니고 모든 사회의 일반적인 가치다. 건축가의 사회적 책임이기도 하다.

존재의 의미가 있건 없건 그냥 거기 존재하여 건축 계획안의 구현에 영향을 미치는 변수들이 있다. 이들을 조건이라고 한다. 조건에는 대지, 법규, 이용자의 수요 면적 예측 등이 있다. 조건은 질문 대신 답변만을 요구한다. 건축이 기대고 있는 생산양식에 의해 형성된 조건을 정리해 놓은 것을 건축 프로그램program이라고 한다. 그것은 용도를 만족시키기 위한 요구 조건이다. 아이디어가 구현되기를 기대한다면 조건은 만족될 것을 요구한다.

아이디어들은 모두 건축을 통해 구현되기를 기대한다. 모든 아이디어는 독립적이다. 조건 역시 독립변수들이다. 이것들을 중첩시키면 당연히 부정교합不正咬合을 이룬다. 이것이 디자인이 필요한 이유다.

디자인과 스타일링

"이제 우리가 우리의 모습대로 사람을 만들자."[4]

성서는 창조 이전의 의지를 이런 문장으로 표현한다. 아직 행동은 시작되지 않았다. 그리고 그 '모습'이 무엇인가는 이 문장만으로는 뚜렷하지 않다. 손발이 달린 구체적인 형상인지, 스스로 선악의 판단이 가능한 추상적 주체를 지칭하는 것인지 알 수 없다. 성서를 해석하는 종교인들은 다양한 해석을 제시할 것이다.

사람을 만들기 위해 진흙을 개기 시작했다면, 진흙의 물리적 속성은 '우리의 모습'과 잘 맞지 않을 것이다. 창조의 주체인 '우리'가 진흙으로 만들어지지 않았을 것이기 때문이다. 따라서 상정된 '우리의 모습'과 진흙의 물리적 성질 사이에 적절한 타협점이 모색되어야 한다.

건축가는 독립적인 아이디어와 조건들을 조정하면서 결과를 찾아 나가게 된다. 즉 구조를 조직해 나가게 된다. 아이디어들이 독자적인 의미를 잃지 않도록 조직해 나가면서 제시된 조건을 만족시키는 최적의 대안을 찾고 만들어 나가는 과정, 이것이 바로 디자인design이다.[5]

디자인은 타협과 조정의 과정이다. 디자인은 보기에 아름다운 것을 만드는 과정이 아니다. 존재하는 아이디어의 가치를 최대한 실천한 결

---

[4] 《창세기》 1:26.

[5] 여기서의 디자인은 바사리Giorgio Vasari가 회화, 조각, 건축의 공통분모로 지적할 때 사용한 단어와는 개념이 다르다. 바사리의 디제뇨가 결과물만을 지칭한다면, 여기서 말하는 디자인은 결과물에 이르는 과정을 포함한다.

과물을 만들어 나가는 과정이다. 지속적인 대안을 제시하는 것이다. 이것은 새로운 요소를 덧대는 게 아니고 불필요한 것들을 제거해 나가는 것이다.[6]

아이디어가 추상적인 서술로 표현된다면 건축적 디자인은 가시적인 조직으로 표현된다. 가장 보편적인 것은 도면이나 모형이다. 그러나 디자인은 여전히 제작이라는 구체적 행동의 전 단계이자 지적인 작업의 단계다. 필요한 것은 상상력이다.

디자인은 조직하는 과정이고, 따라서 그 결과물은 체계를 갖게 된다. 옷감이 짜이듯 체계를 갖춘 그 결과물은 구조체structure다. 디자인의 결과인 구조체는 '아름답다'로 표현되지 않고 '좋다'로 표현된다. 아이디어들이 만족스럽게 보존된 상태의 대안과 결과가 제시되었다면 그 디자인은 좋다고 표현할 수 있다. 가장 좋은 디자인은 우아하고 박력있고 명료하고 감동적이다.[7]

아이디어가 존재하지 않는다면 조건만 남는다. 조건을 만족시키기 위한 형태적 조작 과정이 스타일링styling이다. "우리의 모습대로 사람을 만들자"는 말에서 '모습'이 외관을 지칭한다면 그 과정은 스타일링이다.

디자인과 스타일링은 모두 창작 과정이라는 공통점이 있다. 그러나 디자인은 합리성을, 스타일링은 감각을 기반으로 한다. 스타일링에서

---

[6] 디자인의 라틴어 어원은 그림sign의 뜻을 지닌 'signum'이다. 'design'은 단어의 의미로 보면, 그린 것을 지우는 것이다. 덧칠해 나가거나 첨가하는 것이 아니다.

[7] 이때 표현되는 단어는 '숭고함Erhabene, sublime'이다. 칸트가 이를 명쾌하게 정리했다. 아름다움은 장식과 치장에서 얻어지지만 숭고함은 단순함을 통해 얻어진다. Immanuel Kant, trans. John T. Goldthwait, *Observations on the Feeling of the Beautiful and the Sublime*, 1960, p.48.

프랭크 게리의 〈디즈니 콘서트홀〉과 〈구겐하임 미술관〉. 이 건축가는 질문과 관계없이 대답을 준비하고 있다. 이 모양은 이 건축가의 스타일이다.

필요한 것은 직관적 사고와 형태적 탐구다. 디자인의 대화 수단은 논리고, 스타일링의 대화 수단은 취향이다. 디자인의 가치는 좋음에 있고 스타일링의 가치는 아름다움에 있다. 디자인의 결과는 구조체고 스타일링의 결과는 형태form다. 그 스타일링이 반복해서 만들어 낸 형태가 양식, 즉 스타일style이다.[8]

아름다운 건물을 만들겠다는 것은 설계자가 부여하는 개인적인 가치다. 그것은 설계자의 취미 생활에 가까운 것이다. 가치가 없는 것이 아니고 가치를 측정할 수가 없다. 설계자가 설정한 아름다움이 다수의 동의를 얻게 된다면 그것은 좋다기보다 즐거운 것이다.

스타일링의 가치가 아름다움에 있는 만큼 가치판단은 주관적이다.

---

[8] 스타일은 문학 용어에서 출발했나. 라틴어로 실 만드는 도구인 'stilus'에서 유래한 이 단어는 이미 단테Alighieri Dante(1265~1321)의 시기에도 독특한 문체를 일컫는 용어로 사용되었다. James V. Mirollo, *Mannerism and Renaissance Poetry: Concept, Mode, Inner Design*, 1984, p.5.
   이 단어를 건축에 적용하여 처음 사용한 사람은 블롱델이다. Harry Francis Mallgrave, *Modern Architectural Theory*, 2005, p.40.

의미, 건축으로 번역되다

스타일링에서 의사소통은 어렵고 결과물의 존재 의미, 가치는 모호하다. 따라서 스타일링은 결과물의 존재 가치를 인정받기 위한 변론의 수단을 외부 좌표에 의탁하게 된다. 그 의탁은 대개 모방, 재현, 은유를 통한 형태 표현으로 구현된다. 그 좌표를 제공하는 서적은 생물도감, 역사책, 잡지 정도로 볼 수 있다.

생물도감은 자연의 카탈로그를 갖추고 있다. 자연은 여전히 미지의 세계면서 절대적인 권위를 갖는다. 스타일링은 그 존재의 합리성을 누구도 도전하거나 설명할 수 없는 자연에 의지하여 보장 받고자 하는 경우가 많다. '무지개를 닮은', '파도를 형상화한', '꽃의 이미지를 표현한' 등과 같은 문장으로 해설된다.

역사책은 사회 구성원 다수가 동의한 물체들을 싣고 있다. 그 객체들은 전통적이라는 형용사로 표현된다. 전통적 형태에 대한 의심은 그 사회의 정통성을 회의하는 게 아니냐는 견제를 받게 된다. 이 견제의 강도는 사회가 공유하는 역사적 자신감과 반비례한다. 즉 정통성, 정체성에 대한 굳건한 확신이 없는 사회일수록 구심점이 되어 줄 역사적 형태, 양식에 대한 집착이 강해질 수밖에 없다. 태극 문양, 지붕 처마 선, 백자의 선을 형상화했다는 둥 이야기들이 모두 여기에 들어간다.

스타일링이 존재의 근거를 확보하는 다른 방식은 다수의 동의다. 잡지를 통해 확대 재생산되는 이 다수의 동의, 즉 패션fashion은 자연이나 역사와는 좀 다르다. 규정 주체가 불특정 다수. 일관성이 없고 예측 가능하지도 않다. 그러나 시장에 편재되어 있는 상황에서 가장 안전하게 선택할 수 있는 스타일링의 근거다. 추세, 시장 변화, 소비자 선호도 등의 단어를 통해 합리화되는 것들이다.

스타일링은 자본주의적 생산양식과 밀접한 관련을 갖고 있다. 스타일링을 요구하는 가장 큰 힘은 시장이다. 자본은 지속적인 시장 확대를 요구한다. 이 조건에 가장 손쉽게 대응할 수 있는 변화 방법은 외피 변화를 통한 형태 차별화, 즉 스타일링이기 때문이다. 이런 요구가 가장 강한 분야는 자동차와 의상이다. 건축에서도 시장구조에 편입된 부분은 스타일링의 요구에서 자유롭기 어렵다.[9]

스타일링이 모방과 유추를 통해 존재를 확인하는 만큼 유사한가, 혹은 연상시키는가 하는 점이 가치 판단 기준이 된다. 이들의 가치 기준은 여전히 외부에 있으면서 판단의 근거는 주관적이다. 스타일링은 이유를 묻지 않는다. 건축가에게는 그럼에도 불구하고 스타일링의 과정에 적용할 판단의 원칙과 근거가 필요하다. 그것이 개념concept이다.[10]

---

[9] 건축에도 유명한 스타일이 있다. 바로크 스타일, 르네상스 스타일, 인터내셔널 스타일 등. 이는 모두 의미가 탈색된 상황에서 재현되는 상태를 지칭하는 단어들이다. 한국의 아파트도 시장에 의해 규정된 건축 스타일의 하나다. 이름을 붙인다면 '한국 아파트 스타일'.

[10] 이것의 어원은 라틴어의 동사 '잡다, 집어 들다concipere'다. 그리고 역사적으로 예술과 철학에서 다른 의미를 갖고 사용되었다.
　미켈란젤로와 바사리는 개념concetto을 아이디어idea와 동의어로 사용한다. 그러나 바사리는 개념concetto의 가시적 표현이 디제뇨disegno라고 정리한다. 이후 빙켈만Winckelman, 푸생Poussin으로 이어지는 예술사학자들도 이들을 가시적 형태를 만들어 내기 전 예술가의 마음속에 형성된 모습으로 혼용한다. 이에 관한 논의는 Erwin Panofsky, trans. Joseph J.S. Peake, *Idea: A Concept in Art Theory*, 1968, p.82, pp.106~118. 참조.
　철학에서 사용하는 개념concept은 18세기 라이프니츠에 의해 처음 등장했고, 여기서 같은 의미로 사용하기는 어렵다. 주로 독일 철학자들이 거론하는 단어로서의 개념Begriff은 의미notion보노 번역될 수 있고, 예술에서 사용하는 의미보다 훨씬 추상적·포괄적이다. 칸트는 파악해야 할 구체적 대상이 없을 경우 개념Begriff은 아이디어Idea가 되는 것으로 판단한다.
　칸트와 헤겔의 용례는 Immanuel Kant, trans. Werner S. Pluhar, *Critique of Judgement*, 1987, §51, Ak322.와 G.W.F. Hegel, trans. T.M. Knox, *Aesthetics: Lectures on Fine Art*, 1975, Vol. I, pp.106~115. 참조.
　Harold Osborne, *Aesthetics and Art Theory*, 1970, p.190.

구조와 체계

디자인, 혹은 스타일링으로서의 건축 계획안은 지어지기를 기대한다. 자연조건의 물체를 가공하지 않은 상태로는 지을 수 없다. 각 물체들은 인접 상황, 인접 물체의 존재를 전제로 재단되고 가공되어야 한다. 가공이 완료된 물체는 부재部材, member가 된다. 짓는다는 것이 부재의 조합을 의미한다면 그 조합은 접합接合, joint이라는 단어로 표현된다. 이렇게 가공된 부재들을 접합하는 데 관여하는 일관된 가치관, 사고 체계, 혹은 그 결과물의 체계를 지칭하는 것이 구축構築, tectonic이다.

건축이 기능과 공간의 개념을 통해 예술의 강박관념을 벗어던지면서 부각된 중요한 변화가 있다. 비非물질성을 요구하는 논의에 대해서 당당해질 수 있다는 것이다. 굳이 회화, 조각과 비슷한 부분을 찾아 변명할 필요도 없어졌다. 오히려 건축이 물질을 다룬다는 점이 어찌 문제가 되느냐고 반문할 수 있게 되었다.

물질을 다루는 방식, 즉 구축의 가치를 노골적으로 드러내고 표현해서 건축이 회화, 조각과 전혀 다른 세계임을 보여주는 건축가들이 등장했다. 그러나 이들의 건물에서 뼈대와 재료를 노출하느냐 마느냐 하는 것은 아이디어와 관계가 없다. 중요한 것은 어느 것이 원래 아이디어를 명쾌하게 설명하느냐, 표현하느냐는 것이다. 그 방법이 첨가와 표백이 아닌 절제와 소거에 의한 것이라면 더 가치가 있을 뿐이다. 어느 것이 더 '좋은 디자인'의 결과물이냐가 중요할 따름이다.

디자인에 의한 체계system로서의 구조체는 엔지니어링을 통해 물리적 구조체로 변환된다. 동사로서의 건축, 즉 엔지니어링은 재료와 노동력의 동원 과정에서 기술의 개입을 요구한다. 최소의 자원으로 최대의 효과를 얻는 것은 물질로 본 건축 진보의 내용이다. 그리고 이것이 기술의 목표다. 그리고 그 결과가 건물이다.

건물로 구현된 건축architecture은 근원이 되는 기초arche를 놓은 것에서 시작하여 지붕tecture에서 마무리된다. 그러나 건축의 가치는 기초를 놓기 전에 이미 형성된다. 그 시작이 되는 지점은 건축가의 머릿속이다. 건축의 의미는 역사와 사회를 묻는 것에서 시작된다. 그것은 바로 무엇인가라고 묻는 것이다. 그 무엇인가가 바로 근원arche이다. 근원에 대한 탐구와 성찰의 답을 건축적 방식으로 실행한 결과물은 어떤 형식의 구조체tecture다.[11] 이것은 바로 건축architecture의 의미다. 건축가의 사회적 존재 가치다. 굳이 이름을 붙인다면 이렇다. 건축가의 사회적 실존.

---

[11] 'tecture'와 'texture'는 같은 어근을 갖고 있다. 이들은 조직된 결과물이다. Edward S. Casey, *The Fate of Place*, 1997, p.311.

건축,
사회를 발견하다

조직된 인간의 기본 단위는 가족이다.
가족의 물리적 구현 체계는 주택이다.
가족을 집합화했을 때 물리적 체계는 주거다.
개인이 사회적 의지를 가지고 모인 조직의 이름이 기관이다.
그리고 개인과 조직의 집합체를 통칭해서
부르는 이름이 사회며, 그 물리적 체계는 도시다.
사회는 유연하게 변화하지만,
건물은 물리적 구조물로 고착화될 수밖에 없다.
건축이 담아야 하는 사회와 물리적 구조물,
그 사이에서 생겨나는 필연적 모순의 극복이야말로
건축의 역사적 가치다.
이것이 바로 건축이 지니는 시대정신이기도 하다.

건축과 사회

익명의 용역 수행자였던 건축쟁이들은 인간의 삶을 재조직하는 주체로서의 건축가로 변해 왔다. 건축은 사회의 조직자가 될 것을 선택했다. 건축은 변해 왔다. 역사의 굴레를 따라 변해왔다. 그것은 사회가 역사를 내던질 수 없는 존재이고, 건축이 철저히 그 사회의 소산이기 때문이다. 이제 찾을 것은 건축과 사회의 구체적 관계다.

건축이 찾아내고자 하는 아이디어는 현재형이거나 미래형이다. 그것을 구현한 건물은 과거형이 된다. 지어진 건물들은 모여 도시를 만든다. 공간에 시간이 더해지면 장소가 되고, 시간에 공간이 더해지면 사건이 된다. 장소가 모이면 도시가 되고, 사건이 모이면 역사가 된다. 도시는 시간이 결합한 공간의 집합인 것이다. 도시는 역사의 필연을 갖고 있다. 그 역사는 건물로 증언된 시대의 목격담이다.

역사를 다시 동질성이 있는 사건들로 묶으면 시대가 된다. 건축은 그 시대와 사회의 목격자며 증언자가 되어야 한다. 이때 건축은 진정 공간으로 구현된 시대정신Zeitgeist이 된다. 이것은 건축이 옳고 필요하기 위한 조건이다. 건축은 건물로 서술된 건축가의 역사관이고, 이들은 모여 도시라는 거대한 사료관을 형성하게 된다. 이 사료관을 다시 뒤져 새로운 사회에 맞는 사회의 목격담을 서술하는 것은 그다음 시대 건축가의 몫이다.

확인해 보자. 사회적 현상과 건축적 현상은 어떻게 연관을 맺고 있는지, 그리고 어떻게 변해 나가는지. 가족의 의미가 바뀐다면 주택이 바뀔 수밖에 없다. 서로 다른 사회가 서로 다른 생활 방식을 갖고 있다면, 이들이 모인 집합 주택 역시 달라지는 것은 당연하다. 사회가 다르면 도시가 다르고, 우리는 도시를 통해 그 사회를 읽을 수 있다. 그러기에 고대 그리스에서 시작한 이야기는 이제야 현대 한국에 이를 수 있게 되었다.

도시에서 부엌에 이르는 몇 가지 관찰의 예들은 건축이 지닌 사회적 모순의 존재를 드러내려는 목적을 갖고 있다. 이것은 건축적 아이디어가 어디서 시작하는지를 찾을 수 있는 단초가 될 것이다.

도시

도시는 교환에서 시작하였다. 교환의 대상은 물품과 노동력이었다. 교환이 가능하려면 교환 대상의 이동이 가능해야 한다. 그 이동은 최단 경로를 요구한다. 가장 안전한 방법은 불특정 다수의 잠재적 교환자와 가까운 곳에 모여 사는 것이다. 도시는 그 자체가 축지법이다. 교환을 위한 축지법.

교환이 가능하기 위해서는 언어가 공유되어야 하고 계약이 가능해야 한다. 교환은 신뢰를 바탕으로 한다. 익명의 타자에 대한 존중과 신뢰가 존재하지 않는 집합체에서 인구가 늘어나면, 그 집단은 도시가 아니고 촌락이 임의로 모인 정글에 머문다.

생존을 위해 씨족 단위로 모여 있던 공간은 촌락village이었다. 촌락과 도시의 정량적 구분점은 인구 규모다. 그러나 진정한 차이는 집단 구성원 간의 신뢰 형태다. 촌락에서 구성원의 신원은 기명記名으로 노출되어 있다. 촌락의 신뢰도는 대면 접촉이나 공통 인자를 통해 확보된 친근도에 의해 규정된다. 그것을 일컫는 이름이 혈연, 지연, 학연이다.

촌락형 도시의 구성원은 대면 접촉이 선행되지 않은 외부인을 이분법으로 재단한다. 침입자 혹은 관광객. 관광객을 위한 도시는 쇼룸이고 극장 간판일 수밖에 없다. 그 도시는 미래를 담을 수 없다. 미래를 담을 수 없는 도시에서 역사는 교과서의 활자나 장식에 지나지 않는다. 도시는 영원히 촌락이고, 구성원은 시민이 아니고 주민이다.

도시는 공간의 사용 방식 역시 계약에 근거한다. 그 계약은 공공 영역public domain과 사유 영역private domain을 날카롭게 구분한다. 그 영역을 넘나들기 위한 조건이 선행 계약이다. 촌락의 공간 사용 방식은 관습에 의존한다. 촌락은 공공 영역과 사유 영역의 경계를 무시하고 공공 공간의 사유화를 묵인한다. 공공 영역의 의미가 존재하지 않았고 공적 공간과 사적 공간의 구분이 무의미하던 촌락형 생활의 관성은 한국의 도시 내에서 아무런 책임 의식도, 제재도 없이 유지되고 번식되고 있다.

공공 영역의 침범은 도시 구성원이 공유해야 할 공정한 가치가 훼손됨을 일컫는다. 공공 영역의 훼손은 도시 구성원 간의 부정적 관계를 증폭시키고 여기저기서 갈등의 결과물을 터뜨린다. 이것은 대통령 선거의 지역 분할에서 집 앞 주차 분쟁까지 다양한 모습으로 표현된다.

도시는 사회의 가치를 담는다. 그 가치가 아름답지 않은 도시가 아름다울 수 없다. 공정함이 가치가 아닌 도시의 모습이 아름다울 수 없다. 그 도시는 도시가 아니고 여전히 촌락이다. 한국의 도시는 대개 촌

공공의 영역과 개인의 영역을 칼처럼 가르는 도시의 경계. 이 표지판들은 경계를 넘어서려면 명시적인 계약이 필요하다는 것을 보여 준다.

락에서 진화한 것이 아니고 폭력적으로 조성되었고 여전히 그렇게 조성되고 있다.

유서 깊은 한국의 끈끈한 촌락 구성원들은 진화가 중단된 채 도시에 이식되어 살게 되었다. 수천 년간 쌓인 공동체는 식민지, 전쟁, 산업화라는 사건을 만나 재조합되어 계산과 도식을 통해 이루어진 도시에 담겼다.

20세기 기능주의 시대의 건축가들은 촌락에서 진화한 도시의 존재를 인정하지 않았다는 점이 문제였다. 그들에게 도시는 도구적 이성만 존재하는 공간이었다. 가장 큰 문제는 도시를 유기체가 아닌 도표로 이해한 것이다.

그들은 기능적인 확신을 갖고 있었다. 용도에 따라 구분하고 갈래지은 지역을 나눠 도시에 배치했다. 그것을 부르는 이름이 조닝zoning이다. 상업 지역을 주거 지역에서 갈라냈다. 시장을 길에서 떼어 내 블록형으로 따로 모아 놓았다. 인구밀도 낮은 신대륙 국가의 도시에나 적용될 법한 원칙은 세계 최대 고밀국 한국의 신도시에도 적용되었다. 그 모순과 갈등은 현재 진행형이다.

건축, 사회를 발견하다

길

교환을 위한 또 다른 방법은 길이다. 길은 비어 있어야 한다. 고로 존재한다. 길은 물리적으로 사회적으로 개방된 공간이다. 그래서 시민 모두의 것이다. 도시에서 가장 중요한 공공 영역이다.

길은 도로道路, road와 가로街路, street로 나뉜다. 도로의 목적은 통과다. 가치는 신속한 이동에 있다. 목적지에 이르는 시간은 중요하나 과정은 중요하지 않다. 도로는 도시적 경험을 목적으로 하지도, 제공하지도 않는다. 그것은 공간이 아니다.

도로의 주변에 건물이 더해지면 가로가 된다. 그 건물들은 장벽이 아니고 도시 생활을 가능하게 하는 장치들이다. 가로는 도시 환경을 상업과 문화가 버무려져 있는 공간으로 만든다. 그 가치는 도시적 경험, 도시 구성원 간의 접촉에 있다. 이르는 목적지가 중요한 것이 아니고 어떤 공간을 거치게 되느냐는 과정이 중요하다.

비어 있던 길의 가치는 무엇을 담느

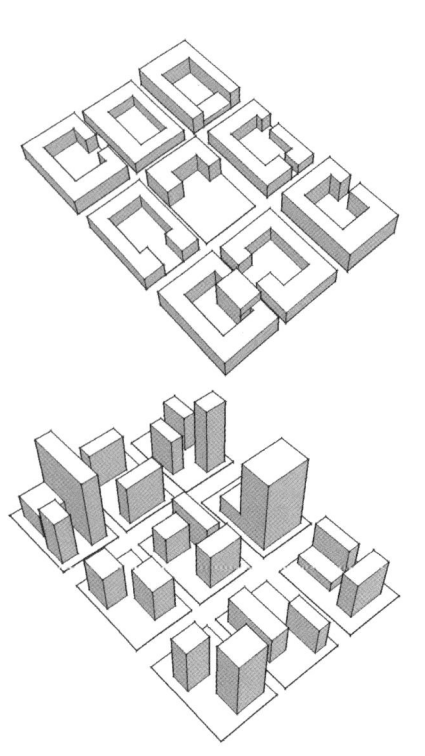

건물이 길을 공간으로 만드는 가로의 도시와
건물이 길에서 섬처럼 떨어져 있는 도로의 도시.

냐에 의해 결정된다. 도로는 이동을 담고 가로는 생활을 담는다. 도로는 2차원이고 가로는 3차원이다. 도로는 동선이고 가로는 장소다. 신호등과 교통 표지판은 도로를 위한 것이다. 벤치, 휴지통은 가로를 위한 것이다.

가로는 마당이 되기도 하고 시장이 되기도 한다. 가장 작은 가로는 골목길alley이다. 골목은 촌락 시대가 남긴 도시적 흔적이다. 골목의 가치는 자동차가 부인된다는 것이고, 안전이 보장된 마당이라는 것이다.

그래서 도시의 중심에는 도로가 아닌 가로가 엮여 있어야 한다. 한국의 새로운 도시들은 초대형 블록 체계를 근간으로 설계되고 실현되었다. 이 체계는 주거와 상업의 기능적 분리와 함께 도시의 불필요한 분리와 이동을 강요해 왔다. 그리고 도시 복판에 기형적으로 넓은 도로의 관통을 자연스럽게 받아들이게 했다. 그 도로 위를 달리는 수단으로 선택된 것이 자동차다.

이 초대형 블록의 내부는 골목길 체계로 엉켜 있다. 한국 도시에서 길은 주작대로朱雀大路가 아니면 골목으로 양분되는 체계를 갖고 있다. 넓디넓어 광로廣路, 대로大路로 불리는 그 길은 움직이는 자동차가, 대로 뒤편의 골목길은 거기서 삐져나와 정지해 있는 자동차가 점거한 도시가 형성된 것이다.

도시와 사회의 결정 주체들은 그 넓은 도로를 그토록 빠른 속도로 이동해서 결국 어디로 가려고 하는지 묻지 않았다. 그래서 얻은 것은 촌락 시대 우마차 속도로 자동차가 움직이는 대로, 마을 생활도 가능하지 않은 험난한 골목길이 공존하는 도시다.

도서관

물품의 이동보다 정보의 유통이 중요한 시대가 되었다. 정보의 유통량과 유통 방식이 바꾼, 바꾸고 있는 건물이 도서관이다. 도서관은 책이 만들어지기 이전, 파피루스 시대에도 존재해 왔다.[1] 활판인쇄술이 변화시킨 가장 중요하고 대표적인 건물이 바로 도서관이다. 인쇄술은 도서관의 서가에 책이 꽂히는 방식도 바꿨다.

역사가 제왕의 학문이던 시절, 도서관은 권력에 의해 유지되는 공간이었다. 권력에 의한 서적 집중의 장점은 열람의 능률이고 반대급부는 검열과 통제였다. 그 검열의 극단적인 행동은 소각이었다. 이때 지식도 소각되었다. 집중과 통제를 무너뜨린 것은 무한 공급이었다. 인쇄술이 바로 그 힘이었다. 지식은 인쇄술을 통해 권력에서 상품으로 변화했다. 인터넷이라는 새로운 매체는 다시 지식을 상품에서 일상으로 변화시키고 있다.

도서관의 질문은 도서관이 담아야 하는 대상에 관한 것이다. 매체인가, 지식인가. 도서관이 서적이라는 매체를 저장하는 곳이었다면, 도서관은 박물관에 가까워질 것이다. 그러나 도서관이 지식을 저장하는 장소라면, 도서관의 진화는 빠르게 진행 중이다. 답은 아직도 열려 있다.

도서관은 사라지지 않고 다만 변화할 것이다. 인쇄본을 근간으로 한 도서관이 박물관과 유사해진다 해도 여전히 박물관과 근본적으로 다른

---

[1] 현재의 방식으로 제본된 책을 일컫는 이름은 코덱스codex다. 파피루스에 비하면 지식을 저장하는 매체의 공간 점유 방식이 훨씬 더 경제적으로 변했다.

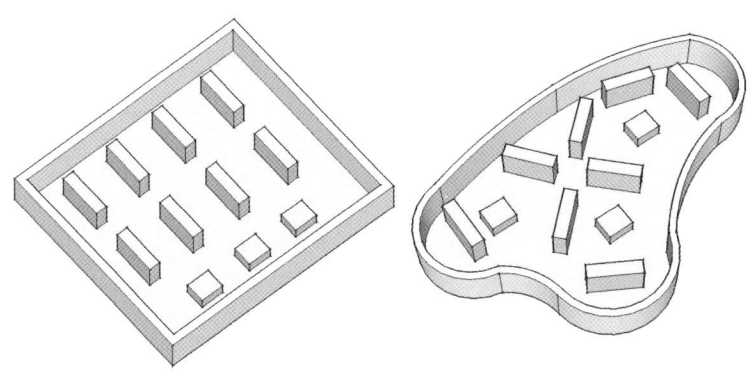

분류표 기준에 따라 오와 열을 맞춰 책꽂이를 배열해야 하는 도서관은 네모난 건물 외관을 요구했다. 기술의 발달은 자유로운 서가 배치를 가능하게 하고 결국 덩달아 건물도 자유로워질 수 있다.

점은 소장이 아니라 열람이 목적이라는 점이다. 박물관은 소장자의 논리에 따라 소장품을 전시한다. 그러나 도서관은 열람자의 요구에 따른 검색이 가능해야 한다. 지식의 체계가 바뀐다면 열람과 검색의 체계도 바뀌어야 한다.

지식의 분류는 대학의 담장 안에서는 전공이라는 틀로 규정되어 보수적으로 유지된다. 그러나 대학 밖에서 지식은 빠른 속도로 이합집산하고 있다. 인터넷과 디지털 저장 매체는 지식 생산의 일방향성에서 탈피하고, 인쇄 시대의 제약으로부터 자유로운 정보 유통이 가능하게 했다. 인쇄 매체 시대의 도서관은 분류표를 기준으로 한 정렬이 검색의 유일한 수단이었다. 그러나 새로운 정보 매체는 이 분류표 정렬을 무의미하게 만들 것이다. 무작위 접근random access이나 무순차 연결hyper-link은 디지털 정보 유통의 대표적 모습이다.

전자 위치 추적 장치RFID, Radio-Frequency Identification는 기존의 학제 구분에 근거한 서적 분류에 근본적인 질문을 던지게 한다. 책이 어느 서가에 꽂혀 있든지 상시 추적과 확인이 가능해진다. 이 기술 장치는 과연 저 매체가 어느 분야에 해당하는지 단 하나의 선택을 요구하던 과거의 도서관 분류 체계를 붕괴시킬 것이다. 일방적이고 자의적이던 학문의 분류가 사라질 것이다. 건축 책 옆에 또 다른 건축 책만 즐비한 분류 대신 철학, 화학, 수학 책이 무작위로 섞인 체계를 가능하게 할 것이다. 그 붕괴는 건강한 붕괴가 될 것이다. 학제 간의 분리가 무의미하다고 믿는다면.

발견과 발명, 계몽 시대의 지식 생산이 지식의 새로운 분류를 요구했다면 새로운 지식 유통 혁명은 분류 자체를 무의미하게 만들고 있다. 인문계와 자연계라는 우스꽝스럽고 단순 용감한 학업 분류 체계를 유지하는 한국의 학교가 도서관에 앞서 그 질문의 복판에 설 수밖에 없다.

학교

백년대계百年大計. 이때 우리의 주어는 항상 교육이다. 교육은 자연인의 사회화를 위해 존재한다. 교육의 제도적 장치는 학교다. 학교는 사회가 상정하는 선善의 개념을 개인에게 학습시켜 그 가치에 부응하는 사회인을 만들기 위해 존재하는 기관이다.

선은 사회가 자체 질서를 유지하기 위해 개인에게 강요하는 추상적인 가치 개념이다. 거꾸로 말하면 사회를 유지하는 데 필요하거나 도움이 되는 행동을 선한 것이라고 우리는 규정한다. 사회가 상정한 질서를 흔들 수 있는 위협 요소들은 악으로 규정한다.

학교에서 '1+1=2'라는 사실을 교육하는 이유는 그것이 진리이기 때문이 아니다. 이 논리의 습득이 사회생활에 필요한 도구이기 때문이다. 이러한 논리에 근거한 의사소통이 가능하지 않다면 사회적 가치관, 즉 선의 개념을 교육할 수도 없고 개인의 사회 적응이 가능하지도 않기 때문이다.

진실과 선은 항상 일치하는 개념이 아니다. 수많은 진실 중 특정한 것들이 교육의 주제로 선별되는 이유는 그것이 사회적 선과 부합하기 때문이다. 학교가 선이 아닌 진실만을 가르쳐야 한다면 우리는 검증되지 않는 고대사를 교과서에서 지워야 한다. 갈등에 가득한 현대사도 교육의 대상이 될 수 없다. 그러나 각 사회가 신화로 표현되는 고대사로 역사 교과서를 시작하고, 사실 여부의 확인과 관계없이 자신의 가치관과 다른 역사 서술에 격렬히 반대하는 이유는 이 선택이 자신들이 성립시킨 정체성과 질서의 근간을 제공하기 때문이다.

사관史觀이라는 날카로운 칼날이 부딪히는 지점은 이것이 자신과 타자의 존재 의미를 설명하는 근본이 갈등 관계에 처할 때다. 20세기 전반의 역사가 그어 놓은 단층을 극복하기 위해 민주공화국으로서 대한민국이 선택한 것은 단일과 동일의 민족 공동체 의식이다. 이 민족 공동체 논리는 전제군주국이라는 지나간 체제, 인민공화국이라는 병존하는 체제와의 관계 설정 갈등을 안고 있다.

그 정점은 대외적으로는 고대사와 식민지에 관한 입장, 대내적으로는 공화국 성립 과정에서 관여된 개인과 사건에 관한 서술이다. 그 갈등이 첨예하게 부각되는 공간이 학교다. 미래에 지금의 역사적 의미를 판단할 주체가 학교에 앉아 있기 때문이다.

학교가 사회의 선을 교육하는 장치인 만큼 학교는 사회의 모형일 수

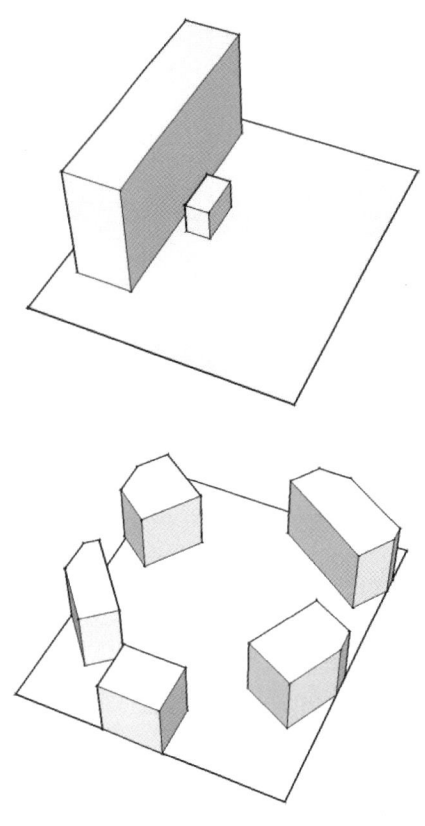

훈육으로 유지되는 학교와 토론으로 운영되는 학교의 차이. 건물의 배치로 확연히 구분된다.

밖에 없다. 사회의 가치가 공존이건 극복이건 학교의 가치도 이를 표현한다. 사회가 경쟁이면 학교가 경쟁이고, 사회가 협력이면 교육의 내용도 협력이다. 사회가 전장이면 학교가 연병장일 수밖에 없다. 식민지 체제에서 시작된 한국 학교의 첫 모습은 병영이었다. 식민지의 흔적만큼 병영으로서 학교의 관성도 오래 유지되었다. 극복과 타도의 가치관은 세기를 넘겨서도 지속되고 있다. 이전 시대에 교육받은 세대가 사회를 규정하고 그 사회가 다시 학교를 규정하고 있기 때문이다.

불안정한 사회는 유연한 가치관을 수용하기 어렵다. 그 사회는 흔들리지 않는 단 하나의 구심점에 집착할 수밖에 없다. 그 가치는 강요와 통제를 통해 유지된다. 훈육과 주입으로 사회의 가치를 암기시킨다. 사회가 자체의 탄력성에 근거해 현재보다 나은 미래를 낙관한다면 교육은 유연해질 수 있다. 변화는 상상력을 요구하고 그 상상력은 자유로움의 소산이다. 인간의 조직과 사고의 결과물로서 건축이 여기서 자유롭지 않다.

대학은 좀 다른 교육기관이다. 대학은 사회의 선善을 가르치는 학교가 아니다. 대학에서 교육의 주제는 통제적 선이 아니고 자유로운 사고다. 진실로 진리가 우리를 자유롭게 한다면 우리를 자유롭게 하지 못하는 것은 진리가 아니다. 대학은 진리를 탐구하고 지식을 만드는 기관이다. 진리는 교육의 대상이 아니고 탐구의 대상이다. 대학은 잉여가 충분해진 사회에서 새로운 가치를 확대 재생산하기 위해 그 잉여를 소비하는 공간이다. 그 지적 재생산을 통해 다음 세대에서 그 사회의 가치를 규정할 수 있기 때문이다.

대학은 졸업 후 취업과 현장 적응이 가능한 사람을 만드는 곳이 아니고 수십 년 후 사회의 가치를 확대할 사람을 키우는 곳이다. 대학은 직장이 요구하는 사람을 교육하는 곳이 아니라 사회에 필요한 사람이 공부하는 곳이다.

은행

시장은 돈을 발명했다. 돌고 돌기 때문에 돈이라고 했다. 돌고 돌지 않는다면 돈이 아니다. 돈의 역사는 돌고 돌되, 도는 방식이 바뀌어 온 역사일 것이다. 돌고 도는 와중에 집중되었다가 분산되는 물꼬가 있으니 그곳이 은행이다. 그 은행을 존재하게 하는 가치 역시 신뢰다.

돈이 현물로만 인정되던 시절, 은행은 예치된 돈이 곱게 모셔져 있으리라는 신뢰를 건물을 통해 표현했다. 육중한 기둥의 고전적 석조 건물은 당신이 맡긴 돈이 여전히 안전하리라는 설득이었다.

돌던 돈은 변했다. 현물이 아니고 환금을 가능하게 하는 권리의 형태로 돌기 시작했다. 송금을 통해 보낼 것은 행낭에 담긴 현물 화폐가 아니라 현물 화폐를 바꿀 수 있도록 신뢰가 검증된 정보다.

은행의 신뢰는 더 이상 그 자리에 꿋꿋하게 버티고 있는 데서 나오지 않았다. 필요한 것은 훨씬 유연하게 세상의 변화에 대응하는 시스템이다. 건물로 표현되어야 할 은행의 가치는 육중함이 아니라 유연하되 정교한 시스템이다. 그 변화의 배경에 있는 힘은 정보화다.

현물 시대의 은행은 화폐의 유통과 출납을 자연인에게 의존할 수밖에 없었다. 출납의 신뢰를 확보하는 방식은 책임을 부과한 다수의 자연인을 개입시키는 것이었다. 그 증명은 위계에 따른 여러 사람의 도장을 찍어 두는 것이었다. 그러나 정보화는 신뢰를 담보하는 방식을 자연인 집단에서 시스템으로 바꿨다. 중앙 집중화되었으되 말단 조직에서 공유되는 개인 정보들은 단말 지점의 구조를 바꾸고 찍어야 할 도장을 줄여 나갔다.

당연히 은행의 내부 평면이 바뀌었다. 자연인 중심의 은행에서는 출납대 직원 뒤로 순차적인 위계를 갖는 책상이 배치되었다. 이들이 서로 다른 책임을 표현하는 도장을 찍었다. 그러나 상호 간의 신뢰도가 중앙 집중화된 정보 체계에 의해 공유되면서 출납 직원은 전산망 접속을 통해 직접 통제를 받게 되었다. 출납 직원 뒤의 책상들이 사라졌다. 아예 출납 직원이 없는 거래도 가능해졌다.

은행들은 거래액에 따라 고객을 분류한다. 고액 예금자들을 대상으로 한 개별 거래private banking가 확장되었다. 은행에는 자동 출납과 개별 거래를 위한 작은 방이 더 많아졌다. 거래는 이전보다 은밀해졌다.

은행은 유연한 시스템을 통해 운영되나 기밀 보호가 보장되는 폐쇄된 체제를 갖추지 않을 수 없다. 여전히 필요한 것은 신뢰와 안정성이다. 바뀐 것은 이것을 성취하고 표현하는 방식이다. 이 변화는 건물로서 은행의 변화를 요구하고 있다. 뚜렷한 것은 고전적 육중함이 요구되는 시대는 아니라는 점이다.

때로는 구석의 작은 현상이 전체를 설명하기도 한다. 한국의 은행에서 입구의 안여닫이문 설치는 변하지 않고 있다. 나갈 때 당겨서 여는 문이다. 이것은 현물 화폐의 시대에 현금 강도의 도주를 지체시키기 위한 장치였다. 이 개폐 방식은 정보화된 화폐와 금융 시스템의 시대에도 여전히 관성적으로 유지되고 있다. 현금 강탈의 우려가 재난 시의 신속한 고객 피난보다 우선시되는 가치관의 건축적 증거다. 돈이 사람의 목숨보다 중하냐는 영화 대사 같은 질문에 대해 이 개폐 방식이 보여 주는 대답은 비정할 만큼 명료하다. 그렇다.

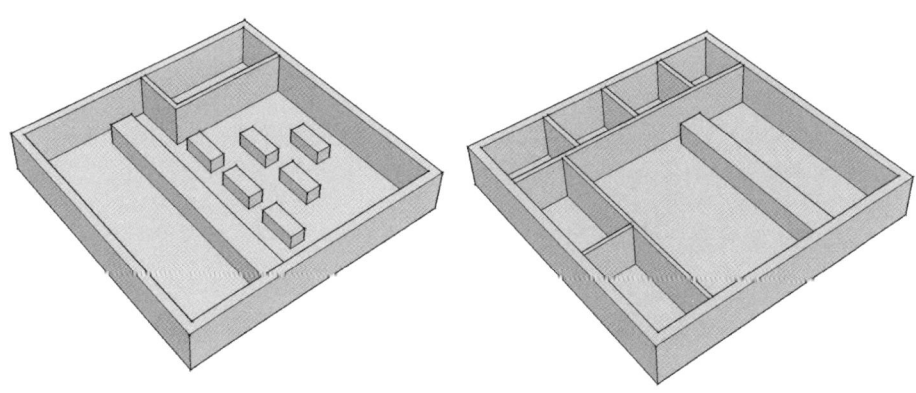

현물 화폐 시대의 은행과 신용 화폐 시대의 은행 모습.

시장

도로가 모이고 꺾이고 교차하는 곳에 시장이 생긴다. 그 시장 주위에 거처가 모여들면서 도시가 커진다. 시장이 커지면 인구가 많아지고 도시가 커지고 시장이 다시 커진다. 정기 시장은 상설 시장으로 변화한다. 시장의 확대는 전문 시장을 낳는다. 시장을 기반으로 한 건강한 경쟁의 원칙은 자연스럽게 도시에 유기체의 논리를 갖게 했다. 길이 도시의 수맥이라면 시장은 도시의 꽃이다.

물건을 사고파는 곳. 문장은 간단하지만 유통과 매매의 모습은 다양하다. 한국의 도시가 아파트로 채워지고 교통 체계를 자동차가 장악하면서 대형 마트mart라는 시장이 등장했다. 미국식 창고형 매장도, 백화점도 아니되 변화한 한국의 사회 조건에 제시된 새로운 형태의 시장이다. 이들은 전통 시장의 영역을 순식간에 잠식하면서 최종 소매 구조를 바꿔 놓기 시작했다.

대형 마트가 보여 주는 소비 방식을 요약하면 다량 구매다. 대형 마트는 장바구니가 아닌 카트를, 보행이 아닌 자동차를 필요로 하는 다량 구매를 일상화시켰다. 노동력과 동력이 요구되는 구매 형태다. 그래서 이 구매 방식은 일상 용품의 구매를 주부의 오후 나들이가 아닌 가족 전체의 주말 이벤트로 만들었다. 가족이 동원되는 구매는 대형 마트를 자연스럽게 종합 놀이터로 변화시켰다. 심지어 문화 강좌까지 수용하는 대형 마트는 단순한 유통시장의 한 단위라는 개념을 넘어섰다.

대형 마트가 지닌 문제는 자동차 의존형 소비의 결과면서 원인이라는 것이다. 대형 마트는 매장 자체보다 더 넓은 주차장을 요구한다. 그리고 주말이면 인근의 도로를 마비시키는 주범이다. 우리에게는 이러한 소비의 사회적 가치에 대한 질문이 필요하다. 이것은 크게는 자동차 중심의 도시 구조에 대한 질문이면서, 작게는 개별 상품의 과다한 포장에 대한 질문이고, 사서 쟁여 놓았다가 썩혀 버리는 수요 초과 구매 방식에 대한 질문이다. 이것은 모두 자원의 사용과 사회의 미래에 대한 문제들이다.

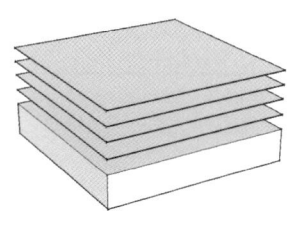

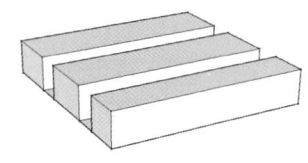

자동차 중심의 도시 구조와 생활은 목적과 수단을 헛갈리게 하는 건물을 만들어 놓았다. 목적보다 큰 수단인 주차장을 이고 사는 대형 마트와 필요한 목적으로서의 건물만 있는 시장.

한국 사회는 대형 마트라는 새로운 시장을 받아들이고 있다. 그러나 이 변화가 부엌부터 도시에 이르는 근본적인 질문을 요구하는 이유는 이 도시가 한 번 쓰고 버리는 휴지와 다르다고 믿기 때문이다. 수천만 년에 걸쳐 퇴적된 지구의 자원을 몇 년 만에 불살라 버릴 수 있을 정도로 우리가 선택받은 생물종種이라고 확신할 수 없기 때문이다.

대형 마트의 성장과 비례한 전통 시장의 몰락을 걱정하는 목소리도 커지기 시작했다. 전통 시장의 몰락은 서민 생활의 몰락으로 받아들여지기 때문이다. 그래서 대형 마트를 흉내 내어 캐노피canopy(투명한 덮개)도 설치하고 카트도 갖다 놓는 전통 시장도 등장했다.

그러나 대형 마트와 전통 시장의 가장 큰 차이는 정찰제다. 가격표가 붙어 있지 않은 시장에서 구매는 결국 흥정으로 시작할 수밖에 없다. 이 흥정은 불편한 거래를 요구한다. 이것은 도시가 아닌 촌락 시대의 교환이다.

이러한 유통 방식의 한계는 이미 20세기 초반 종로 육의전과 혼마치本町(지금의 충무로 일대) 백화점의 경쟁에서부터 승부가 판명되어 드러난 사안이다. 정찰제, 영수증, 환불 및 교환 보장제의 가치는 신뢰다. 이 가치가 확보되지 않는 한 전통 시장은 대형 마트에 비해, 동네 슈퍼는 편의점에 대해 경쟁력을 가질 수 없다.

대형 마트를 통한 소비 형태는 한국의 주거에서 부엌 주변 수납공간의 수요를 증가시켰다. 이 수요 변화의 중심에 냉장고가 있다. 냉장고 대형화는 냉장고 분화로 이어지면서 이전 시대에는 보지 못했던 김치냉장고, 와인 냉장고, 화장품 냉장고 같은 새로운 가전제품을 등장시켰다. 심지어 이전 시대의 냉장고 크기에 육박하는 덩치를 지닌 김치냉장고도 등장했다. 아파트가 바꾼 세상은 다시 아파트의 변화를 요구하고 있다.

아파트

'아파트'는 한국의 발명품이다. 그것은 서양 단어인 'apartment'와는 단어만큼이나 서로 다른 양식이다. 아파트는 산업화 과정에서 한국 사회가 거쳐 오고 이룬 모습을 집대성해서 현재형으로 보여 주는 건물 형식이다. 그리고 한국 사회 구성원의 대표적인 주거 생활 방식이 되었다.

설과 추석에 고속도로를 메우는 귀성 행렬은 한국 도시 인구의 절대다수가 어디서 왔는지를 일목요연하게 보여 준다. 산업화의 기간 삼십

년 동안 세 배로 증가한 도시 인구 지표는 결국 이들이 이전에는 모두 농경 사회의 씨족공동체 구성원이었다는 증거다.

씨족 내 결속력은 족외 구성원에 대한 경계심과 비례한다. 이 부정적 경계 관계를 해소하는 방법은 반복적인 대면 접촉이나 서로를 연결하는 매개 고리의 확보다. '누구를 혹시 아세요'라는 질문은 그 탐색의 시작이다.

씨족 구성원이 해체되어 아파트라는 도시형 주거에 임의 재집결해 이룬 집단은 아파트 구성원 간에서도 부정적 경계 관계를 유지한다. 그리고 단지, 지역에 이르는 순차적인 부정적 관계를 형성한다. 이 과정에서 지속적으로 증발해 나가는 것이 공공 영역이다.

급격한 산업화와 도시화는 같은 도시 안에 이질적 시대별 공동체들을 공존시키고 있다. 촌락형 세대와 도시형 세대의 공존은 선거장의 투표 경향에서 시작하여 노래방 곡 선정에 이르는 크고 작은 모습에서 현격한 차이점을 내보인다. 이것이 바로 세대 차이고 세대 간 갈등이다.

세대, 출신 지역, 소득, 교육, 정치적 입장에 따라 서로 엮이면서 극대화된 분리와 갈등은 우리가 아니면 모두 적이라는 이분법으로 사회를 재단한다. 이 극단적인 이분법은 도시 공간의 이용 방식으로도 확연히 표현된다. 사안에 따라 집단적 동맹의 형태를 띠는 새로운 공동체는 다양하게 합종연횡하면서 도시를 갈라놓는다.

도시 공동체 의식의 결여가 제공하는 또 다른 갈등은 건물 내외부 공간 사이의 격차다. 한국은 건물 내부의 장식과 서비스 수준에서 세계 최고 수준을 달성했다. 그러나 현관문 외부는 주인이 존재하지 않는 정글로 방치된 대비가 도시 전체에 아무렇지도 않게 일상화되어 있다. 이

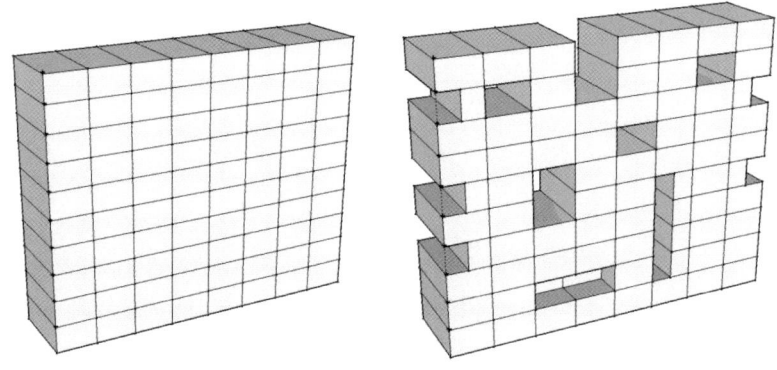

건물로만 이루어진 아파트와 마당이 포함된 아파트의 가능성.

것을 표현할 수 있는 형용사는 기형, 살풍경殺風景, 초超현실이다.

주민을 시민으로 바꾸고 촌락을 도시로 개선하는 방식은 도시 생활의 경험과 학습일 수밖에 없다. 이것은 공간을 요구한다. 도시 공동체를 위한 공간community space은 결국 한국의 아파트가 건강한 사회 체제를 이루기 위해 제공해야 할 건축적 장치다. 이것은 개인이 공공public의 한 부분이 되도록 하는 공간적 조건이다. 이것이 없이 시민사회는 형성되기 어렵다. 물리적 도시에 이식된 촌락 시대의 씨족공동체가 파편화되어 존재할 따름이다.

21세기 초반의 한국 사회는 새로운 세대의 등장을 목격하고 있다. 씨족공동체 의식을 지닌 이전 세대의 영향과 도시 공동체 의식을 기반으로 한 도덕 기준을 함께 갖춘 새로운 세대가 모습을 드러내기 시작한 것이다. 도시 공간을 마당으로 삼아 축제와 시위를 공존시킬 줄 아는 세대는 한국 사회의 잠재력을 가늠하는 새로운 힘이 틀림없다.

한국 아파트의 다른 숙제는 마당이다. 집의 본디 모습은 건물과 마당의 조합이다. 한국에서 촌락 시대의 마당은 노동과 작업의 공간이었다. 그 구성원들은 새로운 직업을 찾아 도시로 이주하면서 기꺼이 그

마당을 버렸다.

　한국은 마당을 본 적도, 마당에서 살아본 적도 없는 차세대 구성원이 다수를 점유하는 주거 체제를 받아들이고 있다. 건강한 미래를 위해 아파트에서 필요한 것은 발코니 확장을 통한 전용면적 증가가 아니고 다른 사회 구성원의 존재를 인정할 수 있는 마당의 제공이다.

부엌

　선녀를 만나던 나무꾼의 요즘 직업은 가스 회사 직원 정도 될 것이다. 선녀가 타고 온 두레박은 수도꼭지에 해당할 것이다. 부엌의 연료 공급은 중앙 집중화되었다. 우물은 수도가 되었고 부뚜막은 가스레인지로 변했다.

　먹고 자기 위해서 필요한 곳이 집이다. 자는 것은 면적이 필요하되 먹는 것은 장치가 필요하다. 그 장치는 취사를 위한 도구다. 그리고 노동력이 필요하다. 취사의 중심에 불과 물이 있었다. 불은 부엌을 부엌으로 만드는 조건이다. 이 부엌은 인간의 집을 동물의 집과 구분하는 공간이다. 부엌이 없다면 집은 서식처다.

　함께 나누어 먹음은 인간을 사회적인 동물로 규정하는 첫 단서다. 나눔이 없다면 '사회적'이라는 단어는 삭제된다. 나눌 것이 없는 부엌이라면, 식사는 끼니고 담기는 생활은 기숙寄宿이다.

　한국의 아파트에서 가장 중요한 공간은 거실로 인정되어 왔다. 그 안에서 가장 중요한 것으로는 사람이 아니라 텔레비전이 군림해 왔다. 집에서 가장 중요한 곳은 식탁이다. 식탁은 가족의 나눔이 전제되어 남은 유일한 공간이다. 필요한 것은 더 큰 텔레비전이 아니고 더 넓은 식탁이다. 식탁은 부엌의 가구가 아니고 집 전체의 중심 공간이 되어야 한다. 같이 먹고 이야기하고 공부할 공간이되 가구로 변안된 넉넉한 마당이어야 한다. 이 식탁을 위해 아직도 집에서 남아 있는 노동 공간이 부엌이다.

산업화 이전 시대의 집은 일터였다. 집은 관혼상제의 사회적 공간이기도 했다. 직주職住 분리의 역사는 그리 오래되지 않았다. 하녀가 사라진 도시 중산층 사회는 연료 공급을 집중화시키고 부엌 노동을 기계화시켰다. 그 기계화의 주축이 백색 가전이다. 기계화와 중앙 집중화로

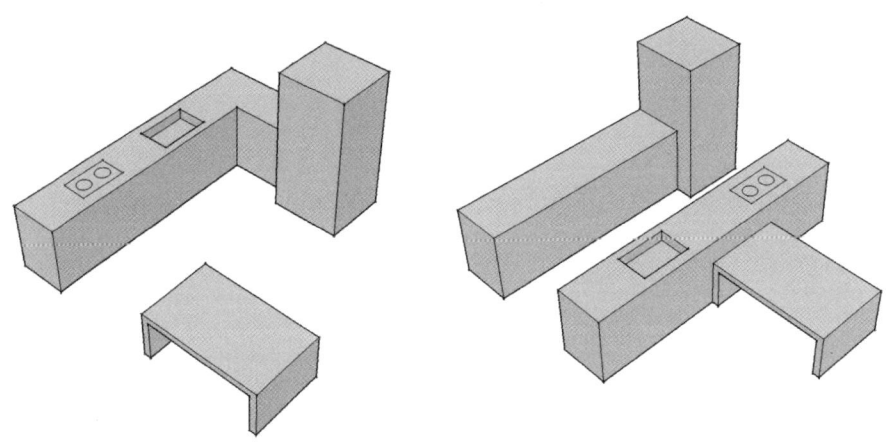

부엌데기의 부엌과 주부의 부엌. 주부의 부엌에서 식탁은 밥만 먹는 곳이 아니라 공부도 하고 놀기도 하는 곳이다.

가사 부담이 감경되었을 때 그 여유 시간에 이전 시대의 귀족 부인들처럼 우아한 여가 생활을 하라는 것이 백색 가전 전파의 메시지였다. 그러나 주거에서 노동은 완전히 사라지지 않았다. 그 현장이 여전히 부엌이다. 문제는 부엌의 노동이 기계화된 것은 틀림없으나 사회화되지는 않았다는 점이다.

노동은 공동체 의식을 구축하는 가장 중요하고 효율적 방식의 하나다. 공동체 의식이 확보되는 노동은 놀이와 동의어가 된다. 그러나 소외는 노동을 노동에 머물게 한다. 부엌의 화두는 부엌이 가정 내의 사회 공간으로 작동을 하느냐다. 부엌이 주거의 여타 공간과 결합하여 공동체를 형성하는 데 도움을 주지 못한다면, 그 부엌은 오직 노동의 공간이다.

한국의 아파트는 면벽한 채 소외된 노동만을 강요하는 부엌을 공급해 왔다. 가족 구성원을 주부가 아닌 부엌데기로 만들어 왔다. 건축이 소외를 강요하는 도구가 될 필요는 없다. 건축의 가치는 인간의 생활을 담는 데 있기 때문이다. 그 가치에 대한 질문이 선행되지 않으면, 우리의 생활은 명품 시계와 자동차 화보로 가득하되 공허한 잡지와 다를 바가 없다.

빨리 식사 준비와 설거지를 마칠 수 있는 능률적 동선의 부엌, 빠른 속도로 질주할 도로를 갖춘 도시가 우리가 만드는 공간의 최고 가치일 수는 없다. 우리에게는 그 속도와 시간의 결과만큼 그 과정도 중요하다. 빨리만 자라고자 하는 나무에게 꽃과 열매는 사치에 지나지 않는다. 그런 나무가 이르는 가치는 결국 장작과 불쏘시개다.

우리는 시간과 공간을 매개로 한 공동체를 이루고 있다. 시간의 공동체를 위해 우리에게는 역사가 중요하다. 공간적 공동체를 형성하기에 우리에게는 건축이 필요하다. 이런 공간적 장치를 마련하기 위해 우리는 현재형으로 묻는다.

건축은 무엇인가.
건축의 가치는 무엇인가.
그 질문에 대답하려는 너의 의미는 무엇인가.

건축,
다시 의미를 묻다

다시 의미를 묻다

별은 많다. 저 막막한 규모의 공간에는 알 수 없는 크기의 별들이 어찌 저리 많은가. 거기서 티끌만 하다는 지구는 도대체 무엇인가. 그 표면에 붙어 있는 것들은 그래서 무엇인가.

40,000,000세기와 20세기. 그 작다는 지구의 나이와 문자로 알려진 건축의 나이를 비교하면 이렇다. 그 지구의 표면에서 부침하는 저 들꽃, 나비, 기러기, 인간 그리고 건축은 도대체 어떤 의미가 있을까.

바람이 분다. 흔들리던 들꽃들은 자신들의 언어로 물을 것이다. 몇 해 뒤 철거되어 매립장으로 향할 산 아래 건물들은 무슨 가치가 있나. 올가을에 져서 씨앗과 열매가 되는 자신들과는 어떻게 다른가. 그래서 건축은 무엇인가.

이 세상의 도대체 알 수 없는 한구석에 존재할망정, 우리는 다시 묻는다. 좌절의 넋두리가 아니라 가치를 묻는다. 무엇인가. 질문이 여전히 반복되는 이유는 존재의 가치가 크기에 의해 규정되지 않는다는 믿음 때문이다. 생명이 있는 모든 것이 가치 있고 아름다운 이유는 그 생명이 단 하나기 때문이다. 단 한 번 주어진 것이기 때문이다. 지구가 되었든 들꽃이 되었든 혹은 묻고 대답하는 자신이 되었든 그 단 한 번, 하나의 존재는 항상 존재 이유를 묻게 한다. 무엇인가. 그 막중한 질문에 한낱 건축이라는 단어가 주어로 붙었을 때 그 문장은 남루하던 건축쟁이들에게 어떤 의미가 되어 왔는가.

세상의 모든 것은 모든 이에게 같은 무게를 갖지 않는다. 지구의 표면에 잠시 붙었다 철거되는 건물의 가치는 심중深重할 수도, 무의미할 수도 있다. 그 가치는 구조물의 가치가 아니라 이것을 만드는 사람의 가치다. 그래서 건축의 역사는 인간의 역사고, 건축가의 역사다. 건물을 통해 자신의 존재 의미를 확인하고자 했던 인간의 기록과 이들에게 가치를 부여하는 후대인들의 가치관 체계다.

역사에 묻힌 그들이 존중받아야 하는 이유는 지금 이 시대의 모습이 후대에게 의미 있기를 기대하는 이유와 같다. 역사와 사회의 필연성은 근거가 없다. 이 역사는 수많은 자연인이 집합적으로 이루어 낸 우연이 얽혀 만들어 낸 기록이다. 그러나 아직도 반복적 패턴을 찾기에는 표본의 크기가 너무 작다.

그렇기에 개인과 개인의 의지와 가치는 오히려, 그리고 여전히 더욱 중요하다. 그 의지와 가치가 없다면, 세상은 사회가 아닌 군집이고 도시가 아니라 정글이다. 이 세상이 그렇다면 우리의 존재는 서식에 지나지 않는다. 지구 표면의 서식.

이 책은 못다 한 말을 활자로 남긴 건축쟁이들의 생각으로 이루어져 있다. 찾지 않는다면 그 생각은 이름 없이 피었다 지는 들꽃과 다르지 않다. 나는 그들이 남긴 이야기를 엮어 오늘 건축의 모습을 찾고자 했다. 서고를 가득 채운 저 침묵의 아우성 속에서 결국 찾아내야 할 것은 그들이 찾고자 했던 존재의 의미였다. 그들의 이야기가 가치 있는 이유는 오늘의 건축쟁이들이 자신의 존재 이유를 확인한 좌표를 제공해 주기 때문이다. 이 책의 내용이 바로 그렇게 해서 엮인 어떤 그물망의 모습이다.

존재의 의미를 물었을 때, 그 대답을 얻는 과정은 외부에 존재하는 무엇을 찾아나가는 것이 아니다. 스스로 만들어 나가는 과정이다. 이 책에서 엮은 그물망에는 여기저기 성기고 얽힌 부분도 있을 것이다. 오독과 착오의 가능성을 부인하지 않는다. 그러나 나는 전반적인 맥락과 조직이 옳다는 확신과 그것이 흔들리지 않으리라는 믿음으로 이제 이 책을 마무리하고자 한다.

 이 책은 오늘도 건축의 의미를 묻는 수많은 건축의 후배들에게 내가 펴 보이는 문자의 대답이다. 이제 무엇인가라는 질문의 주어를 새로 선택하는 것은 또 다른 이의 몫이다. 주어를 선택하는 순간 대답의 책임은 자신의 것이다. 그리고 그 존재의 의미도.

참고문헌

Akhundov, Murad D. *Conceptions of Space and Time: Sources, Evolution, Directions*. Trans. Charles Rougle. Cambridge: The MIT Press, 1986.

Alberti, Leon Battista. *On Painting*. Trans. John R. Spencer. New Haven: Yale University Press, 1956.

Alberti, Leon Battista. *On the Art of Building in Ten Books*. Trans. Joseph Rykwert, Neil Leach, and Robert Tavernor. Cambridge: The MIT Press, 1988.

Alexander, H. G. *The Leibniz-Clarke Correspondence*. Manchester: Manchester University Press, 1956.

Allsopp, Bruce. *Art and the Nature of Architecture*. London: Sir Isaac Pitman & Sons, Ltd., 1952.

Aristotle. *Aristotle's Metaphysics*. Trans. Joe Sachs. Santa Fe: Green Lion Press, 1999.

Aristotle. *On Rhetoric*. Trans. Geroge A. Kennedy. New York: Oxford University Press, 2007.

Aristotle. *On the Heavens Ⅰ and Ⅱ*. Trans. Stuart Leggatt. Warminster: Aris & Philips Ltd., 1995.

Aristotle. *Physics*. Trans. Glen Coughlin. South Bend: St. Augustine's Press, 2005.

Ashby, Mike, and Kara Johnson. *Materials and Design*. Oxford: Elsevier, 2003.

Bachelard, Gaston. *The Poetics of Space*. Trans. Maria Jolas. Boston: Beacon Press, 1969.

Banham, Reyner. *Theory and Design in the First Machine Age*. New York:

Frederick A. Praeger, 1960.
Beaver, Patrick. *The Crystal Palace*. London: Hugh Evelyn Ltd., 1970.
Benevolo, Leonardo. *History of Modern Architecture*. Trans. H. J. Landry. Cambridge: The MIT Press, 1971.
Benjamin, Andrew E., Ed. *Philosophy & Architecture*. London: Academy Editions, 1990.
Berlage, Hendrik Petrus. *Gedanken über Stil in der Baukunst*. Leipzig: Julius Zeitler, 1905.
Berlage, Hendrik Petrus. *Thoughts on Style: 1886-1909*. Trans. Iain Boyd Whyte, and Wim de Wit. Santa Monica: The Getty Center, 1996.
Bigelow, Jacob. *Elements of Technology: On the Application of the Sciences to the Useful Arts*. Boston: Hilliard, Gray, Little and Wilkins, 1831.
Boethius. *De Institutione Arithmetica*. Trans. Michael Masi. Amsterdam: Rodopi, 1983.
Boorstin, Daniel J. *The Discoverers*. New York: Random House, 1983.
Bruno, Vincent, Ed. *The Parthenon*. New York: W. W. Norton & Company, Inc., 1974.
Burford, Alison. *The Greek Temple Builders at Epidauros*. Toronto: University of Toronto Press, 1969.
Calhoun, Craig J. *Habermas and the Public Sphere*. Cambridge: The MIT Press, 1992.
Calvino, Italo. *Invisible Cities*. Trans. William Weaver. San Diego ; London ; New York: HBJ Book, 1974.
Capon, David Smith. *Architectural Theory*. Chichester: John Wiley & Sons, 1999.
Carpenter, Rhys. *The Architects of the Parthenon*. Middlesex: Penguin Books, 1970.

Casey, Edward S. *The Fate of Place*. Berkeley: University of California Press, 1997.

Cicero, M. Tullius. *Nature of the Gods*. Trans. Thomas Francklin. London: William Pickering, MDCCCXXIX.

Cicero, M. Tullius. *On Obligations(De Officiis)*. Trans. P. G. Walsh. Oxford: Oxford University Press, 2000.

Cranz, Galen. *The Politics of Park Design: A History of Urban Parks in America*. Cambridge: The MIT Press, 1982.

Da Vinci, Leonardo. *Paragone: A Comparison of the Arts*. Trans. Irma A. Richter. Oxford: Oxford University, 1949.

Danto, Arthur C. "Louis Kahn as Archai-Tekt." *Philosophizing Art*. Berkeley: University of California Press, 1999.

Davies, Stephen. *Definitions of Art*. Ithaca: Cornell University Press, 1991.

Davis, Howard. *The Culture of Building*. Oxford: Oxford University Press, 2006.

Descartes, René. *A Discourse on the Method of Correctly Conducting One's Reason and Seeking Truth in Science*. Trans. Ian Maclean. Oxford: Oxford Universtiy Press, 2006.

Descartes, René. *Principles of Philosophy*. Trans. Valentine Rodger Miller, and Reese P. Miller. Dordrecht: D. Reidel Publishing Company, 1984.

Dickie, George. *Art and the Aesthetic*. Ithaca: Cornell University Press, 1974.

Dickie, George. *The Art Circle*. New York: Haven Publications, 1984.

Doesburg, Theo van. *Principles of Neo-Plastic Art*. Trans. Janet Seligman. London: Lund Humphries, 1969.

Egbert, Donald Drew. *The Beaux-Arts Tradition in French Architecture*. Princeton: Princeton University Press, 1980.

Eidlitz, Leopold. *The Nature and Function of Art: More Especially of Architecture*. New York: A. C. Armstrong & Son, 1881.

Farago, Claire J. *Leonardo Da Vinci's Paragone*. Leiden: E. J. Brill, 1992.

Finch, James Kip. *Engineering and Western Civilization.* New York: McGraw-Hill, 1951.

Finch, James Kip. *The Story of Engineering.* Garden City: Anchor Books, 1960.

Frisch, Teresa Grace. *Gothic Art 1140-c.1450: Sources and Documents.* Englewood Cliffs: Prentice-Hall, Inc., 1971.

Galilei, Galileo. *Sidereus Nuncius.* Trans. Albert Van Helden. Chicago: University of Chicago Press, 1989.

Gallagher, Winifred. *House Thinking.* New York: Harper Collins, 2006.

Garner, John S., Ed. *The Company Town: Architecture and Society in the Early Industrial Age.* New York ; Oxford: Oxford University Press, 1992.

Garnier, Tony. *Une Cité Inudtrielle.* New York: Princeton Architectural Press, 1989.

Giedion, Sigfried. *Architecture and the Phenomena of Transition.* Cambridge: Harvard University Press, 1971.

Giedion, Sigfried. *Space, Time and Architecture.* Cambridge: Harvard University Press, 1967.

Greenough, Horatio. *Form and Function.* Berkeley: University of California Press, 1957.

Harms, A. A., and B. W. Baetz, and Rudi Volti. *Engineering in Time.* London: Imperial College Press, 2004.

Harrington, Kevin. *Changing Ideas on Architecture in the Encyclopédiè, 1750-1776.* Ann Arbor: UMI Research Press, 1981.

Hauser, Arnold. *The Social History of Art.* Trans. Stanley Godman. New York: Alfred. A. Knopf, 1951.

Hearn, Fil. *Ideas That Shaped Buildings.* Cambridge: The MIT Press, 2003.

Hegel, Georg Wilhelm Friedrich. *Aesthetics: Lectures on Fine Arts.* Trans. T. M.

Knox. Oxford: The Clarendon Press, 1975.

Hegel, Georg Wilhelm Friedrich. *Hegel: On the Arts*. Trans. Henry Paolucci. New York: Frederick Ungar Publishing Co., 1979.

Heidegger, Martin. *Basic Writings*. Ed. David Farrell Krell. New York: Harper & Row, 1977.

Hilberseimer, Ludwig. *Contemporary Architecture*. Chicago: Paul Theobald and Company, 1964.

Hugo, Victor. *The Hunchback of Notre-Dame*. Trans. Chatherine Liu. New York: The Modern Library, 2002.

Hume, David. *The Philosophical Works of David Hume*. Ed. Thomas Hill Green, and Thomas Hodge Grose. London: Longmans, Green and Co., 1882.

Jencks, Charles. *Le Corbusier and the Tragic View of Architecture*. Cambridge: Harvard University Press, 1973.

Kant, Immanuel. *Critique of Judgement*. Trans. Werner S. Pluhar. Indianapolis: Hackett Publishing Company, 1987.

Kant, Immaunel. *Critique of Pure Reason*. Trans. Norman Kemp Smith. London: Macmillan and Co., Ltd., 1929.

Kaufmann, Emil. "Three Revolutionary Architects, Boullée, Ledoux, and Lequeu." *Philadelphia: The American Philosophical Society*. Vol.42, Part 3, 1952.

Kavanaugh, Leslie Jaye. *The Architectonic of Philosophy: Plato, Aristotle, Leibniz*. Amsterdam: Amsterdam University Press, 2007.

Klassen, Winand. *Architecture and Philosophy*. Cebu City: University of San Carlos, 1990.

Kostof, Spiro, Ed. *The Architect: Chapters in the History of the Profession*. New York: Oxford University Press, 1977.

Kristeller, Paul Oskar. *Renaissance Thought II*. New York: Harper Torchbooks, 1965.

Kronenburg, Robert. *Spirit of the Machine*. West Sussex: Wiley-Academy, 2001.

Kruft, Hanno-Walter. *A History of Architectural Theory from Vitruvius to the Present*. Trans. Ronald Taylor, Elsie Callander, and Antony Wood. New York: Princeton Architectural Press, 1994.

Kuenzli, Rudolf, and Francis M. Naumann, Eds. *Marcel Duchamp: Artist of the Century*. Cambridge: The MIT Press, 1989.

Laan, Dom H. van der. *Architectonic Space*. Trans. Richard Padovan. Leiden: E. J. Brill, 1983.

Lamarque, Peter, and Stein Haugom Olsen, Eds. *Aesthetics and the Philosophy of Art*. Malden: Blackwell Publishing Ltd., 2004.

Laugier, Marc-Antoine. *An Essay on Architecture*. Trans. Wolfgang and Anni Herrmann. Los Angeles: Hennessey & Ingalls, Inc., 1977.

Layton, Jr., Edwin T. *The Revolt of the Engineers: Social Responsibility and the American Engineering Profession*. Cleveland: The Press of Case Western Reserve University, 1971.

Le Corbusier. *The Final Testament of Père Corbusier*. Trans. Ivan Žaknić, New Haven: Yale University Press, 1997.

Ligo, Larry L. *The Concept of Function in Twentieth-Century Architectural Criticism*. Ann Arbor: UMI Research Press, 1984.

Lough, John. *The Encyclopédie*. New York: David McKay Company, Inc., 1971.

Mallgrave, Harry Francis. *Modern Architectural Theory*. Cambridge: Cambridge University Press, 2005.

Mason, Hugh J. *Greek Terms for Roman Institutions: A Lexicon and Analysis*. Toronto: Hakkert, 1974.

Mirollo, James V. *Mannerism and Renaissance Poetry: Concept, Mode, Inner*

Design. New Haven: Yale University Press, 1984.

Mitias, Michael M., Ed. *Philosophy and Architecture*. Amsterdam-Atlanta: Rodopi, 1984.

Moholy-Nagy, László. *The New Vision: From Material to Architecture*. Trans. Daphne M. Hoffmann. New York: Brewer, Warren & Putnam, Inc., 1946.

Morris, William. *News from Nowhere*. Boston: Roberts Brothers, 1890.

Mumford, Lewis. *Art and Technics*. New York: Columbia University Press, 1951.

Muthesius, Hermann. *Style-Architecture and Building-Art*. Trans. Stanford Anderson. Santa Monica: The Getty Center, 1994.

Nietzsche, Friedrich. *Human, All Too Human*. Trans. R. J. Hollingdale. Cambridge: Cambridge University Press, 1986.

Norberg-Schulz, Christian. *Existence, Space & Architecture*. New York: Praeger Publishers, 1971.

Osborne, Harold. *Aesthetics and Art Theory*. New York: E. P. Dutton & Co., Inc., 1970.

Panofsky, Erwin. *Idea: A concept in Art Theory*. Trans. Joseph J. S. Peake. Columbia: University of South Carolina Press, 1968.

Payne, Alina A. *The Architectural Treatise in the Italian Renaissance*. Cambridge: Cambridge University Press, 1999.

Penrose, Roland. *Picasso: His Life and Work*. New York: Schocken Books, 1962.

Pevsner, Nikolaus. *Academies of Art, Past and Present*. Cambridge: The University Press, 1940.

Pevsner, Nikolaus. *An Outline of European Architecture*. Hamondsworth: Penguin Books, 1963.

Pevsner, Nikolaus. *Pioneers of Modern Design*. New Haven ; London: Yale University Press, 2005.

Pfammatter, Ulrich. *The Making of the Modern Architect and Engineer: The Origins and Development of a Scientific and Industrially Oriented Education.* Basel: Birkhäuser, 2000.

Plato. *Republic.* Trans. C. D. C. Reeve. Indianapolis: Hackett Publishing Company, Inc., 2004.

Pliny, the Elder. *Natural History.* Trans. H. Rackham. Cambridge: Harvard University Press, 1984.

Pugin, Augustus Welby Northmore. *The True Principles of Pointed or Christian Architecture.* London: Academy Edition, 1973.

Rae, John, and Rudi Volti. *The Engineer in History.* New York: Peter Lang Publishing Inc., 2001.

Reichenbach, Hans. *The Rise of Scientific Philosophy.* Berkeley: University of California Press, 1968.

Rosenau, Helen. *Social Purpose in Architecture: Paris and London Compared, 1760–1800.* London: Studio Vista, 1970.

Rousseau, Jean-Jacques. *Discourse on the Science and Arts and Polemics.* Eds. Roger D. Masters, and Christopher Kelly. Trans. Judith R. Bush, Roger D. Masters, and Christopher Kelly. Hanover: University Press of New England, 1992.

Ruskin, John. *Lectures on Art.* New York: John Wiley & Sons, 1880.

Ruskin, John. *The Seven Lamps of Architecture.* New York: The Moonday Press, 1961.

Ruskin, John. *The Stones of Venice.* Cambridge: Da Capo Press, 1960.

Russell, Terence M. *Architecture in the Encyclopédie of Diderot and d'Alembert.* Hants: Scolar Press, 1993.

Rykwert, Joseph. "On the Oral transmission of Architectural Theory." *Tomado de AAVV: Les traités d'Architecture de la Renaissance.* París: Ed.

Piccard, 1988.

Rykwert, Joseph. *The Judicious Eye: Architecture against the Other Arts*. Chicago: University of Chicago Press, 2008.

Saalman, Howard. *Haussmann: Paris Transformed*. New York: Geroge Braziller, 1971.

Saint, Andrew. *Architect and Engineer: A Study in Sibling-Rivalry*. New Haven: Yale University Press, 2007.

Sassoon, Donald. *Becoming Mona Lisa*. San Diego: Harcourt Inc., 2001.

Schnaidt, Claude. *The New World, Hannes Meyer: Buildings, Projects and Writings*. New York: Architectural Publishing Co., 1965.

Schopenhauer, Arthur. *The World as Will and Idea*. Trans. R. B. Haldane, and J. Kemp. London: Trübner & Co., Ludgate Hill, 1886.

Schopenhauer, Arthur. *The World as Will and Presentation*. Trans. E. F. J. Payne. New York: Dover Publications, Inc., 1958.

Scott, Geoffery. *The Architecture of Humanism*. New York: Charles Scribner's Sons, 1969.

Scruton, Roger. *The Aesthetics of Architecture*. Princeton: Princeton University Press, 1979.

Scully, Vincent. *Modern Architecture: The Architecture of Democracy*. New York: George Braziller, 1974.

Semper, Gottfried. *The Four Elements of Architecture and Other Writings*. Trans. Harry Francis Mallgrave, and Wolfgang Herrmann. Cambridge: Cambridge University Press, 1989.

Sharp, Dennis, Ed. *The Rationalist: Theory and Design in The Modern Movement*. New York: Architectural Book Publishing Company, 1977.

Simon, Yves R. *The Great Dialogue of Nature and Space*. Ed. Gerard J. Dalcourt. South Bend: St. Augustine's Press, 1970.

Sinisgalli, Rocco. *The New De Pictura of Leon Battista Alberti*. Roma: Edizioni Kappa, 2006.

Smith, Adam. *The Theory of Moral Sentiments*. Ed. Knud Haakonssen. Cambridge: Cambridge University Press, 2002.

Somer, Kees. *The Functional City*. Rotterdam: NAI Publishers, NFL Foundation, 2007.

Sörgel, Herman. *Architecktur Ästhetik: Theoie der Baukunst*. Berlin: Gebr. Mann Verlag, 1998(original: 1921).

Sudjic, Deyan, and Helen Jones. *Architecture and Democracy*. London: Laurence King, 2001.

Sullivan, Louis H. *Kindergarten Chat(rev. 1918) and Other Writings*. New York: Geroge Wittenborn, Inc., 1947.

Tafuri, Manfredo. *Architecture and Utopia: Design and Capitalist Development*. Trans. Barbara Luigia La Penta. Cambridge: The MIT Press, 1976.

Tolstoï, Count Lyof N. *What is Art?*. Trans. Aylmer Maude. New York: Thomas Y. Crowell & Co. Publishers, 1899.

Tomkins, Calvin. *Duchamp: A Biography*. New York: Henry Holt and Company, Inc., 1996.

Tournikiotis, Panayotis, Ed. *The Parthenon and Its Impact in Modern Times*. Athens: Melisa Publishing House, 1994.

Tschumi, Bernard. *Questions of Space*. London: Architectural Association, 1990.

Tufte, Edward. *Beautiful Evidence*. Cheshire: Graphics Press LLC, 2006.

Vasari, Giorgio. *Lives of the Most Eminent Painters, Sculptors & Architects*. Trans. Gaston Du C. de Vere. London: Macmillan and Co., Ltd. & The Medici Society, 1912.

Vasari, Giorgio. *The Lives of the Artists.* Trans. Julia Conaway Bondanella, and Peter Bondanella. Oxford: Oxford University Press, 1991.

Ven, Cornelis van de. *Space in Architecture.* Assen: Van Gorcum, 1980.

Vidler, Anthony. *Claude-Nicolas Ledoux.* Cambridge: The MIT Press, 1990.

Violet-le-Duc, M. Eugene-Emmanuel. *Rational Building.* Trans. Geroge Martin Huss. New York: Macmillan and Co., 1895.

Vitruvius. *Ten Books on Architecture.* Ed. Ingrid D. Rowland. Roma: Edizioni Dell'Elefante, 2003.

Vitruvius. *Ten Books on Architecture.* Trans. Ingrid D. Rowland. Cambridge: Cambridge University Press, 1997.

Walley, George. *Aristotle's Poetics.* Eds. John Baxter, and Patrick Atherton. Montreal ; Kingston: McGill-Queen's University Press, 1997.

Wiebenson, Dora. "Utopian Aspects of Tony Garnier's Cité Industrielle." *Journal of The Society of Architectural Historians.* Vol.19, No.1, Mar. 1960.

Wilson, Colin St. John. *The Other Tradition of Modern Architecture.* London: Academy Editions, 1995.

Wingler, Hans Maria, and Joseph Stein, Eds. *The Bauhaus.* Trans. Wolfgang Jabs, and Basil Gilbert. Cambridge: The MIT Press, 1969.

Wittgenstein, Ludwig. *Philosophische Untersuchungen.* Trans. G. E. M. Anscombe. Oxford: Basil Blackwell, 1968.

Wittman, Richard. *Architecture, Print Culture, and the Public Sphere in Eighteenth-Century France.* New York: Routledge, 2007.

Wright, Natalia. *Horatio Greenough: The First American Sculptor.* Philadelphia: University of Pennsylvania Press, 1963.

Wurman, Richard Saul, Ed. *What Will Be Has Always Been: The Words of Louis I. Kahn.* New York: Access Press and Rizzoi, 1986.

Zevi, Bruno. *Architecture as Space.* Trans. Milton Gendel. New York: Horizon

Press, 1957.

Zumthor, Peter. *Thinking Architecture*. Basel: Birkhäuser, 2006.

Zurko, Edward Robert De. *Origins of Functionalist Theory*. New York: Columbia University Press, 1957.

鈴木博之,《伊東忠太を知っていますか》, 松戸市: 王国社, 2003.

森岡健二,《近代語の成立》, 東京: 明治書院, 1969.

森岡健二,《語彙の形成》, 東京: 明治書院, 1987.

諸橋轍次,《大漢和辞典》, 東京: 大修館書店, 1958.

八束はじめ,《思想としての日本近代建築》, 東京: 岩波書店, 2005.

블라디슬로프 타타르키비츠, 이용대 옮김,《여섯 가지 개념의 역사》, 이론과실천, 1990.

아르놀트 하우저, 백낙청 외 옮김,《문학과 예술의 사회사》, 창작과비평사, 1999.

주남철,《연경당》, 일지사, 2003.

찾아보기

3학문 49
4학문 49
《70인역 구약성서》 250

ㄱ
가로街路, street 300, 301
가르니에, 토니 171, 173
《가장 위대한 화가, 조각가, 건축가
    들의 일생》 60
가족 유사성 29, 72
갈릴레이, 갈릴레오 64, 65
감각 예술 77
《개괄서문》 68
개념concept 291
건물 262, 274
건물 짓는 일 260, 264
건물 짓는 자 260
건축 256, 257, 260, 262~264,
    274
    고전적 건축 80
    낭만적 건축 80
    상징적 건축 80

건축가 168, 197, 254~256, 259,
    260, 263, 264, 283
《건축 미학》 211
건축사licensed architect 195, 196
《건축서》 57, 58
《건축십서》 261
건축 아카데미 90, 262
《건축 에세이》 145
건축쟁이 44, 51, 74
건축적 공간 232, 233, 235, 236
건축적 아이디어 283
건축주 128, 132, 134, 135
《건축총론》 58, 261
건축 프로그램 286
건축 학위 262
〈겨레의 집〉 124, 134
〈경복궁〉 121, 241, 283
고대 그리스 철학 45, 49, 50, 78
고딕 80, 89, 94, 208
골드베르크 113
'골드베르크 변주곡BWV988' 113
골목길alley 301

공간 204, 210, 212, 214, 216, 218, 222
《공간, 시간, 건축》 216
《공간으로서의 건축》 221
공간적 공동체 318
공공 영역 298, 300
공상적 사회주의자 98, 168, 171
《공업 도시 계획안》 171
공장 215
괴테 80
교양 49, 50, 63, 68, 71, 74
교황 바울 3세 111
교황 율리우스 2세 111
구조체 288, 289
구축 292
《국가론》 46, 47
국립 학예원 95
국제 근대건축가 회의CIAM 174
국제박람회 97, 199, 202
그로피우스 99, 100, 215
그리너프 148, 149
기능 144, 147, 151, 152, 157, 159, 161, 165
기능적 도시 175
기능주의 139, 142~144, 149, 152, 157, 158, 165, 299
기디온 174, 216

기술 216
기예arts 69
〈기자의 피라미드〉 271
길드 51, 89, 91, 94, 97
김대성 241
김부식 106

ㄴ
《네 권의 건축책》 261
노르베르그슐츠 222
《논리 철학 논고》 224
뉴턴 66
〈뉴턴 기념관〉 134
니시 아마네 218
니체 76

ㄷ
단토, 아서 32
달랑베르 66, 68
대영 박물관 118
대원군 241
대형 마트 310
더 스타일De Stijl 212
데카르트 168, 228
도로道路, road 300, 301, 310
도서관 302
도시 47, 297~299, 310

도시 공동체를 위한 공간 314
도시화 313
〈도쿄 요요기 체육관〉 220
〈독립기념관〉 134
독립 예술가 협회 26
독일 공작 연맹 99
돔 189
동로마제국 117
뒤랑 147
뒤샹, 마르셀 27
디드로 66, 68, 69
디자인 63, 78, 287, 288, 292
디제뇨 Il Disegno 62, 63, 67, 87
디제뇨 아카데미 87
디종 아카데미 144
디키, 조지 35

ㄹ

〈라스코의 동굴벽화〉 39
라움 Raum 204~208, 210
라이프니츠 228, 229
라이트, 프랭크 로이드 120, 162
라파엘로 39, 61, 86
랑팡 170
러스킨, 존 147, 210
레빈슨, 제럴드 37
레오나르도 다빈치 39, 42, 44, 50, 54, 61, 109, 110, 129
로고스 183~185, 227
로돌리 147
로마상 Prix de Rome 92, 96, 171
로마의 프랑스 아카데미 92
로에쿠스 244
로지에 145, 146
〈루브르 궁전〉 89, 119
루브르 박물관 42, 104
루소 67, 144, 145
루이 14세 89
루이 칸 285
〈루첼라이 궁〉 58
르네상스 39, 61, 94, 111, 146, 159, 208, 235, 257
르네상스적 인간 42, 55
르두 133, 169
르코르뷔지에 120, 153, 154, 173, 175
르쾨 133
〈링컨 성당〉 274, 275

ㅁ

마이어, 한네스 156, 175
만드로클레스 244
'만든다'와 '짓는다' 268
매사추세츠 공과대학 MIT 185

〈모나리자〉 42, 104, 105, 109, 110, 129
모로시니 117
모리스 바이츠 30
모스크 117
모어, 토머스 167
모차르트 105, 113
모호이너지 213, 214, 231, 232
목적 없는 합목적성 77
몬테베르디 39
몽테스키외 66
무순차 연결hyper-link 303
무용 아카데미 90
무작위 접근random access 303
무테지우스 99
뮤즈 46
미메시스 183
미스 반데어로에 122, 215
미켈란젤로 39, 44, 60, 61, 87, 111, 261
미학 70, 71, 76, 78, 80

ㅂ

〈바르셀로나 파빌리온〉 122, 124, 134
바사리, 조르지오 60, 62, 63, 67, 109, 261
바실리카 111, 125
바우하우스 99~101, 156, 213, 215
바움가르텐 70, 71, 76, 79
바이마르 213
바퇴, 샤를 67, 69, 79
바흐 113
반 두스뷔르흐 212, 231
《발신지 없는 소식》 98
방room 276
배의 건축 272
《백과전서》 66~70, 142
백색 가전 316
베네치아 117
베르니니 89
베르디 112, 129
〈베르사유 궁〉 145
베를라헤 209
베토벤 130
보로메오 87
〈보완편〉 71
보자르 67
보자르 아카데미 95, 96, 154
보티첼리 60
볼테르 67
볼트vault 52
부동산 개발 업자 136, 137

부엌 315, 317
〈불국사〉 241
불레 133, 134
브라만테 39, 122
브라치올리니 51
브루넬레스키 57, 61, 189
〈브루클린 다리〉 199
〈비너스의 탄생〉 60
블롱델 70
비글로, 제이컵 185
비례 146, 160
비어 있는 것 210
비트겐슈타인 29, 224, 267
비트루비우스 51, 52, 55, 57, 59,
　　　83, 84, 86, 94, 146, 147, 158,
　　　159, 257, 259, 277
〈비트루비우스적 인간〉 54
〈빌라 사보아〉 120, 154
〈빌렌도르프의 비너스〉 39

ㅅ
사용권 132, 134
사유 영역 298
사회주의적 리얼리즘 176
〈성 루가 아카데미〉 88
산업혁명 97, 194
산업화 312, 313, 316

산타 마리아 노벨라 교회 58
살롱 예술 100
《삼국사기》 106, 108
《삼국유사》 128
새로운 건축의 5원칙 154
〈샘Fountain〉 27
생갈 수도원 51
생산양식 129~131, 133, 134,
　　　136, 138, 275, 276
생시몽 168, 173
설리번, 루이스 149, 151
〈성 베드로 성당〉 90, 111, 145
세네카 257
세를리오 58, 59, 261
〈소비에트 회관〉 175
소크라테스 56
〈쇼 도시 계획안〉 170
쇼아지 210
쇼펜하우어 81, 82, 206, 263
수공예 운동 98
《수사학》 183
숙련가 191
《순수 이성 비판》 263
숭고함 77
〈숭례문〉 106, 108
슈마르조 208, 209
스미턴, 존 194

스콧, 제프리 213
스타일 289
스타일링 288~292
시각 조형예술 77
시대정신 296
〈시드니 오페라하우스〉 220
〈시모트라케의 니케〉 39
〈시스티나 성당〉 111
시장 310
《시학》 48
식스투스 5세 120
식탁 316
신철기 시대 197
《실존, 공간, 건축》 222
실험적 건축가 135
'쓸모' 혹은 '용도' 104
씨족공동체 313, 314

ㅇ
아르케 227
〈아르케스낭 왕립 소금 공장〉 169
아름다움 70
    독립적인 아름다움 77
    보편적 아름다움 93
    의존적 아름다움 77
아리스토텔레스 48, 49, 52, 65,
    83, 84, 86, 182, 183, 228

아우구스투스 52, 93
〈아이다〉 112, 129
아이디어 282~284, 286, 288
아인슈타인 212
아치arch 52
아카데미 45, 74, 84, 86, 91, 93
아퀴나스, 토마스 259, 260, 283
아키텍톤 245~249, 254
〈아테네 학당〉 86
〈아테네 헌장〉 176
아틀리에 91, 96
아파트 312, 315, 317
〈안민가〉 128
안여닫이문 309
알베르티 55~59, 83, 261
앙시엥 레짐 169
언어예술 77
에콜 데보자르 96, 97, 99, 101,
    171, 192, 193, 262
에콜 폴리테크니크 192, 193, 198
에콜 퐁제쇼세 191
〈에펠 탑〉 199, 273
엔지니어 168, 194, 197
엔지니어링 187~189, 191, 198,
    199, 285
엘긴마블스 118
《역사》 244

〈연경당〉 126, 127
《열 권의 건축서》 51
영국 건축가 협회 194
《영화대역수진사서》 242
예술 69, 71, 74
  고전적 예술 79
  낭만적 단계의 예술 79
  상징적 단계의 예술 79
예술계 32, 35, 36
《예술론》 71
예술원 95
예술적 경험 28
예술 체계 67, 68
〈오르세 미술관〉 119
오벨리스크 270, 271
오스만제국 117
오언 168
왕실 건축가 92, 262
용도 77, 119, 129, 130~133, 275, 276
  내재적 용도 107, 108, 121, 129
  파생적 용도 108, 121
〈우피치 궁〉 60, 119
윌리엄 모리스 98, 100
유기적 건축 161
유스티니안 황제 119

《유토피아》 167
유팔리누스 244
음악 아카데미 90
이노우에 데쓰지로 219
이데아 47, 63
이스마일 파샤 112
이스탄불 119
〈이왕가 박물관〉 73
이토 주타 242
인간적 규모 270
인문 지식표 68
인쇄술 130
임호텝 243
입체파 211
잉여 83

ㅈ

자연 149, 159, 160
〈자유의 여신상〉 273
작업 능력 250
장소 222
장인Meister 101, 168
쟁이 62, 74
전문직 191
전자 위치 추적 장치RFID 303
접합 292
제비, 브루노 221

찾아보기 341

젬퍼, 고트프리트 206, 208
조닝 zoning 299
〈조선총독부청사〉 120
조직된 인간 236
조토 61
졸업장 96, 191, 195, 196
종교개혁 111
죄르겔, 헤르만 210
주거 136
주카리 87
중앙 건축가 협회 194
지식 183
집짓기 262, 263
집 짓는 기술 78
집 짓는 일 246
집 짓는 자 246
'짓다' 와 '만들다' 268

ㅊ
〈찬기파랑가〉 128
〈창덕궁〉 126
창조자 62
〈천마총〉 271
《철학자휘》 219
촌락 297
〈최후의 심판〉 111
《출간편람》 68

츄미, 베르나르 224, 234

ㅋ
〈카우프만 주택〉 120
〈카이로 오페라하우스〉 112
카이저링크 백작 113
칸트 76, 78, 104, 143, 229, 263
케논 228
케플러 66
코라 227
《코란》 119
코지모 메디치 1세 87
코페르니쿠스 65
콘스탄티노플 117, 119
콘스탄티누스 1세 111
〈콜로세움〉 120
콜베르 90, 93
〈크리스털 팰리스〉 201, 202
키케로 56, 255~257

ㅌ
탈리스, 토마스 39
테오도시우스 2세 117
테크네 182, 183
테크네이테스 182
테크놀로지 184, 185, 187
테크닉 184, 185

텍톤 182
〈템피에토〉 122
토목공학 협회 194
토포스 228
톨스토이 71
투시도 56, 57, 59, 86
투키디데스 56

ㅍ
《파라고네》 43
〈파르테논 신전〉 114, 117, 118, 122
《판단력 비판》 263
판매 132
〈판테온〉 122
팔라디오 261
팔레스트리나 39
팩스턴, 조셉 200
《페리클레스 전기》 116
펩스너 220, 274
푸리에 168, 173
퓨진 147
플라우투스 255
플라톤 46, 47, 56, 63, 84, 86, 227
플루타크 56, 116
플리니우스 50, 56

피라미드 114, 243
〈피렌체 대성당〉 57, 189
피카소 186, 282
피타고라스 45
필로티 154

ㅎ
〈하기아 소피아〉 119
하이데거 182
학교 304
학문 83
〈학문 예술론〉 144
〈한 가지 주제로 축약한 아름다운 예술들〉 67
헤겔 79, 80, 206
헤로도토스 244
혁명적 건축가 133, 169
〈현대 도시 계획안〉 173
형태 289
호메로스 46, 48
화랑 131
화성학 46
환경 조정 269
《회화론》 55~57
히포다무스 167
히포크라테스 180

건축을 묻다
예술, 건축을 의심하고 건축, 예술을 의심하다

1판 1쇄 펴냄 2009년 7월 20일
1판 5쇄 펴냄 2021년 7월 25일

지은이 서현

펴낸이 송영만
펴낸곳 효형출판
주소 413-756 경기도 파주시 회동길 125-11(파주출판도시)
전화 031 955 7600
팩스 031 955 7610
웹사이트 www.hyohyung.co.kr
이메일 editor@hyohyung.co.kr
등록 1994년 9월 16일 제406-2003-031호

ISBN 978-89-5872-080-5 03540

이 책에 실린 글과 사진은 효형출판의 허락 없이 옮겨 쓸 수 없습니다.

값 15,000원